IT Text

情報処理学会 編集

離散数学

改訂2版

松原良太
大嶌彰昇
藤田慎也
小関健太　共著
中上川友樹
佐久間　雅
津垣正男

はしがき

本書は，主として情報系学部の 1, 2 年生を対象として，コンピュータ関連の専門科目を深く学び，将来情報処理関連の仕事に就くために必要と思われる離散数学を初歩から解説したものである．

離散数学（Discrete Mathematics）とは，ディジタル時計の数値のように，とびとびの値をもつような量や現象を扱う数学であり，コンピュータが現代社会に浸透するとともに進展してきた．コンピュータに関わる基本的な問い，例えば

・コンピュータを使って計算するとはどういうことか
・コンピュータの設計を見通し良く行うにはどうすればよいか
・コンピュータを効率良く使うにはどうしたらよいのか
・コンピュータネットワークにはどのような性質があるのか

などに対して一般的な形で答えようとするとき，それは離散数学の課題となる．

情報系の学生が離散数学として学ぶべき対象範囲については，さまざまな考え方があり得る．本書は，2007 年に情報処理学会の策定した情報専門学科カリキュラム標準 J07 を参考にしている．特に，J07 における CS（コンピュータ科学），SE（ソフトウェア工学），CE（コンピュータ工学）の各部会で設定されている，離散数学および数理基礎分野の知識項目（表 1）のうち，基礎的かつ重要と思われる単元を扱っている．

本書では次ページの知識体系表のほとんどをカバーしている（ただし，「離散確率」，「数値誤差と精度」，「推論」，「ファジィ集合」は本書の対象外としている）．以下，各章ごとの内容を見ていこう．

第 1 章から第 5 章は，離散数学の基礎である．

第 1 章では，集合・写像・関係を扱う．これらは，離散数学のみならず現代の理工学全体の根幹であり，これらの概念および記法を十分理解しておくことが必要である．

表 1　カリキュラム標準 J07 知識体系の関連知識項目

CS	離散構造
1	関数，関係，集合
2	論　理
3	グラフ
4	証明技法
5	数え上げと離散確率の基礎
6	オートマトンと正規表現
7	計算論概論
8	計算論（選択）

SE	数理基礎
1	関数，関係，集合
2	論理学基礎
3	証明技法
4	数え上げ基礎
5	グラフとツリー（木）
6	離散確率
7	有限状態機械と正規表現
8	文　法
9	数値誤差と精度
10	数　論
11	代数構造

CE	離散数学
1	歴史と概要
2	関数，関係，集合
3	数え上げ基礎
4	グラフとツリー（木）
5	帰納法
6	推　論
7	ファジィ集合（選択）

第 2 章では，論理と証明を扱う．この章で扱う論理学の基礎知識は，誤りのない議論を進めていくために必要となるだけでなく，論理回路を設計するためにも欠かせないものである．

第 3 章では，数え上げ理論を扱う．事物の個数を数えるときに，しばしば表れる性質や有効となる手法を学ぶ．本書では，離散確率については直接扱わないが，この章の考え方は確率統計の計算にも役立つ．

第 4 章では，グラフと木（ツリー）を扱う．コンピュータネットワークのモデルとして，またさまざまな処理手順のモデルとして，グラフと木は効果的な表現方法であるとともに，その上で効率的な処理を考える際の手法となる．

第 5 章では，オートマトンを扱う．オートマトンはコンピュータによる計算の仕組みをモデル化したものである．この章では具体的な例を多くあげて，このモデルに慣れ親しむことを目標とする．

第 6 章と第 7 章は，やや発展的な内容となっている．そこで参考までに学習のヒントも含めてその内容を述べてみよう．

第6章では，計算論の基礎を解説する．ソフトウェア開発においては，作成したプログラムが仕様どおりの動作をするだけでなく，与えられた時間内で動作を完了することが重要である．そこで，問題に対して適用しようとする処理手順—アルゴリズム—がどのくらい効率が良いのかを評価する必要がある．この章では，アルゴリズムの効率性について一般的に考察するために，まずコンピュータにより計算するということの意味を明らかにする．その記述が難しく感じられた場合には定理の証明は割愛して全体の流れをつかみ，必要に応じて証明に戻ってもよい．また，具体的なアルゴリズムを考えてみるのもよいことである．例えば，6.2 節では，ネットワーク上の最短路問題を解く Dijkstra のアルゴリズムなど，いくつかのアルゴリズムが説明されている．

第7章では，整数の性質を手始めに，代数系の理論を扱う．情報システムにおいて，第三者に情報の内容を読み取られないようにするためには暗号技術が不可欠である．現在使用されている暗号は，いずれも整数の理論をその基盤としている．また，通信中のデータの欠損を補って送信前の状態に復元するためには，データ符号化の技術が欠かせないが，誤り訂正符号の構成には，代数系の一つである有限体が使われている．この章では，これらの応用技術そのものよりも，それらを支える基礎概念の解説に重点を置いている．この章においても，場合によっては一つ一つの定理の証明は割愛してもよい．理解を深める一つの方法として，まずは各定理を満足する具体的な数値例を計算しながら読み進むことをお勧めする．

各章は独立な内容をもっているため，取捨選択が可能であり，どの章からでも読み始めることができる．離散数学全般について，特定の分野に偏ることなく基礎レベルの知識の修得ができることが本書の意図であるが，各分野について興味をもたれた方は，例えば巻末の参考文献などで，さらに詳しく学ばれることを望みたい．

最後に，本書を執筆する機会を与えていただいた湘南工科大学の坂下善彦教授に心より感謝いたします．

2010 年 9 月

執筆者を代表して　中上川　友樹

改訂にあたって

本書第1版発刊以来，十有余年が経過した．この間，AIに代表される情報技術の進歩は目覚ましく，我々の日々の生活を大きく変えようとしている．教育現場においてもデータサイエンス教育の必要性がますます高まっている．旧版における数学的な内容の重要性について変化はないものの，このたび，より使いやすい教科書となることを目指して改訂を行った．

改訂のポイントは，次の通りである．(1) より標準的な構成とするため，第4章と第6章に新たな項目を追加した．(2) 応用に関する発展的な話題として各章にコラムを追加した．

主な改訂箇所を以下に記す．

第1章では，1.1節に機械学習で用いられる「適合率・再現率」に関するコラムを追加した．また，いくつかの例を追加，変更した．第2章では，2.1節にコラム「論理学と数学の融合：ブール代数からシャノンの論理回路へ」を，2.3節にコラム「投票のパラドックスとアローの一般可能性定理」を追加した．第3章では，3.2節に組合せ論の確率論的証明手法に関するコラムを追加した．第4章では，いくつかの用語の修正を行い，4.4節にコラム「ランダムグラフの彩色」で確率論を用いた議論を紹介した．また，4.7節「グラフの連結度」を追加した．第5章では，例題と演習問題を増やすとともに，5.2節にコラム「ランダムウォークとマルコフ過程」を追加した．第6章では，多項式時間アルゴリズムをもつ組合せ最適化問題として，理論と応用の両面において重要な意味をもつ，最大フロー問題の解説を追加した．第7章では，7.4節に「(g) 群の作用 (group action)」を追加し，コラム「バーンサイドの補題の応用例」で応用例を紹介した．

離散数学を学ぶことは，考えることを楽しむことでもある．本書を通して，考えることの楽しさを感じていただければ幸いである．

最後に，本改訂版をとりまとめていただいた芝浦工業大学の中島毅教授に深く感謝いたします．

2023年11月

執筆者一同

目　次

第3章　数え上げ

第4章　グラフと木

第5章　オートマトン

第6章　アルゴリズムと計算量

第1章

集合・写像・関係

本章では，現代数学のあらゆる分野において活用されている「集合・写像・関係」について，基本的な記号・用語，基礎知識を中心に具体例を挙げ解説する．

1.1 集 合

範囲が明確に定まっているものの集まりのことを**集合**（set）という．例えば，整数全体の集まり，日本人の集まり，などは集合である．しかし，大きい整数の集まり，背の高い人の集まり，などは数学においては集合ではない．これらの集まりにおいて，「大きい」「背の高い」の意味が人により異なり，明確に定めることができないからである．

集合は，通常 $A, B, C, \cdots$ などのアルファベットの大文字を使って表す．A が一つの集合であるとき，A を構成する一つ一つの「もの」を集合 A の**元**（element）または**要素**という．a が集合 A の元であることを，a は A に**属する**，a は A に**含まれる**，A は a を**含む**，などといい，記号で $a \in A$ または $A \ni a$ と表す．また，a が集合 A の元ではないことを $a \notin A$ または $A \not\ni a$ と表す．

*1　自然数は本書では正の整数全体を表すこととする.

例 **集合の記法**　$\mathbb{N}$ を自然数[*1]全体からなる集合を表すとすると

$$1 \in \mathbb{N}, \quad 15 \in \mathbb{N}, \quad \mathbb{N} \ni 6, \quad -1 \notin \mathbb{N}$$

上記の例で挙げた自然数全体からなる集合は無限に多くの元を含むが，10 より小さい正の奇数全体からなる集合は，1,3,5,7,9，の五つの元しか含まない．一般に，無限に多くの元を含む集合を**無限集合**（infinite set），有限個の元しか含まない集合を**有限集合**（finite set）という．そして，集合 A が有限集合のとき，その元の個数を $|A|$ または $n(A)$ と表す．

二つの集合 A, B について，集合 A のどの元も集合 B に含まれているとき，すなわち，$x \in A$ ならば $x \in B$ であるとき，A は B の**部分集合**（subset）であるといい，$A \subset B$ または $B \supset A$ と表す[*2]．このとき，A は B に**含まれる**，または B は A を**含む**などともいう．また，A が B の部分集合でないことを，$A \not\subset B$ または $B \not\supset A$ と表す[*3]．集合 A, B が全く同じ元で構成されているとき，すなわち，$A \subset B$ かつ $B \subset A$ のとき，集合 A と集合 B は**等しい**といい，$A = B$ と表す．また，A と B が等しくないことを $A \neq B$ と表す．$A \subset B$ かつ $A \neq B$ であるとき，A を B の**真部分集合**（proper subset）であるといい，これを強調したいとき，$A \subsetneq B$ と表す．

*2　$A \subseteq B$ または $B \supseteq A$ と表すこともある.

*3　$A \nsubseteq B$ または $B \nsupseteq A$ と表すこともある.

例 **真部分集合**　自然数全体からなる集合は整数全体からなる集合の真部分集合である．

1.　集合の記法

一般に，元 $a, b, c, \cdots$ からなる集合を

$$\{a, b, c, \cdots\}$$

と表し，この記法を集合の**外延的記法**（extensional definition）という．

例 **外延的記法**　10 より小さい素数全体からなる集合は

$$\{2, 3, 5, 7\}$$

と表す．また，自然数全体からなる集合は

$$\{1, 2, 3, \cdots\}$$

と表される（$\cdots$ を用いるときは，$\cdots$ の部分が何を表しているのかが正しく推察されるときに限る）．

注意 1.1 元の書き並べる順序を変えても，同じ集合を表している．

$$\{a, b, c\} = \{b, c, a\}$$

外延的記法は，集合の元を漏れなく提示しているので，わかりやすい．しかし，この記法は，すべての元を列挙することができない場合などには適さない．このような場合において，以下の集合の記法を導入する．

ある条件 $C(x)$ を満たす x の全体は，一つの集合となる．この集合を

$$\{x \mid C(x)\} \quad \text{または} \quad \{x : C(x)\}$$

と表す．また，集合 A の元のうち，条件 $C(x)$ を満たす元の全体からなる集合は

$$\{x \mid x \in A, C(x)\} \quad \text{または} \quad \{x \in A \mid C(x)\}$$

と表す．これらの記法を集合の**内包的記法** (intensional definition) という．

ある条件を満たすものが全く存在しないことも起こり得る．このとき，この条件を満たすものの集合は元を全く含まない集合となる．このような集合を**空集合** (empty set) といい，$\emptyset$ という記号で表す．空集合は任意の集合の部分集合である．

例 内包的記法 100 以下の自然数全体からなる集合は

$$\{x \mid x \text{ は自然数，} x \leq 100\}$$

または

$$\{x \mid x \in \mathbb{N},\ x \leq 100\}, \quad \{x \in \mathbb{N} \mid x \leq 100\}$$

と表す．

上記の例において，考えている x が自然数であることが前後の関係で明確であるときは，$x \in \mathbb{N}$ を省略して，$\{x \mid x \leq 100\}$ と書くこともある．また，この例からわかるように，集合の表し方は一通りとは限らない．

例 区間　a, b を $a < b$ であるような二つの実数とする．このとき，実数全体からなる集合 $\mathbb{R}$ の部分集合

$$(a,b) = \{x \in \mathbb{R} \mid a < x < b\},\ [a,b] = \{x \in \mathbb{R} \mid a \leq x \leq b\},$$
$$(a,b] = \{x \in \mathbb{R} \mid a < x \leq b\},\ [a,b) = \{x \in \mathbb{R} \mid a \leq x < b\}.$$

を，それぞれ a を左端，b を右端とする**開区間**（open interval），**閉区間**（closed interval），**左半開区間**（left half open interval），**右半開区間**（right half open interval）という．

集合のうちで，頻繁に現れる基本的ないくつかのものは，通常固有の記号（太大文字のアルファベット）を用いて表す．以下代表的なものを示す．

$\mathbb{N} = \{1, 2, 3, \cdots\}$（自然数全体からなる集合）
$\mathbb{Z} = \{\cdots, -2, -1, 0, 1, 2, \cdots\}$（整数全体からなる集合）
$\mathbb{Q}$：有理数[*1] 全体からなる集合
$\mathbb{R}$：実数全体からなる集合
$\mathbb{C}$：複素数[*2] 全体からなる集合

これらの集合について，$\mathbb{N} \subset \mathbb{Z} \subset \mathbb{Q} \subset \mathbb{R} \subset \mathbb{C}$ という包含関係がある．

*1　有理数とは二つの整数 a, b ($b \neq 0$) を用いて，a/b と表せる数．有理数でない実数を無理数という．

*2　複素数とは二つの実数 a, b と虚数単位 i ($i^2 = -1$) を用いて，$a + bi$ と表せる数．

2.　集合の演算

二つの集合 A, B について，A か B のいずれかに含まれる元全体からなる集合を，A と B の**和集合**（sum of sets）といい，$A \cup B$ と表す．すなわち

$$A \cup B = \{x \mid x \in A \text{ または } x \in B\}$$

である．A と B に共通に含まれる元全体からなる集合を，A と B の**共通集合**（intersection）といい，$A \cap B$ と表す．すなわち

$$A \cap B = \{x \mid x \in A \quad \text{かつ} \quad x \in B\}$$

である．一般に，$A \cap B \neq \emptyset$ であるときには，A と B は**交わる**といい，$A \cap B = \emptyset$ であるときには，A と B は**交わらない**（disjoint）または**互いに素である**という．A と B が交わらないとき，$A \cup B$ を特に**直和**（disjoint union）または**非交和**（disjoint union）といい，$A \dot{\cup} B$ または $A \sqcup B$ と表す．また，A に含まれて B には含まれない元全体からなる集合を，A と B の**差集合**（difference set）といい，$A - B$ または $A \backslash B$ と表す．すなわち

$$A - B = \{x \mid x \in A \quad \text{かつ} \quad x \notin B\}$$

である．また，$A \triangle B = (A - B) \cup (B - A)$ と定義し，この $A \triangle B$ を A と B の**対称差**（symmetric difference）という．

図 1.1 で，集合 $A \cup B$，$A \cap B$，$A - B$，$A \triangle B$ はそれぞれ斜線部分となる．図 1.1 のように複数の集合の関係や集合の範囲を視覚的に図式化したものを**ベン図**（Venn diagram）という．

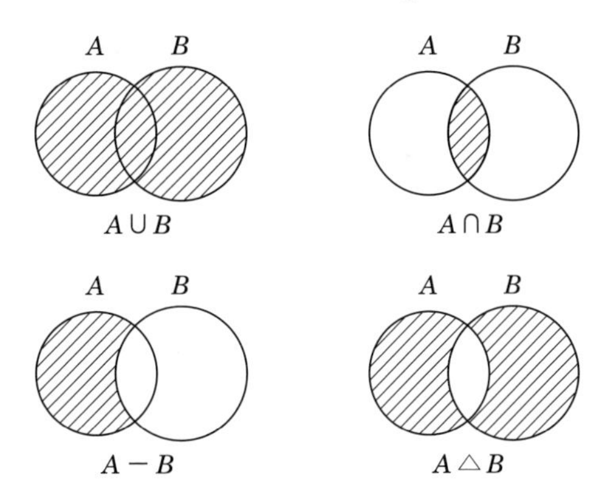

図 1.1　ベン図

例 集合の演算　集合 $A = \{1, 2, 3, 4, 5, 6\}$，$B = \{4, 5, 6, 7, 8, 9\}$ について，各演算を行うと以下の結果になる．

$$A \cup B = \{1, 2, 3, 4, 5, 6, 7, 8, 9\}$$

$$A \cap B = \{4,5,6\},\ A - B = \{1,2,3\},\ B - A = \{7,8,9\}$$
$$A \triangle B = \{1,2,3,7,8,9\}$$

和集合および共通集合について，次の基本的な性質がある．定理 1.1 から定理 1.4 は，ベン図を描くことで直感的に成り立つことがわかるので，確認しておくこと．

定理 1.1 [**交換則**（commutative law）]　集合 A, B について，次式が成り立つ．

(1)　$A \cup B = B \cup A$

(2)　$A \cap B = B \cap A$

定理 1.2 [**結合則**（associative law）]　集合 A, B, C について，次式が成り立つ．

(1)　$(A \cup B) \cup C = A \cup (B \cup C)$

(2)　$(A \cap B) \cap C = A \cap (B \cap C)$

定理 1.3 [**分配則**（distributive law）]　集合 A, B, C について，次式が成り立つ．

(1)　$A \cup (B \cap C) = (A \cup B) \cap (A \cup C)$

(2)　$A \cap (B \cup C) = (A \cap B) \cup (A \cap C)$

定理 1.4　集合 A, B, C, D について，次式が成り立つ．

(1)　$A \subset A \cup B,\ \ B \subset A \cup B$

(2)　$A \cap B \subset A,\ \ A \cap B \subset B$

(3)　$A \subset C$ かつ $B \subset C$ ならば，$A \cup B \subset C$

(4)　$D \subset A$ かつ $D \subset B$ ならば，$D \subset A \cap B$

上記の定理から，いくつかの集合の和集合および共通集合を考える場合，結合則により，どこへ括弧を付けても表す集合は変わらないことがわかる．また，交換則により，項の順序を任意に換えても表す集合は変わらないこともわかる．よって，$(A \cup B) \cup C$ や

$A \cup (B \cup C)$ を $A \cup B \cup C$ と書き，$(A \cap B) \cap C$ や $A \cap (B \cap C)$ を $A \cap B \cap C$ と書いてもよい．例えば，以下に示す和集合は同じ集合を表す．

$$A \cap B \cap C,\ A \cap C \cap B,\ B \cap A \cap C$$
$$C \cap B \cap A,\ B \cap C \cap A,\ C \cap A \cap B$$

共通集合についても同様のことがいえる．一般に，n 個の集合 $A_1, A_2, \cdots, A_n$ に対し，これらの和集合を

$$A_1 \cup A_2 \cup \cdots \cup A_n \quad \text{または} \quad \bigcup_{i=1}^{n} A_i$$

共通集合を

$$A_1 \cap A_2 \cap \cdots \cap A_n \quad \text{または} \quad \bigcap_{i=1}^{n} A_i$$

と表す．

集合の演算の対象として扱う集合は，固定した集合の部分集合であることが多い．このとき，この固定した集合，つまり，対象としているもの全体からなる集合を**全体集合**（universal set）または**普遍集合**という．X を全体集合，A を X の部分集合とするとき，差集合 $X - A$ を A の**補集合**（complementary set）といい，A^c または $\overline{A}$ と表す．すなわち，$A^c = \{x \mid x \in X,\ x \notin A\}$ と書ける．A^c はその定義から，次の性質をもつ．

定理 1.5　全体集合 X，X の部分集合 A, B について，次式が成り立つ．

(1)　$A \cup A^c = X, \quad A \cap A^c = \emptyset$

(2)　$(A^c)^c = A, \quad (\emptyset^c)^c = \emptyset$

(3)　$X^c = \emptyset, \quad \emptyset^c = X$

(4)　$A \subset B \Leftrightarrow$[*1] $A^c \supset B^c$

*1　記号 $\Leftrightarrow$ は同値を表す．詳しくは2章参照．

補集合と和集合，共通集合との間の関係性について，次の性質がある．

定理 1.6 [**ド・モルガンの法則**]　全体集合の部分集合 A, B について，次式が成り立つ．

(1)　$(A \cup B)^c = A^c \cap B^c$

(2)　$(A \cap B)^c = A^c \cup B^c$

(**証明**)　(2) は (1) と同様にして証明できるため，(1) のみ証明する．X を全体集合とする．このとき

$$\begin{aligned}(A \cup B)^c &= \{x \in X \mid x \in (A \cup B)^c\} \\ &= \{x \in X \mid x \notin A \cup B\} \\ &= \{x \in X \mid x \notin A \text{ かつ } x \notin B\} \\ &= \{x \in X \mid x \in A^c \text{かつ } x \in B^c\} \\ &= A^c \cap B^c\end{aligned}$$

となる．　□

機械学習でよく用いる評価指標：再現率・適合率

データからコンピュータが自動的に学習し，データの性質・規則を分析する方法として，機械学習がある．この機械学習の分野において，分析したい対象のデータから対象が属するカテゴリを推定する問題を**分類問題**といい，特に推定対象のカテゴリ数が二つの場合（例えば，「陽性」と「陰性」）を二値分類問題という．この二値分類の評価指標として，**再現率**（recall），**適合率**（precision）などがある．再現率とは，真の値が陽性である集合のうち，機械学習モデルにより陽性と推定される集合の割合をいう．また，適合率とは，機械学習モデルにより陽性と推定された集合のうち，真の値が陽性である集合の割合をいう．ここで，集合 A, B を以下のようにおく．

A：機械学習モデルにより陽性と予測される集合

B：真の値が陽性である集合

このとき，再現率は $\dfrac{|A \cap B|}{|B|}$，適合率は $\dfrac{|A \cap B|}{|A|}$ によって定義される．

3.　直積集合・べき集合

二つのもの a, b を順序を付けて並べた対 (a, b) を，a と b からつくられる**順序対**（ordered pair）という．二つの順序対 (a, b) と

(a', b') とが等しいのは $a = a'$ かつ $b = b'$ が成り立つときに限るものと定める．二つのもの a, b からつくられる集合 $\{a, b\}$ と順序対 (a, b) とは，区別しなければならない．

二つの集合 A, B に対し，A の元 a と B の元 b との順序対 (a, b) 全体からなる集合

$$\{(a, b) \mid a \in A,\ b \in B\}$$

を A と B の**直積集合**（product set）といい，$A \times B$ と表す．さらに，n 個の集合 $A_1, A_2, \cdots, A_n$ に対し，各 A_i の元 a_i をとり順番に並べた組 $(a_1, a_2, \cdots, a_n)$ の全体からなる集合

$$\{(a_1, a_2, \cdots, a_n) \mid a_i \in A_i,\ i = 1, 2, \cdots, n\}$$

を $A_1, A_2, \cdots, A_n$ の直積集合といい

$$A_1 \times A_2 \times \cdots \times A_n \quad \text{または} \quad \prod_{i=1}^{n} A_i$$

と表す．

例 **直積集合**　$A = \{a_1, a_2, a_3\}$，$B = \{b_1, b_2\}$ に対し

$$\begin{aligned} A \times B &= \{(a_1, b_1), (a_1, b_2), (a_2, b_1), \\ &\qquad (a_2, b_2), (a_3, b_1), (a_3, b_2)\} \\ B \times A &= \{(b_1, a_1), (b_1, a_2), (b_1, a_3), \\ &\qquad (b_2, a_1), (b_2, a_2), (b_2, a_3)\} \end{aligned}$$

上記の例より，一般に，$A \times B \neq B \times A$ であることがわかる．

集合 A に対し，A の部分集合をすべて集めた集合，すなわち

$$\{B \mid B \subset A\}$$

を A の**べき集合**（power set）といい，$P(A)$ または 2^A と表す．

例 **べき集合**　$X = \{1, 2, 3\}$ ならば，X のべき集合 $P(X)$ は

$$P(X) = \{\emptyset, \{1\}, \{2\}, \{3\}, \{1, 2\}, \{1, 3\}, \{2, 3\}, \{1, 2, 3\}\}$$

となる．$P(X)$ は 8 個の集合を元とする集合である．

n 個の元からなる集合 $A = \{a_1, a_2, \cdots, a_n\}$ に対し，A の部分集合は各 a_i $(i = 1, 2, \cdots, n)$ を元として含んでいるかいないかの 2 通り考えられるので，$P(A)$ は 2^n 個の元をもつ集合となる．

べき集合の元は，集合となっている．一般に，どの元も集合であるような集合のこと，つまり集合の集まりのことを**集合族**（family of sets）という．各集合 $A_n (n \in N)$ がすべて集合 A の部分集合のとき，集合 $\{A_n \mid n \in N\}$ は集合族となる．さらに，集合 I と各 $l \in I$ に対し，集合 A_l が決まるとき，$\{A_l \mid l \in I\}$ を I を**添字集合**（indexing set）とする集合族といい，各 l を添字という．$\{A_l \mid l \in I\}$ は $(A_l)_{l \in I}$ または $\{A_l\}_{l \in I}$ と表すこともある．$(A_l)_{l \in I}$ における集合の和集合を

$$\bigcup_{l \in I} A_l = \{a \mid \text{ある}\, l \in I\, \text{に対し}, a \in A_l\}$$

共通集合を

$$\bigcap_{l \in I} A_l = \{a \mid \text{各}\, l \in I\, \text{に対し}, a \in A_l\}$$

さらに，直積集合を

$$\prod_{l \in I} A_l$$

と表す．

例 集合族　$A = \{\{1\}, \{1, 2\}, \{1, 2, 3\}\}$ のように，集合 A の元 $\{1\}, \{1, 2\}, \{1, 2, 3\}$ も集合なので，A は集合族である．

演習問題

問 1　全体集合を $X = \{1, 2, 3, 4, 5, 6, 7, 8, 9, 10\}$ とし，X の部分集合 A, B が

$$A^c \cap B^c = \{1, 9\}, \quad A \cap B = \{2, 10\}$$
$$A^c \cap B = \{3, 4, 6, 8\}$$

を満たしているとき，集合 $A, B, A \cup B$ を求めよ．

問 2　全体集合を $X = \{n \mid n$ は 120 の正の約数$\}$ とするとき，X の三つの部分集合

$$A = \{x \mid x = 2k, k \in \mathbb{N}\},$$
$$B = \{x \mid x = 3k, k \in \mathbb{N}\},$$
$$C = \{x \mid x = 5k, k \in \mathbb{N}\}$$

に対し，集合 $A \cup B, A \cap C, A - B, A^c \cup B^c, A^c \cup (B^c \cap C)$ を外延的記法で表せ．

問 3　A, B, C を集合とする．このとき，次の問に答えよ．

(1)　$A \cap (B - C) = (A \cap B) - (A \cap C)$ が成り立つことを示せ．

(2)　$(A \cup B) \cap (A \cup B^c)$ を簡単にせよ．

(3)　$A \times (B \cup C) = (A \times B) \cup (A \times C)$ が成り立つことを示せ．

問 4　集合 $A = \{a, \{b, c\}\}$ とするとき，べき集合 $P(A)$ を求めよ．

1.2　写　像

空でない集合 X, Y に対し，X に属する各元に，Y に属するある一つの元を対応させる規則が与えられたとき，その規則のことを，集合 X から集合 Y への**写像**（mapping）といい，f, g などの記号で表す．f が集合 X から集合 Y への写像であることを $f : X \to Y$ と表し，X を f の**定義域**（domain）という．

写像 $f : X \to Y$ によって，X の元 x が Y の元 y に対応するとき，y を f による x の**像**（image）といい，$y = f(x)$ と表し，この x と y の対応を $x \mapsto y$ と書く．また，$V \subset X$ に対し，$\{f(x) \mid x \in V\}$ を $f(V)$ と表し，f による V の**像**という．このとき，$f(V) \subset Y$ である．$f(X)$ を f の**値域**（range of values）という．$f(X)$ は Y の部分集合である．

特に，集合 X から集合 X の写像で，自分自身を対応させる写像，つまり，任意の $a \in X$ に対し，$f(a) = a$ である写像を**恒等写**

像（identity mapping）といい，$I_X : X \to X$ と表す．

例 写像　$X = \{x \in \mathbb{R} \mid -1 \leq x \leq 1\}$，$Y = \{y \in \mathbb{R} \mid y \geq 0\}$ とする．このとき，X から Y への対応 f を，$f(x) = \sqrt{1-x^2}$ と定めると，f は定義域が X，値域が $[0,1]$ の写像となる．

例 写像とはならない対応　$\mathbb{Z}$ から $\mathbb{Z}$ への対応 g を，$g(n) = n$ と定めると，g は写像となる．また，Y を奇数全体からなる集合とし，$\mathbb{Z}$ から Y への対応 h を，$h(n) = n$ と定めると，h は写像ではない．なぜならば，例えば，$h(2) = 2$ は Y に属さないからである．

集合 X から集合 Y への二つの写像 f と g が，X に属する任意の元 x について $f(x) = g(x)$ となるとき，写像として**等しい**といい，$f = g$ と書く．

1.　全射・単射

写像 $f : X \to Y$ において，任意の $y \in Y$ に対し，$f(x) = y$ となるような $x \in X$ が存在するとき，f は X から Y への**全射**（surjection）であるという．全射は**上への写像**（onto mapping）ともいう．また，写像 $f : X \to Y$ において，任意の $x_1, x_2 \in X$ に対し，$x_1 \neq x_2$ ならば $f(x_1) \neq f(x_2)$ であるとき，f は X から Y への**単射**（injection）であるという．単射は **1 対 1 写像**（one-to-one mapping）ともいう．写像 $f : X \to Y$ が，全射かつ単射であるとき，f を X から Y への**全単射**（bijection）であるという．有限集合 X, Y に対し，X から Y への全単射が存在するとき，X と Y の元の個数は同じである．

例 全射と単射　(1)　$f(n) = 2n$ で定まる写像 $f : \mathbb{N} \to \mathbb{N}$ は単射であるが全射ではない．

(2)　$g(x) = x^3 + x^2 - 6x$ で定まる写像 $g : \mathbb{R} \to \mathbb{R}$ は単射ではないが全射である．

(3)　$h(x) = x^3$ で定まる写像 $h : \mathbb{R} \to \mathbb{R}$ は全単射である．

2. 逆写像・合成写像

写像 $f: X \to Y$ が全単射であるとき，任意の $y \in Y$ に対し

$$f(x) = y$$

となる $x \in X$ はただ一つ存在する．そこで，$y \in Y$ に対し，$y = f(x)$ となる $x \in X$ を対応させることによって，集合 Y から集合 X への写像が定まる．これを f の**逆写像** (inverse mapping) といい，$f^{-1}: Y \to X$，あるいは単に f^{-1} と表す．

例 **逆写像** Y を偶数全体からなる集合とする．このとき，写像 $f: \mathbb{Z} \to Y$ を $f(n) = 2n$ と定めると，f は全単射となる．また，このとき，任意の Y の元 m に対し，$m = f(m/2)$ であるから，f の逆写像は $f^{-1}(m) = m/2$ となる．

$f: X \to Y$ を写像とする．Y の部分集合 Y_1 に対し，X の部分集合 $\{x \in X \mid f(x) \in Y_1\}$ を f による Y_1 の**逆像** (inverse image) または**原像**といい，$f^{-1}(Y_1)$ と表す．

像，逆像について，次の性質がある．

定理 1.7 $f: X \to Y$ を写像とする．X の部分集合 X_1, X_2 および Y の部分集合 Y_1, Y_2 について，次式が成り立つ．

(1) $X_1 \subset X_2$ ならば，$f(X_1) \subset f(X_2)$

(2) $f(X_1 \cup X_2) = f(X_1) \cup f(X_2)$

(3) $Y_1 \subset Y_2$ ならば，$f^{-1}(Y_1) \subset f^{-1}(Y_2)$

(4) $f^{-1}(Y_1 \cup Y_2) = f^{-1}(Y_1) \cup f^{-1}(Y_2)$

例 **逆像** $f(x) = 2x + 1$ で定める写像 $f: \mathbb{R} \to \mathbb{R}$ は全単射であるので，逆写像が存在する．このとき，$\mathbb{R}$ の部分集合 $X_1 = [-3, 1]$，$X_2 = [-1, 2]$，$X_3 = [-1, 1]$ を考えると

$$f(X_1) = [-5, 3], \quad f^{-1}(X_1) = [-2, 0]$$
$$f(X_2) = [-1, 5], \quad f^{-1}(X_2) = [-1, 1/2]$$
$$f(X_3) = [-1, 3], \quad f^{-1}(X_3) = [-1, 0]$$

また，$X_1 \cup X_2 = [-3, 2]$ なので

$$f(X_1 \cup X_2) = [-5, 5], \quad f^{-1}(X_1 \cup X_2) = [-2, 1/2]$$

となる．このとき

$$f(X_1 \cup X_2) = f(X_1) \cup f(X_2),$$
$$f^{-1}(X_1 \cup X_2) = f^{-1}(X_1) \cup f^{-1}(X_2)$$

が成り立っている．

任意の集合 X, Y, Z に対し，写像 f, g をそれぞれ

$$f : X \to Y, \quad g : Y \to Z$$

とする．このとき，X の各元 x に Z の元 $g(f(x))$ を対応させ，X から Z への写像を考える．このような写像を f と g との**合成写像** (composed mapping) といい，$g \circ f$ と表す（図 1.2）．すなわち，任意の元 $x \in X$ に対し

$$(g \circ f)(x) = g(f(x))$$

である．$g \circ f$ を単に gf と書くこともある．

例 合成写像　写像 $f : \mathbb{R} \to \mathbb{R}$，$g : \mathbb{R} \to \mathbb{R}$ を次式で与える．

$$f(x) = 2x + 1, \quad g(x) = x^2$$

このとき，f と g の合成写像 $g \circ f$ は

$$g \circ f(x) = g(f(x)) = g(2x + 1) = (2x + 1)^2$$

また，g と f の合成写像 $f \circ g$ は

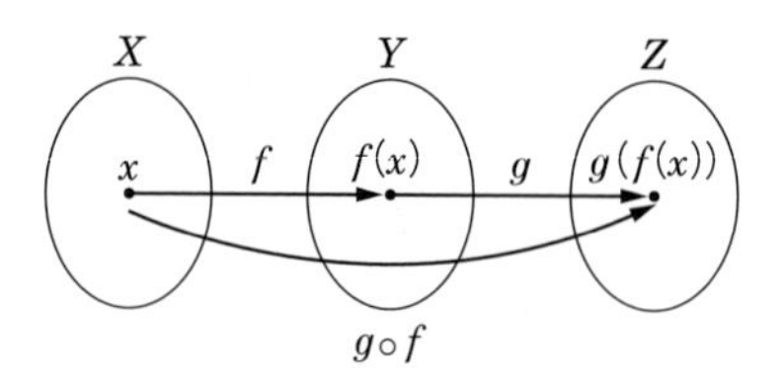

図 1.2　合成写像

$$f \circ g(x) = f(g(x)) = f(x^2) = 2x^2 + 1$$

により与えられる．

上記の例より，一般に，写像の合成において交換則は成り立たないことがわかる．次に紹介する性質により，写像は，合成が可能である限り $h \circ g \circ f$ のように括弧を省略して書くことができる．

定理 1.8 [**結合則**] X, Y, Z, W を集合とする．このとき，写像 $f : X \to Y, g : Y \to Z, h : Z \to W$ の合成について，次式が成り立つ．

$$h \circ (g \circ f) = (h \circ g) \circ f$$

(**証明**) X の任意の元 x に対し，合成写像の定義より

$$(h \circ (g \circ f))(x) = h((g \circ f)(x)) = h(g(f(x)))$$
$$((h \circ g) \circ f)(x) = (h \circ g)(f(x)) = h(g(f(x)))$$

ゆえに，成り立つ． □

3. 集合の濃度

必ずしも有限でない集合の大きさを表す尺度として**濃度** (cardinality) という概念がある．A が有限集合のときには，A の濃度は A に含まれる元の数と一致する．有限集合 A, B に対し，$|A| = |B|$ であることと，A から B への全単射が存在することとは同値である．そこで A, B が必ずしも有限でない場合にも，全単射を用いて A と B の濃度を比較してみる．すなわち，集合 A から集合 B への全単射が存在するとき，A と B は，**濃度が等しい**といい，$A \sim B$ と表す．なお，空集合は，ただそれ自身のみと濃度が等しいとする．集合 A, B について，A から B への単射は存在するが，A と B とは濃度が等しくないとき，A は B より**濃度が小さい**，または，B は A より**濃度が大きい**という．

例 濃度　P を正の偶数全体からなる集合とすれば，$P \sim \mathbb{N}$ である．実際，写像 $f : \mathbb{N} \to P$ を $f(n) = 2n$ とすれば，f は明らかに全単

射となる．

次の定理は，二つの集合の濃度が等しいことを示すために有効なものである．

定理 1.9 [Bernstein の定理]　集合 A, B について，A から B への単射が存在し，B から A への単射が存在すれば，$A \sim B$ である．

自然数全体からなる集合 $\mathbb{N}$ と濃度の等しい集合を**可算集合** (countable set) という．A を可算集合とすれば，定義によって $\mathbb{N}$ から A への全単射 f が存在する．このとき，f による $\mathbb{N}$ の元 $1, 2, \cdots, n, \cdots$ の像をそれぞれ $a_1, a_2, \cdots, a_n, \cdots$ とすれば，$A = \{a_1, a_2, \cdots, a_n, \cdots\}$ となる．このことは，可算集合は，適当な方法によって，そのすべての元に漏れなく一つずつ自然数の番号が付けられることを表している[*1]．

*1　言い換えると，元をすべて数え上げることのできる無限集合ともいえる．

可算集合について，次の性質がある．

定理 1.10　可算集合の無限部分集合は，可算集合である．

A を有限集合，B を A の真部分集合とすると，$|A| \neq |B|$ は明らかである．しかし，可算集合についてはそうではないことをこの定理は表している．また，任意の無限集合については，その適当な部分集合をとれば，可算集合をつくることができる．

定理 1.11　任意の無限集合は，必ず可算集合を部分集合として含む．

定理 1.12　実数全体からなる集合 $\mathbb{R}$ は可算集合ではない．

(証明)　**対角線論法** (diagonal argument) と呼ばれる論法で証明する．$\mathbb{R}$ が可算集合であると仮定する[*2]．このとき，定理 1.10 より $\mathbb{R}$ の無限部分集合 $(0, 1]$ も可算集合である．したがって，全単射 $f : \mathbb{N} \to (0, 1]$ が存在する．ここで，1 や 0.2 などの有限小数に関しては，$1 = 1.000\cdots$, $0.2 = 0.200\cdots$ などのように表すことと

*2　背理法を用いている．背理法について詳しくは2章2.3節で扱う．

し，各自然数 n に対し，実数 $f(n)$ を

$$f(n) = 0.a_{n1}a_{n2}a_{n3}\cdots \qquad (a_{ni} \in \{0, 1, 2, \cdots, 8, 9\})$$

のように無限小数に展開する．すなわち

$$\begin{aligned} f(1) &= 0.\boxed{a_{11}}\,a_{12}a_{13}a_{14}\cdots \\ f(2) &= 0.a_{21}\boxed{a_{22}}\,a_{23}a_{24}\cdots \\ f(3) &= 0.a_{31}a_{32}\boxed{a_{33}}\,a_{34}\cdots \\ &\quad\vdots \\ f(n) &= 0.a_{n1}a_{n2}a_{n3}a_{n4}\cdots \\ &\quad\vdots \end{aligned}$$

とする．ここで，各 n に対し

$$b_n = \begin{cases} 1 & (a_{nn} = 0, 2, 4, 6, 8) \\ 2 & (a_{nn} = 1, 3, 5, 7, 9) \end{cases}$$

と置く．このようにして一つの無限小数

$$b = 0.b_1b_2b_3\cdots b_n\cdots$$

を定める．このように定めると，各 n に対し，$f(n)$ は b とは小数第 n 位の数が等しくないので，$f(n) \neq b$ である．これは，写像 f が全単射であることに矛盾する．よって，$\mathbb{R}$ が可算集合でないことがわかる． □

演習問題

問 1 次の問に答えよ．

(1) 集合 $X = \{1,\ 2,\ 3\}$，集合 $Y = \{1,\ 2\}$ とするとき，X から Y への写像は何個あるか．そのうち全射であるもの，単射であるものはそれぞれ何個あるか．

(2) 集合 $M = \{1, 2, 3\}$，集合 $N = \{1, 2, 3, 4\}$ とするとき，M から N への写像のうち全射であるもの，単射であるものはそれぞれ何個あるか．

問 2　写像 $f : X \to Y$, $g : Y \to Z$ に対し，合成写像 $g \circ f : X \to Z$ を考える．このとき，次の問に答えよ．

(1)　f, g がともに全射ならば，$g \circ f$ も全射であることを示せ．

(2)　$g \circ f$ が単射ならば，f は単射であることを示せ．

問 3　X, Y を集合とし，$f : X \to Y$ を写像とする．X の部分集合 X_1, X_2 および Y の部分集合 Y_1, Y_2 に対し，次式が成り立つことを示せ．

(1)　$f(X_1 \cap X_2) \subset f(X_1) \cap f(X_2)$

(2)　$f^{-1}(Y_1 \cap Y_2) = f^{-1}(Y_1) \cap f^{-1}(Y_2)$

(3)　$f(f^{-1}(Y_1)) \subset Y_1$

問 4　正の奇数全体からなる集合が可算集合であることを示せ．

1.3　関　係

例えば，二つの有理数 x, y に対し，「$x > y$」，つまり，「x は y より大きい」は，x と y の間に成り立つ**関係**（relation）を表している．また，関係 $R = \{(x, y) \mid x, y \in \mathbb{Q},\ x > y\}$ とすれば，有理数の対 (a, b) は $(a, b) \in R$ もしくは $(a, b) \notin R$ のいずれかを満たす．すなわち，不等式 $x > y$ は (a, b) に対し一つの関係を与えている．本節では，2 変数の関係だけを取り扱う．また，関係を文字 R を使って表すことにする．

一般に，集合 A において，直積集合 $A \times A$ の各元 (a, b) について，満たすか満たさないかが判定できる関係 R が与えられたとき，R を集合 A における **2 項関係**（binary relation）という．対 (a, b) が 2 項関係 R を満たしていることを aRb と書くことにする．

R を集合 A における一つの 2 項関係とするとき，aRb が成り立つような A の元 a, b の対 (a, b) の全体からなる集合は，$A \times A$ の部分集合になっている．この集合を関係 R の**グラフ**（graph）[*1] といい，$G(R)$ と表す．すなわち

$$G(R) = \{(a, b) \mid a, b \in A, aRb\}$$

である．逆に，$A \times A$ の部分集合 G が与えられたとき，A の元 a, b に対し，$(a, b) \in G$ のとき，またそのときに限って aRb が成り立

*1　詳しくは 4 章を参照．ここでのグラフは，有向グラフを意味する．

つ関係 R を定める．そうすると，$G = G(R)$ と表すことができる．したがって，$G = G(R)$ となる A における関係 R を定義することができる．ゆえに，関係 R とグラフ $G(R)$ を同一視することが多い．

集合 A における 2 項関係 R について考察する際に用いる性質と用語を紹介する．

反射律（reflexivity）：A の各元 a に対し，aRa となるとき，R は**反射律**を満たすという．

対称律（symmetry）：A の元 a, b に対し，aRb ならば bRa となるとき，R は**対称律**を満たすという．

推移律（transitivity）：A の元 a, b, c に対し，aRb かつ bRc ならば aRc となるとき，R は**推移律**を満たすという．

反対称律（antisymmetry）：A の元 a, b に対し，aRb かつ bRa ならば $a = b$ となるとき，R は**反対称律**を満たすという．

1. 同値関係

集合 A における関係 R が反射律，対称律，推移律すべてを満たすとき，R は A における**同値関係**（equivalence relation）であるという．反射律，対称律，推移律を合わせて**同値律**（equivalence law）という．R が A における同値関係であるとき，aRb であるような A の元 a, b は，R に関して**同値** (equivalence) であるという．

例 **同値関係-1**　整数全体からなる集合 $\mathbb{Z}$ の元 a, b に対し，$a - b$ が 3 で割り切れるとき，a と b は 3 を**法**として**合同**[*1] であるといい，$a \equiv b \pmod 3$ と書く．この関係を $\equiv \pmod 3$ と表すと，$\equiv \pmod 3$ は反射律，対称律，推移律を満たす．実際，反射律については，どのような整数 a についても $a - a = 0$ となり，0 が 3 で割り切れることから成り立つ．次に，対称律については，$a - b$ が 3 で割り切れるならば $b - a$ も 3 で割り切れることから成り立つ．また，推移律については，$a - b$ および $b - c$ が 3 で割り切れるならば $a - c$ も 3 で割り切れることから成り立つ．したがって，$\equiv \pmod 3$ は $\mathbb{Z}$ における一つの同値関係である．

*1　詳しくは 7 章 7.2 節を参照.

例同値関係-2　二つの集合の濃度が等しいという関係 $\sim$ は同値関係である．

R は集合 A における一つの同値関係とする．このとき，A の各元 a に対し，aRx であるような A の元 x 全体からなる集合を $C_R(a)$ または簡単に $C(a)$ と表す．すなわち

$$C(a) = \{x \mid x \in A,\ aRx\}$$

この $C(a) = C_R(a)$ を同値関係 R による a の**同値類**（equivalence class）という．つまり，a の同値類とは a と同値なすべての元を寄せ集めた集合である．これについて，同値関係の定義により次の性質がわかる．

1. $a \in C(a)$
2. $aRb \Leftrightarrow C(a) = C(b)$
3. $C(a) \neq C(b)$ ならば $C(a) \cap C(b) = \emptyset$

性質 1 と 3 により，同値類全体は，集合 A を互いに交わらない部分集合に分割することがわかる．同値類全体からなる集合を，集合 A の同値関係 R による**商集合**（quotient set）といい，A/R と表す．

性質 2 により，集合 A の同値関係 R による各同値類 C は，それに含まれる一つの元を指定することにより定まる．このことから，同値類 C に属する各元を C の**代表元**（representative element）という．同値類 $C_1, C_2, \cdots, C_n$ に対し，各同値類から代表元を一つずつ選ぶことにより得られる集合 $\{a_i \mid a_i \in C_i\ (i = 1, 2, \cdots, n)\}$ を**完全代表系**という．

例同値類　$C(1) = \{x \mid x \in \mathbb{Z}, 1 \equiv x (\mathrm{mod}\ 3)\}$ と置くと，これは同値関係 $\equiv(\mathrm{mod}\ 3)$ による 1 の同値類になっている．さらに，$C(0) = \{x \mid x \in \mathbb{Z}, 0 \equiv x (\mathrm{mod}\ 3)\}$，$C(2) = \{x \mid x \in \mathbb{Z}, 2 \equiv x (\mathrm{mod}\ 3)\}$ と置くと，$C(0), C(1), C(2)$ は互いに素な集合になっており，$\mathbb{Z}$ は $\mathbb{Z} = C(0) \cup C(1) \cup C(2)$[*1] と分割できる．

*1　$\mathbb{Z}$ は3で割った余りによって分割することができる．

2. 順序関係

集合 A における関係 R が反射律，推移律，反対称律を満たすとき，R を A の**順序関係**（order relation）といい，対 (A, R) を**半順序集合**（partially ordered set）[*1] という．反射律，推移律，反対称律を合わせて**順序の公理**ということもある．集合 A の順序関係 R，さらに，任意の元 $a, b \in A$ に対し，aRb または bRa のいずれかが成り立つとき，R は A の**全順序関係**（totally order relation）といい，対 (A, R) を**全順序集合**（totally ordered set）という．

*1 poset ともいう.

一般に，順序関係は記号 $\preceq$[*2] で表すことが多いので，以後この記号を用いて議論していく．

*2 普通の大小関係を表す不等号 $\leq$ と区別すること.

例 全順序関係　$\mathbb{Z}$ における普通の大小関係 $\leq$ は全順序関係である．

例 順序関係　b が a で割り切れるとき，$a \mid b$ と表す．このとき，$\mathbb{N}$ における関係 $\mid$ は順序関係であるが，全順序関係ではない．実際，$2 \mid 5$ と $5 \mid 2$ のどちらも正しくないことは明らかである．

M を半順序集合 $(A, \preceq)$ の部分集合[*3] とするとき，M の元 a, b に対し

$$a \preceq b \text{ のとき，またそのときに限り } a \preceq_M b$$

*3 半順序集合 $(A, \preceq)$ の A の元や部分集合を，そのまま，この順序集合の元，部分集合と呼ぶ.

として関係 $\preceq_M$ を定義すれば，$\preceq_M$ が M の順序関係となる．このとき，半順序集合 $(M, \preceq_M)$ を半順序集合 $(A, \preceq)$ の**部分半順序集合**という．

例 部分半順序集合　集合 $A = \{x, y, z\}$ とする．このとき，A のべき集合 $P(A) = \{\emptyset, \{x\}, \{y\}, \{z\}, \{x, y\}, \{x, z\}, \{y, z\}, \{x, y, z\}\}$ に対し，元の包含関係 $\subset$ を考えると，$(P(A), \subset)$ は半順序集合である．また，$P(A)$ の部分集合 $M = \{\{x\}, \{y\}, \{x, y\}\}$ に対し，元の包含関係 $\subset$ を考えると，$(M, \subset)$ は半順序集合である．このとき，$(M, \subset)$ は $(P(A), \subset)$ の部分半順序集合となる．

$(A, \preceq)$ が全順序集合ならば，その任意の部分集合も全順序集合と

なる．ただし，$(A, \preceq)$ が全順序集合でなくても，その適当な部分集合は全順序集合となることがある．

例 全順序　集合 $A = \{x, y, z\}$ とするとき，A のべき集合 $P(A) = \{\emptyset, \{x\}, \{y\}, \{z\}, \{x, y\}, \{x, z\}, \{y, z\}, \{x, y, z\}\}$ に対し，元の包含関係 $\subset$ を考えると，$\{x, y\} \not\subset \{x, z\}$ であり，$\{x, z\} \not\subset \{x, y\}$ であるので，$(P(A), \subset)$ は全順序集合でない．しかし，$P(A)$ の部分集合 $X = \{\{x\}, \{x, y\}, \{x, y, z\}\}$ に対し，元の包含関係 $\subset$ を考えると，$(X, \subset)$ は全順序集合となる．

半順序集合 $(A, \preceq)$ において，A の元 a が**最大元**（maximum element）であるとは，A の任意の元 x に対し，$x \preceq a$ が成り立つことである．これを $\max A$ と表す．同様に，A の元 b が**最小元**（minimum element）であるとは，A の任意の元 y に対し，$b \preceq y$ が成り立つことである．これを $\min A$ と表す．最大元や最小元は必ず存在するとは限らないが，存在するならば，いずれも一意に定まる．なぜならば，a, a' を A の最大元とすると，最大元の定義より $a \preceq a'$ かつ $a' \preceq a$．したがって，反対称律より，$a = a'$ となる．最小元についても同様である．

また，A の元 a に対し，$a \preceq x$ かつ $x \neq a$ となる A の元 x が存在しないとき，a を A の**極大元**（maximal element）という．同様に，A の元 b に対し，$y \preceq b$ かつ $y \neq b$ となる A の元 y が存在しないとき，b を A の**極小元**（minimal element）という．極大元や極小元も必ず存在するとは限らない．

M を A の一つの空でない部分集合とする．このとき，全体集合 A と M との関連を見る．A の元 a が M の一つの**上界**（upper bound）であるとは，M の任意の元 x に対し，$x \preceq a$ が成り立つことである．a が M の上界ならば，$a \preceq a'$ である $a' \in A$ も M の上界である．M の上界が少なくとも一つ存在するとき，M は A において**上に有界**であるという．同様に，A の元 b が M の一つの**下界**（lower bound）であるとは，M の任意の元 x に対し，$b \preceq x$ が成り立つことである．M の下界が少なくとも一つ存在するとき，M は A において**下に有界**であるという．M が上にも下にも有界である場合は，M は単に**有界**（bounded）であるという．

M の上界の集合において最小元が存在するとき，それを M の A における**上限**（supremum）といい，$\sup M$ と表す．同様に M の下界の集合において最大元が存在するとき，それを M の A における**下限**（infimum）といい，$\inf M$ と表す．

例 上界と下界-1　$A = \{1, 2, 3, 4, 6, 9, 12, 18, 36\}$ とする．このとき，半順序集合 $(A, |)$ を考える．$M = \{2, 4, 6\}$ について，M の上界の集合は $\{12, 36\}$ となり，M の下界の集合は $\{1, 2\}$ となる．このことから，$\sup M = 12$，$\inf M = 2$ であることがわかる．

例 上界と下界-2　有理数全体からなる集合 $\mathbb{Q}$ において，$A = \{x \in \mathbb{Q} \mid x^2 \leq 2\} \subset \mathbb{Q}$ を考える．このとき，$\sqrt{2} \notin \mathbb{Q}$ なので，$\sqrt{2}$ は A の上界の一つとなり得ない．また，$\sqrt{2}$ よりも大きく $\sqrt{2}$ に限りなく近い有理数はいくらでも考えることができる．したがって，$\sup A$ を定めることができない，すなわち $\sup A$ は存在しない．

次の条件を満たすものを**ハッセ図**（Hasse diagram）という．

1. A の元 a, b が，$a \preceq b$ かつ $a \neq b$ ならば，b を a の上に書く．
2. $a \preceq b$ かつ $a \neq b$ であるような A の元 a, b に対し，$a \preceq c$，$c \preceq b$ かつ $a \neq c \neq b$ なる元 c が存在しないとき，a と b を線で結ぶ．

ハッセ図は，有限な半順序集合 $(A, \preceq)$ をグラフ[*1] を利用し視覚

*1　4章を参照．

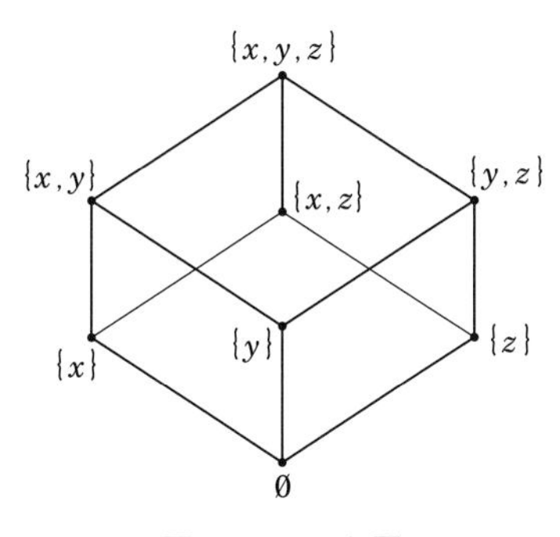

図 1.3　ハッセ図

的に表現したものである.

例ハッセ図　$A = \{x, y, z\}$ のべき集合には，A の部分集合の包含関係 $\subset$ により，$P(A)$ が $\subset$ の順序関係となる．したがって，図 1.3 のようなハッセ図で表すことができる.

例辞書式順序　n 個の元からなる全順序集合 $A_1, A_2, \ldots, A_n$ に対し，$(\prod_{i=1}^{n} A_i, R)$ を次のように定める.

$\prod_{i=1}^{n} A_i$ の元 $a = (a_1, a_2, \cdots, a_n)$，$b = (b_1, b_2, \cdots, b_n)$ に対し

$$aRb \Leftrightarrow \begin{cases} \quad a = b \\ \text{または} \\ \quad a_1 = b_1,\ a_2 = b_2,\ \cdots,\ a_{m-1} = b_{m-1},\ a_m \preceq b_m \\ \text{となる } m\ (1 \leq m \leq n) \text{ が存在する.} \end{cases}$$

と定義する．このとき，$(\prod_{i=1}^{n} A_i, R)$ は全順序集合になる．この順序を**辞書式順序**（lexicographical dictionary order）という.

演習問題

問 1　$A = \mathbb{N} \times \mathbb{N}$ とし，集合 A における関係 R を

$$(a, b)R(c, d) \Leftrightarrow ad = bc$$

と定めたとき，この関係 R が同値関係であることを示せ.

問 2　$A = \{2^{n-1} : n \in \mathbb{N}\}$ とする．このとき，$(A, |)$ が全順序集合かどうかを調べよ.

問 3　$A = \{1, 2, 3, 6, 8, 9, 12, 18, 24, 36\}$ とする．このとき，半順序集合 $(A, |)$ のハッセ図を描け.

問 4　$A = \{a, b, c\}$ において，順序関係 $\preceq$ を $a \preceq b \preceq c$ と定めると，$(A, \preceq)$ は全順序集合となる．$A \times A \times A$ における辞書式順序を考えるとき，次の $A \times A \times A$ の元を辞書式順序に並べ換えよ.

$$abc,\ bba,\ abb,\ cba,\ cab,\ baa$$

第2章 論理と証明

本章では，論理と証明を取り上げる．元来，論理学は思考や議論を正しく進める方法についての学問であり，哲学の一分野であった．ここでは，数学や計算機科学の基礎である記号論理学を扱う．記号論理学では論理を記号の操作とみなすことに特徴がある．このことにより，論理を客観的に扱うことが可能となる．また，本章では重要な証明法である背理法，数学的帰納法および場合分けによる証明を紹介する．

2.1 命題論理

1. 命　題

正しいか誤っているかを客観的に判定できる記述，主張を**命題** (proposition) という．命題が正しいとき，その命題は**真** (true) であるといい，誤っているとき，**偽** (false) であるという．ある命題が真であるとき，その命題は「成り立つ」と表現することもある．

例 命題と真偽　$1+1=2$：命題であり，真．

日本の人口は2億人である：命題であり，偽．

あなたは数学が好きですか？：真偽判定不能なので，命題ではない．

命題を対象とする論理を**命題論理**（propositional logic）という．命題論理において，それ以上分割することのできない基本的な命題を**基本命題**（atomic proposition）と呼ぶ．基本命題を表すために p, q などの記号を用いることにする．これを**基本論理式**（atomic formula）と呼ぶ．さらに，命題が真であることを T（または 1），偽であることを F（または 0）と表すこととする．

2.　論理記号

いくつかの命題を組み合わせることにより，新たな命題をつくり出すことができる．例えば，次の二つの命題 p, q を考える．

p：ボタンを押す

q：ドアが開く

このとき，「ボタンを押すならばドアが開く」という命題を $p \Rightarrow q$ と表す．記号 $\Rightarrow$ のような二つの命題を結び付ける記号を**論理記号**（logical operator）という．

以下に代表的な論理記号を紹介する．p, q を基本論理式とする．

(a)　論理積

p と q の**論理積**（logical product）$p \wedge q$ とは，命題「p かつ q (p and q)」のことである．$p \wedge q$ は p と q がともに真であるときに限り真となる．

(b)　論理和

p と q の**論理和**（logical sum）$p \vee q$ とは，命題「p または q (p or q)」のことである．$p \vee q$ は p と q の少なくとも一方が真であるときに真となる*1．

*1　これに対し，p と q の排他的論理和 (p exclusive or q) は，p と q のちょうど一方だけが真であるときに真となる．

(c)　否　定

p の**否定**（negation）$\neg p$ とは，命題「p でない (not p)」のことである．$\neg p$ は p が真であるときには偽，p が偽であるときには真となる．$\neg p$ を $\bar{p}$ または $\sim p$ と表すこともある．

(d)　含　意

命題「p ならば q (if p then q)」を**含意**（implication）といい，$p \Rightarrow q$ と表す．$p \Rightarrow q$ は，p が真で q が偽であるときに限り，偽と

なる命題である．$p \Rightarrow q$ において，p を**仮定**（premise），q を**結論**（conclusion）と呼ぶ．

この命題で大切なポイントは，仮定 p が偽の場合には結論 q の真偽にかかわらず $p \Rightarrow q$ は真になる点である．

例えば，「雨が降れば，傘をさす」という命題において，雨が降っているのに傘をさしていなければ偽であるが，雨が降らなければ，傘をさしてもささなくても真となる．

$p \Rightarrow q$ が真であるとき，p は q であるための**十分条件**（sufficient condition），q は p であるための**必要条件**（necessary condition）であるという．

(e) 命題の同値

命題「p ならば q，かつ q ならば p」を $p \Leftrightarrow q$ と表す．$p \Leftrightarrow q$ を p と q の **同値**（equivalence）という．

$p \Leftrightarrow q$ が真であるとき，p は q であるための**必要十分条件**（necessary and sufficient condition）であるといい，p と q は同値であるという．p と q が同値であるとき，$p = q$ と書く．

いくつかの基本命題を組み合わせてつくられる命題を**合成命題**（compound proposition）という．合成命題は基本論理式を論理記号で結合させた式として表される．これを**論理式**（logical formula）という[*1]．

*1 本章では，一般の論理式を大文字の P, Q などで表し，基本論理式を小文字の p, q などで表す．

例えば，p, q, r が基本論理式であるとき

$$\neg(p \wedge (q \vee r)) \Rightarrow (\neg q \wedge p)$$

は一つの論理式である．ここで，括弧は論理記号を適用する順序を示している．括弧が省略されている場合には，記号の優先順序は $\neg$, $\wedge$, $\vee$, $\Rightarrow$, $\Leftrightarrow$ の順とする．

したがって，例えば $\neg p \Rightarrow \neg q \vee r \wedge p$ は $(\neg p) \Rightarrow ((\neg q) \vee (r \wedge p))$ と同じ式である．

3. 真理値表

与えられた論理式 P の真偽は，それを構成する基本論理式の真偽によって決まる．起こり得る基本論理式の真偽のすべての組合せと，それぞれの場合における P の真偽の値を表にしたものを**真理**

値表（truth-value table）という．

まず，1 個の論理記号からなる論理式の真理値表を示す．

p	q	$p \wedge q$	$p \vee q$	$\overline{p}$	$p \Rightarrow q$	$p \Leftrightarrow q$
T	T	T	T	F	T	T
T	F	F	T	F	F	F
F	T	F	T	T	T	F
F	F	F	F	T	T	T

例 **真理値表**　論理式 $p \vee q \wedge r \Rightarrow \neg q$ の真理値表を書いてみよう．

p	q	r	$q \wedge r$	$p \vee q \wedge r$	$\neg q$	$p \vee q \wedge r \Rightarrow \neg q$
T	T	T	T	T	F	F
T	T	F	F	T	F	F
T	F	T	F	T	T	T
T	F	F	F	T	T	T
F	T	T	T	T	F	F
F	T	F	F	F	F	T
F	F	T	F	F	T	T
F	F	F	F	F	T	T

与えられた二つの論理式 P, Q が同値であるかどうかを，真理値表を使って確かめることができる．すなわち，P, Q に含まれる基本論理式のすべての組合せに対して，P, Q の真理値が一致することを確かめればよい．例えば，$\neg p \vee q$ は $p \Rightarrow q$ と同値であることが，次の真理値表からわかる．

p	q	$\neg p$	$\neg p \vee q$	$p \Rightarrow q$
T	T	F	T	T
T	F	F	F	F
F	T	T	T	T
F	F	T	T	T

基本論理式の真偽にかかわらず，常に真であるような論理式を**恒真式**あるいは**トートロジー**（tautology）と呼ぶ．

同様に，基本論理式の真偽にかかわらず，常に偽であるような論理式を**恒偽式**あるいは**矛盾式**（contradiction）と呼ぶ．P が恒偽式ならば，$\neg P$ は恒真式である．

例えば，$p \wedge q \Rightarrow p$ は恒真式であることが次の真理値表によりわかる．

p	q	$p \wedge q$	$p \wedge q \Rightarrow p$
T	T	T	T
T	F	F	T
F	T	F	T
F	F	F	T

二つの論理式 P と Q が同値であるとは，$P \Leftrightarrow Q$ が恒真式であることといえる．

4. 論理式の性質

命題 $P: p \Rightarrow q$ に対して，$q \Rightarrow p$ を P の**逆**（converse proposition），$\neg q \Rightarrow \neg p$ を P の**対偶**（contraposition），$\neg p \Rightarrow \neg q$ を P の**裏**（converse of contraposition）という．

p	q	$p \Rightarrow q$	$q \Rightarrow p$	$\neg p$	$\neg q$	$\neg q \Rightarrow \neg p$	$\neg p \Rightarrow \neg q$
T	T	T	T	F	F	T	T
T	F	F	T	F	T	F	T
F	T	T	F	T	F	T	F
F	F	T	T	T	T	T	T

命題 P とその対偶は同値である．したがって，与えられた命題を証明するためにはその命題の対偶を証明すれば十分である．

また，逆と裏は同値である．しかしながら，命題 P が真となってもその逆が真になるとは限らない．

例 対偶による証明　実数 x, y, z について，「$x+y+z>3$ ならば，x, y, z のうち少なくとも一つは，1 より大きい」という命題を証明する．この命題の対偶は，「x, y, z について，どれも 1 以下ならば，$x+y+z \leq 3$」である．明らかに，$x \leq 1, y \leq 1, z \leq 1$ ならば $x+y+z \leq 1+1+1=3$ なので，対偶は真である．よって，もとの命題も真である．

ここで，代表的な論理式の性質をまとめておく（表 2.1）．

表 2.1　論理式の性質

規　則	論理式
同一律	$P \vee P = P$, $P \wedge P = P$
排中律・矛盾律	$P \vee \neg P = \mathrm{T}$, $P \wedge \neg P = \mathrm{F}$
交換律	$P \vee Q = Q \vee P$, $P \wedge Q = Q \wedge P$
結合律	$(P \vee Q) \vee R = P \vee (Q \vee R)$
	$(P \wedge Q) \wedge R = P \wedge (Q \wedge R)$
分配律	$P \vee (Q \wedge R) = (P \vee Q) \wedge (P \vee R)$
	$P \wedge (Q \vee R) = (P \wedge Q) \vee (P \wedge R)$
包含性	$P \vee (P \wedge Q) = P$, $P \wedge (P \vee Q) = P$
恒真の性質	$P \vee \mathrm{T} = \mathrm{T}$, $P \wedge \mathrm{T} = P$
恒偽の性質	$P \vee \mathrm{F} = P$, $P \wedge \mathrm{F} = \mathrm{F}$
二重否定	$\neg(\neg P) = P$
ド・モルガンの法則	$\neg(P \vee Q) = \neg P \wedge \neg Q$
	$\neg(P \wedge Q) = \neg P \vee \neg Q$
同値記号の除去	$P \Leftrightarrow Q = (P \Rightarrow Q) \wedge (Q \Rightarrow P)$
含意記号の除去	$P \Rightarrow Q = \neg P \vee Q$

与えられた論理式を表 2.1 の性質を用いて変形していくことにより，簡単な形の式に直すことができる．

例 論理式の変形　$P = p \vee \neg q \Rightarrow p$ と置くとき，$P = p \vee q$ であることを示す．

$$
\begin{aligned}
P &= p \vee \neg q \Rightarrow p \\
&= \neg(p \vee \neg q) \vee p && \text{（含意記号の除去）} \\
&= (\neg p \wedge \neg\neg q) \vee p && \text{（ド・モルガンの法則）} \\
&= (\neg p \wedge q) \vee p && \text{（二重否定）} \\
&= (\neg p \vee p) \wedge (q \vee p) && \text{（分配律）} \\
&= \mathrm{T} \wedge (q \vee p) && \text{（排中律）} \\
&= q \vee p && \text{（恒真の性質）} \\
&= p \vee q && \text{（交換律）}
\end{aligned}
$$

5.　標準形

本項では，論理式をそれと同値なわかりやすい形の論理式に変形することを考える．

ある基本論理式 p について p と $\neg p$ を**リテラル** (literal) という．

どのような論理式 P も

$$P = P_1 \land P_2 \land \cdots \land P_n$$

のように，論理積の形で表すことができる．ただし，$i = 1, \cdots, n$ について，各 P_i はいくつかのリテラルの論理和である．$P_1 \land P_2 \land \cdots \land P_n$ を**論理積標準形**（conjunctive normal form）という[*1]．

*1 乗法標準形ともいう．

例 **論理積標準形**　$P = p \land (\neg p \lor \neg q \lor r) \land (q \lor r)$ は，論理積標準形である．

与えられた論理式を論理積標準形にするためには，次の変形規則を用いるとよい．

(1)　含意記号 $\Rightarrow$ の除去
　$Q_1 \Rightarrow Q_2$ がある場合には $\neg Q_1 \lor Q_2$ に置き換える．

(2)　否定記号 $\neg$ の繰込み
　$\neg(Q_1 \land Q_2)$, $\neg(Q_1 \lor Q_2)$ はド・モルガンの法則により，それぞれ $\neg Q_1 \lor \neg Q_2$, $\neg Q_1 \land \neg Q_2$ に置き換える．また，$\neg(\neg Q)$ は Q に置き換える．

(3)　論理積記号 $\land$ のくくり出し
　$(Q_1 \land Q_2) \lor Q_3$, $Q_1 \lor (Q_2 \land Q_3)$ は分配律により，それぞれ $(Q_1 \lor Q_3) \land (Q_2 \lor Q_3)$, $(Q_1 \lor Q_2) \land (Q_1 \lor Q_3)$ に置き換える．

例 **論理積標準形への変形**　$(p \Rightarrow q) \Rightarrow \neg r$ を論理積標準形に変形してみよう．

$$\begin{aligned}(p \Rightarrow q) \Rightarrow \neg r &= (\neg p \lor q) \Rightarrow \neg r \\ &= \neg(\neg p \lor q) \lor \neg r \\ &= \neg\neg p \land \neg q \lor \neg r \\ &= p \land \neg q \lor \neg r \\ &= (p \lor \neg r) \land (\neg q \lor \neg r)\end{aligned}$$

となる．

論理積標準形に対して，$\land$ と $\lor$ の役割を入れ換えたものを**論理和標準形**（disjunctive normal form）という．つまり，論理和標準

形とは $P_1 \vee P_2 \vee \cdots \vee P_n$，ただし，$i = 1, \cdots, n$ について，各 P_i はいくつかのリテラルの論理積である．どのような論理式も論理和標準形で表すことができるが，具体的な手順については論理積標準形の場合と同様であるので省略する．

論理学と数学の融合：ブール代数からシャノンの論理回路へ

19 世紀初頭まで，数学は主に図形かまたは数を扱う学問だった．そして，論理学は哲学の一種であると考えられていた．その中で，ジョージ・ブール（1815〜1864 年）は，論理学を数学の形式に置き換えるアイデアを追求した．ブールは代数に使用されている記号について，「論理的に書かれた数式はそれが正しければ常に正しい結果を提供すること」に注目し，この代数の威力を論理学の中でも適用できるのではないかと研究を始めた．そして，ブールは 1854 年に著書『思考の法則』を出版し，数学的な記号を使って論理的な結論を導く方法を提示した．この著作によって，ブール代数と呼ばれる論理演算の数学的枠組みが確立された．ブールは，AND，OR，NOT という三つの演算子を用いて論理回路を構築し，これを論理代数学と名付けた．

その後，クロード・シャノン（1916〜2001 年）は，ブール代数のアイデアを基に，リレーとスイッチング回路の記号的分析を行った．シャノンは論理回路をリレーや真空管で構築する原理を提唱し，2 進数で計算機の回路を設計できることを示した．シャノンが修士論文として準備し，1938 年 3 月に米国電気工学学会に提出した「リレーとスイッチ回路の記号論的解析」‘A Symbolic Analysis of Relay and Switching Circuits’ は，計算機の回路設計の基盤となり，以後のデジタル計算機の発展に大きな影響を与えた．

シャノンの論文はまた，論理回路をリレーや真空管で設計する原理を示していた．これにより，スイッチング回路が加算，減算，乗算だけでなく，論理演算で真偽の結論を導く回路を構成できることが明確になった．この論文が公刊されると影響力はものすごく，それまで 10 進法に基づいて設計されていた計算機の回路は，以後 2 進法に基づいて設計されるようになった．他方，アラン・チューリングの「計算可能数についての決定問題への応用」が 1936 年に提出されている．ほぼ同じ時期に 2 人の天才が現代に至るコンピュータの可能性を見いだした論文を発表しているのを見ると感慨が深い．

この後電子工学の発展と，第 2 次世界大戦という逼迫した事情があり，真空管を使った大がかりな電子式計算機プロジェクトがイギリス，アメリカで立ち上がることになる.

演習問題

問 1 真理値表を用いて，次の等式の成立を示せ.

(1) $\neg(p \vee q) = \neg p \wedge \neg q$

(2) $\neg(p \wedge q) = \neg p \vee \neg q$

(3) $\neg(p \Rightarrow q) = p \wedge \neg q$

(4) $p \vee (q \wedge r) = (p \vee q) \wedge (p \vee r)$

問 2 トランプを何人かに同じ枚数ずつ配った. このとき，各人のカードについて次の情報を得た.

(a) スペードかハートがあれば，クラブはない.

(b) スペードがなければ，ハートかダイヤがある.

次を示せ.

(1) クラブがあれば，ハートはない.

(2) クラブがあれば，ダイヤもある.

問 3 論理式の変形により次の等式を示せ.

(1) $\neg(p \Rightarrow \neg q) = p \wedge q$

(2) $p \wedge \neg(\neg p \wedge q) = p$

問 4 次の論理式を論理積標準形に直せ.

(1) $p \Rightarrow q \wedge r$

(2) $\neg(p \wedge (q \vee r))$

2.2 述語論理

1. 述 語

命題論理では，例えば

p_1：海は青い

p_2：空は青い

p_3 : ルリビタキは青い

というように，「〜は青い」という命題をいくつでも考えることができる．ただし，p_1, p_2, p_3 はいずれも「青い」という同じ性質を表しているにもかかわらず，命題論理の範囲ではこれらを互いに無関係の命題として扱わざるを得ない．そこで，海，空，ルリビタキのような**定数**（constant）ではなく，あらかじめ定まった値をもたない**変数**（variable）x によって

blue(x) : x は青い

という式を考えることができると便利である．この blue(x) を**述語**（predicate）と呼ぶ．ここで述語の変数[*1] に具体的な値を与えるとそれに応じた命題が得られる．例えば，変数 x に海を代入すると

*1　引数 (parameter) ともいう．

blue(海) : 海は青い

となり，一つの命題として真偽が確定する．このように述語 $P(x)$ はその変数の定義域から真理値 $\{\mathrm{T}, \mathrm{F}\}$ への関数とみなすこともできる．述語および述語を用いた命題を対象とする論理を**述語論理**（predicate logic）という．

命題論理において，複数の基本命題を論理記号により結合させて合成命題をつくることができたのと同様に，述語論理においても，複数の述語を論理記号により結合させて新たな述語をつくることができる．

[例]述語　正の整数全体を定義域とする述語 $P(x)$ と $Q(x)$ を考える．

$P(x)$: x は 10 の倍数である．

$Q(x)$: x は 15 の倍数である．

このとき

$\neg P(x)$: x は 10 の倍数ではない．

$P(x) \wedge Q(x)$: x は 30 の倍数である．

$\neg P(x)$ や $P(x) \wedge Q(x)$ のような述語を表す式を，命題論理の場合と同様に，論理式という．

2. 限量子

ここでは，述語に作用させる二つの記号 $\forall$ と $\exists$ を導入する．$\forall$ は「すべての（for all)」，$\exists$ は「存在する（exist)」を意味する[*1]．

*1 $\forall$ は All の A を，$\exists$ は Exist の E を，それぞれ反転させた記号である．

$\forall$ を**全称限量子**（universal quantifier）または**全称記号**といい，$\exists$ を**存在限量子**（existential quantifier）または**存在記号**という．また，この二つを合わせて**限量子**（quantifier）という．

述語 $P(x)$ に対して，$\forall xP(x)$ と $\exists xP(x)$ はそれぞれ次の命題を意味する．

$\forall xP(x)$：すべての x について $P(x)$ が成り立つ．

$\exists xP(x)$：ある x が存在して $P(x)$ が成り立つ（$P(x)$ が成り立つような x が存在する)．

例えば，$\mathrm{blue}(x)$ を「x は青い」という述語とする．このとき，$\forall x\,\mathrm{blue}(x)$ は「すべての x は青い」，$\exists x\,\mathrm{blue}(x)$ は「青い x が存在する」という命題となる．

例 限量子　実数全体を定義域とする述語 $P(x): x \geq 0$ と $Q(x): x^2 \geq 0$ を考える．

このとき，$P(-1)$ は偽なので $\forall xP(x)$ も偽である[*2]．また，$P(1)$ は真なので，$\exists xP(x)$ は真である．一方，実数の性質より $\forall xQ(x)$ は真であり，当然 $\exists xQ(x)$ もまた真となる．

*2 $\forall xP(x)$ が偽であることを示すには，$P(a)$ が偽となるような a を一つでも示せばよい．この a を $\forall xP(x)$ の反例（counter example）という．

このように述語 $P(x)$ 自体は命題ではないが，限量子により $P(x)$ を成立させる変数 x の範囲を問題とすることにより命題をつくることができる．限量子が付随している変数を**束縛変数**（bound variable)，付随していない変数を**自由変数**（free variable）という．

ここで，限量子を含む論理式の性質のうち重要なものをまとめておく（表 2.2)．

ド・モルガンの法則 $\neg\exists xP(x) = \forall x\neg P(x)$ を具体例で確認してみよう．

例 ド・モルガンの法則　述語 $P(x): x^2+1=0$ を考える．

まず，$\neg\exists xP(x)$ は $x^2+1=0$ を満たす解 x が存在しないこと

表 2.2　限量子を含む論理式の性質

規　則	限量子を含む論理式
変数名の変更	$\forall xP(x)=\forall yP(y)$, $\exists xP(x)=\exists yP(y)$
ド・モルガンの法則	$\neg\forall xP(x)=\exists x\neg P(x)$
	$\neg\exists xP(x)=\forall x\neg P(x)$
全称記号と論理積	$\forall xP(x)\wedge\forall xQ(x)=\forall x(P(x)\wedge Q(x))$
存在記号と論理和	$\exists xP(x)\vee\exists xQ(x)=\exists x(P(x)\vee Q(x))$

を意味する．一方，$\forall x\neg P(x)$ は，すべての x について $x^2+1\neq 0$ であることを意味するので，確かに $\neg\exists xP(x)=\forall x\neg P(x)$ である．

なお，この命題の真偽は，$P(x)$ の定義域に依存する．定義域を実数の範囲とすると $x^2+1=0$ は解をもたず，真となる．定義域を複素数の範囲まで広げて考えると，$x=\pm i$ が解となり，偽となる．

3.　多変数の述語

述語に含まれる変数の個数は複数であっても構わない．例えば，$\mathrm{go}(x,y)$ を「x は y に行く」という述語とすると，go(太郎, 京都) は「太郎は京都に行く」という命題になる．

多変数の述語に対しても限量子を作用させることができる．このとき，束縛変数と自由変数が生じる場合もある．例えば，$\exists xP(x,y)$ において，x は束縛変数であり，y は自由変数である．すべての変数が束縛変数であるような論理式は命題となるが，一つでも自由変数が含まれる論理式は命題とはならない．

また，各変数に限量子を作用させる場合には，限量子の有効範囲に注意が必要である．例えば，$\forall x\exists yP(x,y)$ は $\forall x(\exists yP(x,y))$ を意味する．このとき，$\exists y$ の有効範囲は $P(x,y)$ であり，$\forall x$ の有効範囲は $\exists yP(x,y)$ である．一般に

$$\forall x\forall yP(x,y)=\forall y\forall xP(x,y)$$
$$\exists x\exists yP(x,y)=\exists y\exists xP(x,y)$$

が成り立つが，一方

$$\forall x\exists yP(x,y)\neq\exists y\forall xP(x,y)$$

であることに注意する．

例 限量子の有効範囲　実数全体を定義域とする述語 $P(x, y) : x + y > 0$ について $\forall x \exists y P(x, y)$ と $\exists y \forall x P(x, y)$ を比較してみよう．

まず，$\forall x \exists y P(x, y)$ は「すべての実数 x について，ある実数 y が存在して $x + y > 0$ が成り立つ」となる．$\forall x$ のみ展開すると「すべての実数 x について $\exists y P(x, y)$」である．どのような x に対しても，$y > -x$ を満たすような y を選ぶと $P(x, y)$ は真になるので，$\exists y P(x, y)$ は真．よって，$\forall x \exists y P(x, y)$ は真である．

一方，$\exists y \forall x P(x, y)$ は「ある実数 y が存在して，すべての実数 x について $x + y > 0$ が成り立つ」となる．$\exists y$ のみ展開すると「ある実数 y が存在して $\forall x P(x, y)$」である．どのような y に対しても，$x \leq -y$ を満たすような x を選ぶと $P(x, y)$ は偽になるので，$\forall x P(x, y)$ は偽．よって，$\exists y \forall x P(x, y)$ は偽である．

演習問題

問 1　even(x), odd(x) はそれぞれ自然数を定義域とする述語であり，even(x) : x は偶数である，odd(x) : x は奇数である，とする．次の命題の真偽を判定せよ．

(1)　$\neg$even(3)

(2)　even(24) $\wedge$ $\neg$odd(26)

(3)　$\neg$(even(24) $\wedge$ odd(26))

問 2　自然数 x, y について，x は y よりも大きい，という述語を greater(x, y) により表す．次の命題または述語を greater を含む論理式で表せ．

(1)　3 は 2 よりも大きい．

(2)　x が 3 よりも大きいならば x は 2 よりも大きい．

(3)　x が y よりも大きく，かつ，y が z よりも大きいならば x は z よりも大きい．

(4)　ある x が存在して，x は 100 よりも大きい．

(5)　すべての x について，x は 100 よりも大きいかまたは 101 よりも大きくない．

問 3　even，odd，greater は前問までに現れた述語である．次の命題を日本語で書き表し，その真偽を判定せよ．

(1)　$\forall x\,(\mathrm{even}(x) \vee \mathrm{odd}(x))$
(2)　$\forall x\,\mathrm{even}(x) \vee \forall x\,\mathrm{odd}(x)$
(3)　$\exists x \exists y\,(\mathrm{even}(x) \wedge \mathrm{odd}(y) \wedge \mathrm{greater}(x,y))$
(4)　$\exists x\,\forall y\,\mathrm{greater}(x,y)$
(5)　$\forall y\,\exists x\,\mathrm{greater}(x,y)$

2.3　推論と証明

1.　推論規則

一つの理論体系において，ある複雑な事柄が正しいかどうかを客観的に決定したいとする．このとき考えられる自然なアプローチは，すでに正しいことがわかっているより単純な事柄から対象となる事柄を導いてみせることだろう．

一般に，論理式 $P_1, P_2, \cdots, P_n$ が真であるならば Q も真であるとき，Q は $P_1, P_2, \cdots, P_n$ の**論理的帰結**（logical consequence）である，または Q は $P_1, P_2, \cdots, P_n$ から**導出**（derive）されるといい

$$P_1, P_2, \cdots, P_n \ \vdash \ Q$$

と書く．このとき，$P_1, P_2, \cdots, P_n$ を**前提**（premise），Q を**結論**（conclusion）という．

導出のためには，前提となる論理式から結論となる論理式を得るような規則があればよい．このような規則を**推論規則**（inference rule）という．最も代表的な推論規則は，次の**モーダスポネンス**（modus ponens）[*1] である．

*1　肯定式ともいう．

$$P, P \Rightarrow Q \ \vdash \ Q$$

ここで，$P \wedge (P \Rightarrow Q) \Rightarrow Q$ が恒真式であることから，P と $P \Rightarrow Q$ が真であれば，Q も真となる．このことがモーダスポネンスを推論規則として用いてもよいことの裏付けとなっている．

例 モーダスポネンス

p：今日は金曜日である．

q : 私は花屋に行く.
$p \Rightarrow q$: 今日が金曜日ならば私は花屋に行く.

モーダスポネンスと類似の推論規則として**三段論法** (syllogism) がある.

$$P \Rightarrow Q,\ Q \Rightarrow R \vdash P \Rightarrow R$$

三段論法の妥当性は, $(P \Rightarrow Q) \wedge (Q \Rightarrow R) \Rightarrow (P \Rightarrow R)$ が恒真式であることによる.

例 三段論法

$p \Rightarrow q$: 春になると気温が上昇する.
$q \Rightarrow r$: 気温が上昇すると雪が解ける.
$p \Rightarrow r$: 春になると雪が解ける.

モーダスポネンス, 三段論法以外にもさまざまな推論が可能である. 一般に, $P_1, P_2, \cdots, P_n \Rightarrow Q$ が恒真式ならば, Q は $P_1, P_2, \cdots, P_n$ の論理的帰結となる.

2. 公理と定理

数学における一つの理論体系において, あらかじめ正しいと仮定されている基本的な命題を**公理** (axiom) という. いくつかの少数の公理を出発点として, 推論規則によってある命題が真であることが確定したとき, その命題を**定理** (theorem) という. 定理の導出手順をその定理の**証明** (proof) と呼ぶ. また, このような公理と推論規則を基礎とする理論体系を**公理系** (axiom system) という.

例えば, 通常の平面幾何学では「異なる 2 点が与えられたとき, その 2 点を通る直線が存在する」を公理の一つとして採用している. 公理は正しいことが仮定されているものであり, 証明すべきものではない. これに対して,「どのような三角形もその内角の和は 180° である」は平面幾何学の定理であり, 証明すべきものである.

一般に, ある定理の証明とは, その定理を導く過程で現れる公理および定理を列挙することにほかならない.

不完全性定理

ある公理系において証明された命題は当然のことながら必ず真である．逆に，真である命題は必ず証明できるのだろうか．実は，そうではないことが知られている．自然数論を含むようなどのような公理系についても，P と $\neg P$ のいずれもが証明できないような命題 P がその体系に存在する．これを第1不完全性定理という．

また，公理系は無矛盾であることが求められる．無矛盾とは，その公理系の中のどのような命題 P についても P と $\neg P$ が同時に成り立つことが証明されないことである．しかしながら，自然数論を含むようなどのような公理系についても，自分自身が無矛盾であることをその体系内で証明することはできない．これを第2不完全性定理という．

これらの不完全性定理（imcompleteness theorem）は1931年にゲーデルにより発表された．

実際に人間が定理を証明する場合には，三段論法などの基本的な推論規則は暗黙のうちに使用されている．

以下，ここでは特に重要と思われる三つの証明法である (1) 背理法，(2) 数学的帰納法，(3) 場合分けによる証明，を例を使って説明する．

3. 背理法

ある命題 Q が真であることを証明する方法として，次のように考える．

1. まず Q が成り立たないと仮定する．
2. 議論を進めていき，結果的に矛盾が生じる．
3. 矛盾が生じた理由は Q が成り立たないと仮定したためである．
4. Q が真でなければならないと結論する．

この証明法を**背理法**（reduction to absurdity）という．

例 背理法-1　実数 x, y について $xy < x + y$ が成り立つならば，x と y のうち少なくとも一方は正である．このことを背理法によっ

*1 この例では，証明すべき命題は $P \Rightarrow Q$ という形である．したがって，その対偶 $\neg Q \Rightarrow \neg P$ を示す方法で証明してもよい．

て示す*1．

(証明) 結論である「x と y のうち少なくとも一方は正である」を否定して，「x, y のどちらもが正ではない」ことを仮定する．つまり，$x \leq 0, y \leq 0$ とする．このとき，$xy \geq 0$．一方，$x + y \leq 0$．よって，$x + y \leq 0 \leq xy$ となり，仮定 $xy < x + y$ に矛盾する．ゆえに，「x, y のどちらもが正ではない」という仮定は誤りであった．したがって，「x と y のうち少なくとも一方は正である」が証明された． □

ここで，背理法の妥当性を示しておく．今，仮定として成立している命題を P，証明すべき命題を Q とする．Q が成り立たないとして矛盾が生じたということは

$$P \wedge \neg Q = \mathrm{F}$$

であることを意味している．したがって

$$\begin{aligned} P \Rightarrow Q &= \neg P \vee Q \\ &= \neg(P \wedge \neg Q) \\ &= \neg \mathrm{F} = \mathrm{T} \end{aligned}$$

つまり

$$P \vdash Q$$

が成り立つ．

仮定となる命題が明示されていない場合に，背理法による証明が有効となる場合が多い．

例 背理法-2 $\sqrt{2}$ が無理数であることを背理法を使って示す．

(証明) $\sqrt{2}$ が無理数でない，つまり有理数と仮定する．$\sqrt{2} = n/m$ と置く．ここで，n/m は既約分数である，つまり m と n は共通因数をもたないとしてよい．両辺を 2 乗し，分母を払うと $2m^2 = n^2$ となる．ここで，左辺 $2m^2$ の素因数分解における因数 2 の個数は奇数である．一方，右辺 n^2 の素因数分解における因数 2 の個数は偶数である．これは矛盾である．ゆえに，$\sqrt{2}$ が無理数でないとい

う仮定は誤りであった．したがって，$\sqrt{2}$ は無理数である．　□

上記の例において「$\sqrt{2}$ は無理数である」という命題では，仮定となるべき命題は明示されてはおらず，暗黙の前提として，整数，有理数，無理数の性質を用いている．

次に図形に関する論証を背理法により行ってみよう．

例 背理法-3　1 辺の長さが 2 である正方形の周または内部に 5 個の点がある．このとき，この 5 点のうち，ある 2 点間の距離は $\sqrt{2}$ 以下であることを証明する．

（**証明**）　背理法を用いる．どの 2 点間の距離も $\sqrt{2}$ より大きくなるように 5 個の点を配置することができたと仮定する．今，この正方形を 1 辺の長さが 1 である小正方形に 4 等分する．このとき，5 個の点の中に，同一の小正方形に含まれている 2 個の点がある*1．この 2 点間の距離は，小正方形の対角線の長さである $\sqrt{2}$ を超えない．よって，矛盾であり，どのように 5 個の点を配置したとしても必ずある 2 点間の距離は $\sqrt{2}$ 以下となることが証明された．　□

*1　このような性質が成り立つことを鳩の巣原理という．詳しくは，3章で扱う．

4.　数学的帰納法

自然数全体を定義域とする述語 $P(n)$ について，すべての n について $P(n)$ が真であることを証明したいとする．このとき，証明を次の二つのステップに分けて示す方法がある．

1. $P(1)$ は真である．
2. 任意の自然数 k に対して，$P(k)$ が真であるならば，$P(k+1)$ も真である．

ステップ 1,2 が成立しているならば，すべての n について $P(n)$ が真であることが結論できる．この証明法を**数学的帰納法**（mathematical induction）または単に**帰納法**（induction）という*2．また，このとき第 2 ステップにおいて一時的に設定する仮定 $P(k)$ を**帰納法の仮定**（induction hypothesis）という．

*2　帰納的推論（個別の事実から一般法則を推測すること）とは異なることに注意する．

直感的には，数学的帰納法はドミノ倒しに例えることができる．1 列に並べたドミノの列について，1．最初のドミノが倒れる，かつ 2．あるドミノが倒れたら必ず次のドミノが倒れる，が真であれば，必然的にすべてのドミノが倒れることになる．「k 番目のドミノが倒れること」を「$P(k)$ が真であること」と置き換えてみると数学的帰納法が納得できる．

論理の立場から見ると数学的帰納法の妥当性は

$$P(1) \wedge \forall k(P(k) \Rightarrow P(k+1)) \Rightarrow \forall n P(n)$$

という命題が真であることによる．この命題は自然数の本質を表しており，自然数の公理[*1]として採用されている．

*1　ペアノの公理という．

例 数学的帰納法-1　n を自然数とするとき，$1^2 + 2^2 + \cdots + n^2 = (1/6)n(n+1)(2n+1)$ を数学的帰納法を用いて証明する．

（証明）　$P(n) : 1^2 + 2^2 + \cdots + n^2 = \dfrac{1}{6}n(n+1)(2n+1)$

と置く．

まず，$P(1)$ が成り立つことを確かめる．$P(1)$ の左辺 $= 1^2 = 1$ であり，$P(1)$ の右辺 $= (1/6) \times 1(1+1)(2 \times 1 + 1) = 1$ であることから，確かに $P(1)$ は成立している．

次に，自然数 k に対して $P(k)$ を仮定して $P(k+1)$ の成立を示す．$P(k+1)$ の左辺を，帰納法の仮定 $P(k)$ を使って変形すると

$$\begin{aligned}
&1^2 + 2^2 + \cdots + k^2 + (k+1)^2 \\
&\quad = \frac{1}{6}k(k+1)(2k+1) + (k+1)^2 \\
&\quad = \frac{1}{6}(k+1)\{k(2k+1) + 6(k+1)\} \\
&\quad = \frac{1}{6}(k+1)(k+2)(2k+3) \\
&\quad = P(k+1) \text{ の右辺}
\end{aligned}$$

となる．よって，$P(k+1)$ が成り立つ．したがって，すべての自然数 n について $P(n)$ が成り立つことが証明できた．　□

ここで，帰納法を適用する際の注意点を述べる．まず，出発点となる命題は $P(1)$ 以外であってもよい．例えば，$n \geq 3$ なる自然数に対して $P(n)$ の成立を示したい場合には，ステップ 1 を「$P(3)$ が成立する」に置き換え，ステップ 2 を「$k \geq 3$ に対して，$P(k)$ が真であるならば，$P(k+1)$ も真である」に置き換えてよい．

*1　周上のどの 2 点を結ぶ線分も周または内部に含まれるような多角形を凸多角形という.

*2　実際にはこの命題は凸多角形に限らず一般の多角形で成り立つ.

例 数学的帰納法-2　$n \geq 3$ に対して，凸 n 角形[*1] の内角の和は $180(n-2)^\circ$ であることを示す[*2].

(証明)　$P(n)$: 凸 n 角形の内角の和は $180(n-2)^\circ$ である，を帰納法を用いて示す．まず，$n=3$ のとき，三角形の内角の和が 180° であることから $P(3)$ が成り立つ．次に，$k \geq 3$ の場合に $P(k)$ を仮定して $P(k+1)$ の成立を示す．今，凸 $k+1$ 角形の頂点を周上の順に時計回りに $A_1, A_2, \cdots, A_k, A_{k+1}$ とする．ここで，線分 A_1A_k により，凸 $k+1$ 角形を凸 k 角形 $A_1A_2\cdots A_k$ と三角形 $A_kA_{k+1}A_1$ に分割する．帰納法の仮定より

$$\begin{aligned} &A_1A_2\cdots A_kA_{k+1}\text{の内角の和} \\ &\quad = A_1A_2\cdots A_k\text{の内角の和} + A_kA_{k+1}A_1\text{の内角の和} \\ &\quad = 180(k-2)^\circ + 180^\circ \\ &\quad = 180(k-1)^\circ \end{aligned}$$

が成り立つ．したがって，$P(k+1)$ が成り立ち，すべての n について $P(n)$ が成り立つことが証明できた.　□

また，帰納法の仮定として「$P(k)$ が成り立つ」ことだけでなく「$P(1)$, $P(2)$, $\cdots$, $P(k)$ が成り立つ」としてもよい.

*3　素数とは，それ自身と 1 以外に約数をもたない 2 以上の整数である．素数と整数の理論については 7 章で詳しく扱う.

例 数学的帰納法-3　$n \geq 2$ に対して，整数 n は一意的に素因数分解できること，つまり，素数 $p_1, p_2, \cdots, p_s$ について $n = p_1p_2\cdots p_s$ と表すことができて，$p_1, p_2, \cdots, p_s$ は順番の入換えを除いて一通りに決まること，を示す[*3].

(証明)　最初に，与えられた n について n が少なくとも一通りには素因数分解できることを数学的帰納法により示す．まず，$n=2$ のとき 2 は素数であり，主張は正しい．次に $n \geq 3$ とする．2 以上 $n-1$ 以下の整数について主張の成立を仮定する．n が素数ならば明らかに主張は正しいので，n は素数ではないとしてよい．a を $2 \leq a < n$ を満たす n を割り切る数とする．$b = n/a$ と置くと，$2 \leq b < n$ であり，$n = ab$ が成り立つ．このとき，帰納法の仮定より a, b はいずれも素因数分解可能である．したがって，その積である n も素因数分解可能である.

次に，n の素因数分解が一意に決まることをやはり数学的帰納法により示す．$n = 2$ の場合には，主張は正しい．$n \geq 3$ とし，2 以上 $n-1$ 以下の整数について主張の成立を仮定する．次のように n の 2 通りの素因数分解が得られたとする．

$$n = p_1 p_2 \cdots p_s = p'_1 p'_2 \cdots p'_t$$

ここで，s, t は正の整数，$p_1, \cdots, p_s$, $p'_1, \cdots, p'_t$ は素数であり，$p_1 \leq \cdots \leq p_s, p'_1 \leq \cdots \leq p'_t$ とする．証明すべきことは，$s = t$ かつ，すべての $1 \leq i \leq s$ について $p_i = p'_i$ となることである．まず $p_1 = p'_1$ であることを示す．素数の性質である，「正の整数 a, b について，ab が素数 p で割り切れるならば，a が p で割り切れるかまたは b が p で割り切れる」ことを用いると，$p'_1, p'_2, \cdots, p'_t$ のうち少なくとも一つは p_1 で割り切れることがわかる．さらに $p'_1, p'_2, \cdots, p'_t$ は素数であるので，これらのうちの一つは p_1 と等しい．よって，$p'_1 \leq p_1$ が成り立つ．同様にして，$p_1 \leq p'_1$ も成り立つ．したがって $p_1 = p'_1$ である．$m = n/p_1$ と置く．$m = 1$ であれば，主張は成り立っている．$m > 1$ とする．$m = p_2 \cdots p_s = p'_2 \cdots p'_t$ である．このとき，帰納法の仮定より m は一意に素因数分解される．したがって，$s = t$ かつ $i = 2, \cdots, s$ について $p_i = p'_i$ が成り立つ．以上より，$s = t$ かつ $i = 1, 2, \cdots, s$ について $p_i = p'_i$ となり，素因数分解の一意性が示された． □

5. 場合分けによる証明

複雑な問題をいくつかの単純な部分に分割して考えることは，科学一般における常套手段である．ある前提条件のもとで結論を示したい場合に，その条件をいくつかの場合に分けて議論を進めると見通し良く証明できることがある．この方法を**場合分け**（case analysis）による証明という．場合分けによる証明では，すべての場合が漏れなく尽くされていることが重要である．

例 **場合分けによる証明**　実数 x に対して，$|x| + |x+1| \geq 1$ を示す．

（**証明**）絶対値記号を取り除くために場合分けを行う．

場合 1． $x \leq -1$．

このとき

$$\begin{aligned}|x|+|x+1| &= -x-(x+1)\\ &= -2x-1\\ &\geq -2\times(-1)-1\\ &= 1\end{aligned}$$

場合 2. $-1 < x \leq 0$.
このとき

$$\begin{aligned}|x|+|x+1| &= -x+(x+1)\\ &= 1\end{aligned}$$

場合 3. $0 < x$.
このとき

$$\begin{aligned}|x|+|x+1| &= x+(x+1)\\ &= 2x+1\\ &> 2\times 0+1\\ &= 1\end{aligned}$$

以上により，すべての場合において，$|x|+|x+1| \geq 1$ が証明された. □

ここで，論理の立場から場合分けの証明の妥当性を述べておく．前提条件を P とし，証明すべき命題を Q とする．P が二つの場合 P_1 と P_2 に分けられたとすると，$P = P_1 \vee P_2$ が成り立っている．このとき

$$(P_1 \Rightarrow Q) \wedge (P_2 \Rightarrow Q) \Rightarrow (P \Rightarrow Q)$$

が恒真であることから，場合分けの証明の妥当性が確かめられる．

投票のパラドックスとアローの一般可能性定理

民主主義は選挙による多数決の支配である，といわれる．しかし，選挙システムや政治形態は多岐にわたる．アメリカの勝者総取りシステムでは二大政党制が一般的であり，一方，比例代表制の国では多党制がより一般的である．しかし，選挙には問題も存在する．例

えば，異なる意見の分裂によって，本来多数派の意見が埋もれてしまう「投票のパラドックス」がある．

このパラドックスは，18 世紀にコンドルセによって初めて指摘された．具体例を挙げれば，三つの選択肢 A，B，C に対して，A が B に，B が C に，C が A に勝つという矛盾が生じ，最も望ましい選択肢を特定することが難しくなる．この問題は民主主義の下での意思決定における難点を浮き彫りにする．このケースをさらに一般的に拡張して，民主的な環境の下で，候補者が 3 人以上いる場合には，民意を反映させるようなランキングに基づく投票システムを作り出すことはそもそも不可能である，ということを証明したのがアローの一般可能性定理である．

この問題は学校の意思決定でも見受けられる．例えば，クラスのイベントの内容を多数決で決めた際，実際には少数派の意見によって多数派の意見が反映されず，不満が生じることがある．

このような難点に対処するため，さまざまな選挙システムやアプローチが提案されてきた．しかし，どの方法もすべての状況で完璧な解決策とはならず，民主主義の下での意思決定は複雑さを孕んでいると言える．この問題は政治のみならず，組織内の意思決定においても注意を必要とするテーマである．

演習問題

問 1　x, y を実数とする．$z = x + y$ とする．

(1)　x が無理数，y が有理数ならば，z は無理数であることを示せ．

(2)　z が無理数ならば，x と y の少なくとも一方は無理数であることを示せ．

問 2　$\log_{10} 2$ は無理数であることを示せ．

問 3　n 個の実数のデータ $x_1, x_2, \cdots, x_n$ がある．これらのデータの平均値 m と分散 v を次のように定義する．

$$m = \frac{1}{n}(x_1 + x_2 + \cdots + x_n)$$

$$v = \frac{1}{n}\{(x_1 - m)^2 + (x_2 - m)^2 + \cdots + (x_n - m)^2\}$$

(1)　$x_i \geq m,\ i = 1, 2, \cdots, n$ を満たす i が少なくとも一つ存在することを示せ.

(2)　$v = 0$ であるとき，すべての $i = 1, 2, \cdots, n$ について $x_i = m$ であることを示せ.

問 4　縦 4 cm，横 6 cm の長方形の周または内部に 3 個の点がある. このとき，この中のある 2 点間の距離は 5 cm 以下であることを示せ.

問 5　自然数 n について，次の等式を示せ.

(1)　$1 \cdot 2 + 2 \cdot 3 + \cdots + n(n+1) = \dfrac{1}{3}n(n+1)(n+2)$

(2)　$1 \cdot 2 \cdot 3 + 2 \cdot 3 \cdot 4 + \cdots + n(n+1)(n+2)$

$$= \frac{1}{4}n(n+1)(n+2)(n+3)$$

問 6　平面を n 本の直線によって分割するときの領域の個数を a_n とする. ただし，どの 2 本の直線も互いに平行ではなく，かつ，どの 3 本の直線も 1 点で交わることはないとする. このとき

$$a_n = \frac{1}{2}n(n+1) + 1$$

であることを示せ.

問 7　1 から n までの数字が書かれた n 枚のカードがでたらめに 1 列に並んでいる. このとき，決められた操作を何回か繰り返して，カードを $1, 2, \cdots, n$ のように昇順に整列させたい.

(1)　1 回の操作で任意の 2 枚の交換を許す. このとき，高々 $n-1$ 回の操作により整列可能であることを示せ.

(2)　1 回の操作で任意の隣り合う 2 枚の交換を許す. このとき，高々 $(1/2)n(n-1)$ 回の操作により整列可能であることを示せ.

問 8　すべての実数 x について $|x+1| - |x-1| \leq 2$ が成り立つことを示せ.

問 9　どのような自然数 n についても $n^2 + 1$ は 3 で割り切れないことを示せ.

問 10　与えられた自然数に対して，その数が奇数であれば 11 を足し，偶数であれば 2 で割る. 得られた数についても同じ計算を繰り返していく. 例えば，初期値が 20 であるとき，$20 \to 10 \to 5 \to 16 \to 8 \to 4 \to 2 \to 1$ となる. このとき，どのような数から始めてもいつかは必ず 1 または 11 に到達することを示せ.

第3章

数え上げ

「ものを数える」ということは，おそらく，人間が数という概念を認識するに至る最初の行為であろう．例えば，我々が「羊が 1 匹，羊が 2 匹，…」と羊の群れを見ながら数えることは，目にする羊それぞれを自然数の列 $1, 2, \cdots$ と 1 対 1 対応させていると考えられる．人数の確認やお金の計算はもとより，ものの集まりを重複しないように誤りなく数えることが日常生活において重要であることに疑いの余地はない．とりわけ離散数学で扱う種々の問題では，この「ものを正確に上手に数え上げる」ということがしばしば強力な証明手法となり，非常に重要な役割を果たしている．本章では，いろいろな場合の数を数え上げる問題を扱う．本章を通じて，包除原理や鳩の巣原理，ダブルカウンティングといった基本的であるが離散数学において強力な数え上げの証明手法を習得しよう．

3.1 組合せ

1. 写像の個数，置換と階乗

7 種類の料理メニューがある飲食店に A, B, C, D, E の 5 人の客が 1 品ずつ注文して食事をとる場合を考える．この 5 人のとり得る料理メニューのパターン総数は何通りあるだろうか．

各人に対して，それぞれに 7 通りの独立な選び方があるので，答えは 7^5 であることが簡単にわかる．この問題は，客の 5 元集合から料理メニューの 7 元集合への写像の総数を数え上げる問題と等価である．一般に，n 元集合 A から m 元集合 B への写像の総数は m^n である．

次に上の問題設定を少し変えて考えてみる．その飲食店が閉店間際だったため 5 種類の料理メニューはどれもちょうど 1 品ずつしか提供できないと仮定し，各人が 1 品ずつ注文するとき，この 5 人の取り得る料理メニューのパターン総数は何通りになるだろうか．

この場合は，客はそれぞれ異なる種類の料理を注文する必要があるため，料理の 5 元集合から客の 5 元集合への写像のうち 1 対 1 写像*1 の総数を数え上げるという問題と等価になる．このことについて，一般に次のことが成り立つ．

*1　単射と同じ意味である．1章1.2節1項参照.

定理 3.1　任意の自然数 $m \geq n \geq 1$ に対して，n 元集合 A から m 元集合 B への 1 対 1 写像の総数は次式で与えられる*2．

*2 $\prod$ は乗積を表す記号で，一般に $\prod_{i=1}^{n} x_i = x_1 \times x_2 \times \cdots \times x_n$ のように使われる.

$$m(m-1)\cdots(m-n+1) = \prod_{i=0}^{n-1}(m-i)$$

(証明)　n に関する帰納法で証明する．まず，$n=1$ のときは明らかに 1 対 1 写像の総数は m であり，これは上式に $n=1$ を代入した値と一致する．そこで，以下 $n \geq 2$ と仮定し，$a \in A$ を一つ選んで固定し，a に対応する B の元 $b = f(a) \in B$ を m 通りの選び方のなかから任意に選ぶ．$n-1$ 元集合 $A \backslash \{a\}$ と $m-1$ 元集合 $B \backslash \{f(a)\}$ に対して帰納法の仮定を適用し，1 対 1 写像の総数を求めると，その選び方は $(m-1)(m-2)\cdots((m-1)-(n-1)+1)$ 通りあるので，全部で $m(m-1)\cdots(m-n+1)$ 通りの 1 対 1 写像 $f: A \to B$ が存在する．　□

n 元集合 X からそれ自身への 1 対 1 写像を集合 X の**置換**（permutation）という．定理 3.1 において，$A = B = X, m = n$ と置けば n 元集合 X における置換の総数は $n \cdot (n-1) \cdots 2 \cdot 1$ であることがわかる．この値を n の関数とみなし，$n!$ と表す．これを n

の**階乗**（factorial）という．

$$n! = n \cdot (n-1) \cdots 2 \cdot 1 = \prod_{i=1}^{n} i$$

ここで，$n = 0$ のときは $0! = 1$ と定義する．

$n!$ の値に関する評価式を一つ紹介する．

定理 3.2 任意の自然数 n に対して，次の不等式が成り立つ．

$$n^{\frac{n}{2}} \leq n! \leq \left(\frac{n+1}{2}\right)^n$$

（**証明**） まず，上界は次のようにして得られる．積 $\prod_{i=1}^{n} i(n+1-i)$ を考えると，この積の中身において 1 から n の数がちょうど 2 回ずつ出現しているので

$$(n!)^2 = \prod_{i=1}^{n} i(n+1-i)$$

が成り立つ．したがって

$$n! = \prod_{i=1}^{n} \sqrt{i(n+1-i)}$$

と表せる．ここで各 i と $n+1-i$ について相加・相乗平均の不等式[*1]より

$$\sqrt{i(n+1-i)} \leq \frac{i+(n+1-i)}{2} = \frac{n+1}{2}$$

が成り立つので，$n! \leq ((n+1)/2)^n$ が示せた．

また，下界は次のようにして得られる．

$$(n!)^2 = \prod_{i=1}^{n} i(n+1-i)$$

における相乗記号の中身 $i(n+1-i)$ は，$1 \leq i \leq n$ においては，$i = 1$ または $i = n$ のとき最小値 n をとることがわかる．したがって，$n^n \leq (n!)^2$ が成り立ち，これにより $n^{n/2} \leq n!$ が得られる．□

*1 一般に自然数 a, b に対して，$(a+b)/2 \geq \sqrt{ab}$ が成り立つ．等号成立は $a = b$ のときに限る．

$n!$ の近似値として，$n \to \infty$ のとき $n! \sim (\sqrt{2\pi n}\, n^n/e^n)$ となる

ことが知られている*1．この値は**スターリングの近似**（Stirling's approximation）と呼ばれている．

*1　$f(n) \sim g(n)$ は n が十分に大きいとき $f(n)$ と $g(n)$ がほぼ等しいことを示す．より正確には $n \to \infty$ のとき $f(n)/g(n) \to 1$ であることを表す．

置換について

置換とは，ある集合からその集合自身への1対1写像のことであり，集合の各元を $1, 2, \cdots$ のように数字で表して考えることが多い．特に有限集合 $M = \{1, 2, \cdots, n\}$ の置換全体は S_n と表される．S_n の元 P に対して，M の各元 i が M の元 p_i に対応するとき

$$P = \begin{pmatrix} 1 & 2 & \cdots & n \\ p_1 & p_2 & \cdots & p_n \end{pmatrix}$$

と表す．置換は，組合せ論のみならず代数構造の対称性に関して広く重要な役割を果たしているが，その詳細についてはここでは省略する．

2.　2項係数

$n \geq k$ を非負整数とする．n, k を変数とする**2項係数**（binomial coefficient）$\binom{n}{k}$ を次のように定義する．

$$\binom{n}{k} = \frac{n(n-1)\cdots(n-k+1)}{k(k-1)\cdots 2 \cdot 1} = \frac{n!}{k!(n-k)!}$$

注意 3.1　2項係数 $\binom{n}{k}$ の値は n 元集合 X の k 元部分集合全体の総数を意味している*2．すなわち，X の k 元部分集合全体からなる集合を $\binom{X}{k}$ と表すとき

$$\left| \binom{X}{k} \right| = \binom{n}{k}$$

が成り立つことが容易に確認できる．

*2　$\binom{n}{k}$ は高校数学で習った ${}_n\mathrm{C}_k$ と同じ意味である．

例 **2元部分集合**　$X = \{1, 2, 3\}$ とすると，$\binom{X}{2} = \{\{1, 2\}, \{1, 3\}, \{2, 3$ である．

2 項係数に関して，次の定理が成り立つ．

定理 3.3 $n \geq k$ を自然数とすると

$$\binom{n}{k} = \binom{n-1}{k-1} + \binom{n-1}{k}$$

が成り立つ．

(証明) まず，n 元集合 X から元 $a \in X$ を一つ選んで固定する．集合 $\binom{X}{k}$ の各元を，a を含むものと含まないものの二つのグループに分ける．a を含まない部分集合全体は $\binom{X \backslash \{a\}}{k}$ と一致し，その総数は注意 3.1 より $\binom{n-1}{k}$ である．a を含む部分集合全体を A と置くと，A に属する部分集合はそれぞれ a 以外に $k-1$ 個の元を含むので，A の総数は $\binom{X \backslash \{a\}}{k-1}$ が含む集合の総数 $\binom{n-1}{k-1}$ と等しい．したがって

$$\binom{n}{k} = \binom{n-1}{k-1} + \binom{n-1}{k}$$

が成り立つ． □

定理 3.3 を用いると，次の定理を得ることができる．

定理 3.4 [2 項定理] 任意の非負整数 n に対して，次の等式が成り立つ．

$$(1+x)^n = \sum_{k=0}^{n} \binom{n}{k} x^k$$

(証明) n に関する帰納法で証明する．$n = 0$ のときは明らかに成り立つ．$(1+x)^n$ を変形すると

$$(1+x)^n = (1+x)^{n-1} + x(1+x)^{n-1}$$

ここで，各項の $(1+x)^{n-1}$ に対して帰納法の仮定を適用すると

$$(1+x)^n = \sum_{k=0}^{n-1}\binom{n-1}{k}x^k + \sum_{k=0}^{n-1}\binom{n-1}{k}x^{k+1}$$

右辺第 2 項において，$k' = k+1$ と置けば

$$\begin{aligned}
&\sum_{k=0}^{n-1}\binom{n-1}{k}x^{k+1} \\
&\quad = \sum_{k'=1}^{n}\binom{n-1}{k'-1}x^{k'} = \sum_{k=1}^{n-1}\binom{n-1}{k-1}x^k + x^n
\end{aligned}$$

となるので，これより

$$\begin{aligned}
(1+x)^n &= 1 + \left\{\sum_{k=1}^{n-1}\binom{n-1}{k}x^k + \sum_{k=1}^{n-1}\binom{n-1}{k-1}x^k\right\} + x^n \\
&= 1 + \sum_{k=1}^{n-1}\left\{\binom{n-1}{k} + \binom{n-1}{k-1}\right\}x^k + x^n \\
&= 1 + \sum_{k=1}^{n-1}\binom{n}{k}x^k + x^n = \sum_{k=0}^{n}\binom{n}{k}x^k
\end{aligned}$$

となって*1，所望の等式が得られる．□

*1　定理 3.3 を用いた．

2 項係数に関する公式は数多く知られている．ここでは，上で示した 2 項定理より導けるものを一つ紹介する．

定理 3.5　任意の非負整数 u, v, m に対して，次の等式が成り立つ．

$$\sum_{k=0}^{m}\binom{u}{k}\binom{v}{m-k} = \binom{u+v}{m}$$

（**証明**）　等式 $(1+x)^u(1+x)^v = (1+x)^{u+v}$ を 2 項定理によりそれぞれ展開することで得られる．定理 3.4 より

$$\sum_{k=0}^{u}\binom{u}{k}x^k \sum_{k=0}^{v}\binom{v}{k}x^k = \sum_{k=0}^{u+v}\binom{u+v}{k}x^k$$

となる．

ここで x^m の係数に注目すると，その係数は左辺において

$\sum_{k=0}^{m}\binom{u}{k}\binom{v}{m-k}$，右辺では $\binom{u+v}{m}$ となっていることがわかる． □

演習問題

問 1　A, B, C, D, E の 5 種類の文字から 3 種類選ぶとき，次の (1)～(4) の操作におけるパターン数をそれぞれ求めよ．

(1)　長さ 3 の列をつくる方法，ただし，一つの文字は多くとも 1 回のみ使う．

(2)　長さ 3 の列をつくる方法，ただし，各文字は何回使ってもよい．

(3)　3 個選ぶ方法，ただし，一つの文字は多くとも 1 個のみ選べる．

(4)　3 個選ぶ方法，ただし，各文字は何個選んでもよい．

問 2　$(1+x_1)(1+x_2)\cdots(1+x_n)=\sum_{I\subseteq\{1,2,\cdots,n\}}\left(\prod_{i\in I}x_i\right)$ を示せ．

問 3　$\sum_{k=0}^{n}\binom{n}{k}(-1)^k$ の値を求めよ．

問 4　$\sum_{k=0}^{m}(-1)^k\binom{u}{k}\binom{u}{m-k}$ の値を求めよ．

3.2　数え上げと部分集合

1.　鳩の巣原理

鳩の巣箱が 10 個あると仮定し，11 羽の鳩がそれぞれ巣箱のどれかに入ると仮定する．このとき，明らかに 2 羽以上の鳩が入っている巣箱が必ず存在する．この事実は**鳩の巣原理**（pigeonhole principle）と呼ばれ，より一般には集合とその元に関する性質として次のように記述できる．

定理 3.6　$A_1, A_2, \cdots, A_n$ を集合とし，$|A_1\cup A_2\cup\cdots\cup A_n|\geq n+1$

と仮定する．このときある集合 $A_i (1 \leq i \leq n)$ で $|A_i| \geq 2$ なるものが存在する．

この単純な事実が離散数学全般においてしばしば重要な役割を果たす．例えば鳩の巣原理を応用すると，次のような事実を証明することができる．

定理 3.7 自然数の数列 $1, 2, \cdots, 2n$ $(n > 1)$ のなかから $n+1$ 個の数を任意に選ぶとする．このとき，選ばれた $n+1$ 個の数のなかに互いに素（つまり，公約数が 1 のみ）になる二つの数の組が必ず存在する．

（**証明**） 定理 3.6 にある集合 A_i を鳩の巣箱に，集合 A_i に属する各元を鳩に例えて次のように証明しよう．鳩の巣箱 $A_1, A_2, \cdots, A_n$ があると仮定し，各巣箱 A_i には $\{2i-1, 2i\}$ という 2 元集合を表すラベルが付いていると仮定する．$2n$ 羽の鳩 $1, 2, \cdots, 2n$ のなかから $n+1$ 羽を任意に選び，各鳩を次の規則に従って鳩の巣箱に入れるとする．

［**規則**］ 鳩 j が選ばれたとき，その鳩は $j \in \{2i-1, 2i\}$ を満たすラベルが書かれている巣箱 A_i に入れる．

巣箱のラベルの付け方から，上の規則により選ばれた鳩はすべてどれかの巣箱に入ることになり，$|A_1 \cup A_2 \cup \cdots \cup A_n| \geq n+1$ が満たされるので，定理 3.6 よりある A_i で $|A_i| \geq 2$ が成り立つ．すると，上の規則より各巣箱には高々 2 羽しか入れないため $|A_i| = 2$ が成り立ち，規則から A_i には鳩 $2i-1$ と $2i$ が入っていることとなる．これは数列 $1, 2, \cdots, 2n$ のなかから $n+1$ 個の数を任意に選ぶとき，ある連続する二つの数 $2i-1$ と $2i$ が選ばれることを意味する．この二つの数の組は連続数のため互いに素であるから，これで定理が証明された． □

次に鳩の巣原理の応用例を示す．

定理 3.8 n 個の自然数 $a_1, \cdots, a_n$ $(a_1 \leq a_2 \leq \cdots \leq a_n)$ が与えら

れていると仮定する．このとき，連続した数の集合 $a_{k+1}, a_{k+2}, \cdots, a_l$ で，総和 $\sum_{i=k+1}^{l} a_i$ が n の倍数であるものが存在する．

（証明） $(n+1)$ 元集合 $N = \{0, a_1, a_1+a_2, \cdots, a_1+a_2+\cdots+a_n\}$ と n 元集合 $M = \{0, 1, \cdots, n-1\}$ について，写像 $f: N \to M$ を，各 N の元を n で割った余り（つまり $\{0, 1, \cdots, n-1\}$ のいずれか）に対応させるものとして定義する．すると，$|N| = n+1 > |M| = n$ なので，鳩の巣原理より N のある二つの元 $a_1+\cdots+a_k$，$a_1+\cdots+a_k+\cdots+a_l \in N$ と $m \in M$ について $f(a_1+\cdots+a_k) = f(a_1+\cdots+a_k+\cdots+a_l) = m$ が成り立つ．写像 f の定め方より，$a_1+\cdots+a_k$ と $a_1+\cdots+a_l$ はともに n で割ると m 余ることから

$$\sum_{i=k+1}^{l} a_i = (a_1+\cdots+a_k+\cdots+a_l) - (a_1+\cdots+a_k)$$

を n で割った余りは 0 となる．したがって，定理は成り立つ． □

2. 包除原理

集合 A, B が与えられたときの初歩的性質として

$$|A \cup B| = |A| + |B| - |A \cap B|$$

が成り立つというのは感覚的にも明らかであろう．なぜなら，この式は，集合 A, B の要素をそれぞれ数えて足し合わせたときに，A と B の共通部分の要素がそれぞれ 2 回数え上げられるので，共通部分の要素数だけ差し引いておけば A と B の和集合の要素数が得られることを意味しているからである．次に集合 A, B, C について，$|A \cup B \cup C|$ はどのような式で表されるか考えてみよう．ベン図を描いて集合の共通部分を足したり引いたりする作業を試行錯誤して観察してみれば

$$|A \cup B \cup C| = |A| + |B| + |C| - |A \cap B| - |B \cap C| \\ - |A \cap C| + |A \cap B \cap C|$$

という式が得られる．それでは一般に n 個の集合 $A_1, \cdots, A_n$ に対して，$|A_1 \cup \cdots \cup A_n|$ はどのように書き表せるだろうか．この値を

求めるには，同様の考察から，すべての集合の要素数を足し，二つの集合対の共通部分の要素数をすべて引き，三つの集合の共通部分の要素数をすべて足し，四つの集合の共通部分の要素数をすべて引き，…という操作を繰り返すことで得られることが推察できる．これを式で表すと次のようになる．

$$
\begin{aligned}
&|A_1 \cup \cdots \cup A_n| \\
&\quad = |A_1| + |A_2| + \cdots + |A_n| \\
&\qquad -|A_1 \cap A_2| - |A_1 \cap A_3| - \cdots - |A_{n-1} \cap A_n| \\
&\qquad +|A_1 \cap A_2 \cap A_3| + |A_1 \cap A_2 \cap A_4| + \cdots + |A_{n-2} \cap A_{n-1} \cap A_n| \\
&\qquad + \cdots + (-1)^{n-1}|A_1 \cap A_2 \cap \cdots \cap A_n|
\end{aligned}
$$

この式は**包除原理**（inclusion-exclusion principle）と呼ばれ，総和記号を用いて次のように短く表現できる．

定理 3.9 任意の集合 $A_1, \cdots, A_n$ に対して，次の等式が成り立つ．

$$\left|\bigcup_{i=1}^{n} A_i\right| = \sum_{k=1}^{n} (-1)^{k-1} \sum_{I \in \binom{\{1,2,\cdots,n\}}{k}} \left|\bigcap_{i \in I} A_i\right|$$

（証明） 等式を次のように変形して考えてみよう．

$$\text{左辺} = \sum_{x \in \bigcup_{i=1}^{n} A_i} \left|\left(\bigcup_{i=1}^{n} A_i\right) \cap \{x\}\right|$$

$$\text{右辺} = \sum_{x \in \bigcup_{i=1}^{n} A_i} \left(\sum_{k=1}^{n} (-1)^{k-1} \sum_{I \in \binom{\{1,2,\cdots,n\}}{k}} \left|\left(\bigcap_{i \in I} A_i\right) \cap \{x\}\right|\right)$$

である[*1]．このように変形すると，任意の $x \in \bigcup_{i=1}^{n} A_i$ に対して

$$\left|\left(\bigcup_{i=1}^{n} A_i\right) \cap \{x\}\right| = \sum_{k=1}^{n} (-1)^{k-1} \sum_{I \in \binom{\{1,2,\cdots,n\}}{k}} \left|\left(\bigcap_{i \in I} A_i\right) \cap \{x\}\right|$$

が成り立つことを証明すればよいことがわかる．この等式において，左辺は明らかに 1 なので，右辺が 1 になることを示そう．右辺の各 $\left|\left(\bigcap_{i \in I} A_i\right) \cap \{x\}\right|$ の値は，0 か 1 なので，その値が 1 にな

*1 一般に，$B \subset A$ のとき，$|B| = \sum_{x \in A} |B \cap \{x\}|$ が成り立つ．

る場合のみ考えればよい．$A_{x_1}, \cdots, A_{x_j}$ が x を共通して含み，それ以外の A_i は x を含まないと仮定する．x は $A_{x_1}, \cdots, A_{x_j}$ からいくつか選んで共通部分をとったときのみ現れ，それ以外の集合の共通部分では現れないので，x が共通部分に現れるすべてのパターンを数え上げると，$A_{x_1}, \cdots, A_{x_j}$ から k 個選ぶパターンは $\binom{j}{k}$ 個，また，k 個の集合の共通部分の大きさは右辺では $(-1)^{k-1}$ を付けて足されるので，右辺の値は

$$j - \binom{j}{2} + \binom{j}{3} - \cdots + (-1)^{j-1}\binom{j}{j}$$

となる．この値は前節の演習問題 問 3 より，1 に等しいことがわかる．したがって，定理が証明された． □

包除原理の右辺は次のようにさらに短く表現できる．

【包除原理】

$$\left|\bigcup_{i=1}^{n} A_i\right| = \sum_{\emptyset \neq I \subseteq \{1,2,\cdots,n\}} (-1)^{|I|-1} \left|\bigcap_{i \in I} A_i\right|$$

次に，包除原理の応用例を二つ紹介する．

定理 3.10 自然数 n をいくつかの互いに異なる素数 $p_1, p_2, \cdots, p_m$ を用いて $n = p_1^{a_1} p_2^{a_2} \cdots p_m^{a_m}$ と素因数分解される数とする．このとき n と互いに素で n より小さい自然数は

$$n\left(1 - \frac{1}{p_1}\right)\left(1 - \frac{1}{p_2}\right) \cdots \left(1 - \frac{1}{p_m}\right) \text{ 個存在する．}$$

（**証明**） 集合 A_i $(i = 1, 2, \cdots, m)$ を $A_i := \{j \in \{1, 2, \cdots, n\} |$ j は p_i で割り切れる $\}$ と置く．このとき，n と共通の素因数を含む n 以下の自然数の集合は $A_1 \cup A_2 \cup \cdots \cup A_m$ である．したがって，求める値は $n - |A_1 \cup A_2 \cup \cdots \cup A_m|$ となる．いくつかの集合 $A_{i_1}, A_{i_2}, \cdots, A_{i_j}$ に対して，$A_{i_1} \cap A_{i_2} \cap \cdots \cap A_{i_j}$ は $p_{i_1}, p_{i_2}, \cdots, p_{i_j}$ で割り切れる数の集合を表しているので，$|A_{i_1} \cap A_{i_2} \cap \cdots \cap A_{i_j}| =$

$n/(p_{i_1}p_{i_2}\cdots p_{i_j})$ である．したがって，包除原理より求める個数は

$$n - \sum_{\emptyset \neq I \subseteq \{1,2,\cdots,m\}} (-1)^{|I|-1} \frac{n}{\prod_{i\in I} p_i}$$
$$= n \cdot \sum_{I \subseteq \{1,2,\cdots,m\}} \frac{(-1)^{|I|}}{\prod_{i\in I} p_i}$$

となる．

一方，前節の演習問題 問 2 にある等式

$$(1+x_1)(1+x_2)\cdots(1+x_n) = \sum_{I\subseteq\{1,2,\cdots,n\}} \left(\prod_{i\in I} x_i\right)$$

において，$x_i = -1/p_i$，$n = m$ を代入すると

$$\sum_{I\subseteq\{1,2,\cdots,m\}} \frac{(-1)^{|I|}}{\prod_{i\in I} p_i} = \left(1-\frac{1}{p_1}\right)\left(1-\frac{1}{p_2}\right)\cdots\left(1-\frac{1}{p_m}\right)$$

が成り立つ．したがって，これを代入することにより定理が得られる．□

オイラー関数 φ

定理 3.10 にある自然数 n と互いに素な自然数 $m \leq n$ の個数の値は通常 $\varphi(n)$ と表され，**オイラー関数**と呼ばれ数論において重要な役割を果たしている*1.

*1　7 章 7.2 節を参照のこと.

定理 3.11　置換 S_n における元 $P = \begin{pmatrix} 1 & 2 & \cdots & n \\ p_1 & p_2 & \cdots & p_n \end{pmatrix}$ において，すべての $i = 1,2,\cdots,n$ に対して $p_i \neq i$ であるような元 P の個数は

$$n!\sum_{k=0}^{n} \frac{(-1)^k}{k!}$$

である*2.

*2　置換の定義については本章3.1節1項のコラムを参照のこと.

（**証明**）　包除原理の式にある A_i を $A_i = \{P \in S_n \mid p_i = i\}$ と定めると，求める個数は $|S_n| - |A_1 \cup A_2 \cup \cdots \cup A_n|$ である．包除原理の右辺の式の項 $\left|\bigcap_{i\in I} A_i\right|$ の値は集合 I に含まれる数字を動かさない置換の総数を意味しているので，$(n-|I|)!$ である．したがって，サイズが k の $\{1,2,\cdots,n\}$ の部分集合 I について

$\left|\bigcap_{i\in I} A_i\right| = (n-|I|)! = (n-k)!$ が成り立つので，求める個数は $\sum_{k=0}^{n}(-1)^k\binom{n}{k}(n-k)!$ と等しくなる．ここで総和記号にある $k=0$ の場合は $|S_n| = n!$ の値によることに注意しよう．したがって

$$\sum_{k=0}^{n}(-1)^k\binom{n}{k}(n-k)! = n!\sum_{k=0}^{n}\frac{(-1)^k}{k!}$$

と変形できて定理の主張が示せた． □

定理 3.11 で得られた式の値について

自然対数の底（ネピア数）e について，e^x のテイラー展開を考えると

$$e^x = \sum_{k=0}^{\infty}\frac{x^k}{k!}$$

であることから，定理 3.11 で得られた式の値は n が十分に大きいとき

$$n!\sum_{k=0}^{n}\frac{(-1)^k}{k!} \sim \frac{n!}{e}$$

として近似できる．

組合せ論における確率論的証明手法

次のような問題を考えてみよう．

【問題】『それぞれ 10 人から構成される 500 の団体 $G_1,\ldots,G_{500}$ に対して，団体に所属する各人に水族館か遊園地の招待チケットを配付することについて考える．ここで各人は所属団体をいくつでも掛け持ちしてもよいが，招待チケットは 1 人につき水族館か遊園地のどちらか 1 枚のみ配付されることとする．このとき構成された各団体 $G_i (i=1,\ldots,500)$ に対して，どの団体 G_i も水族館と遊園地の両招待チケットをメンバーの誰かが保有するようなチケット配付方法が必ず存在することを示せ．』

問題の解を考察する前に，この問題の条件設定について確認しておこう．まず団体に所属する人の総人数について，所属団体の掛け

持ちが許されるということで全員が 500 団体に所属する極端な場合が総人数の最小値 10 人であり，所属団体を掛け持つ人が全くいない場合が総人数の最大値で $10 \times 500 = 5000$ 人である．このように，団体所属のパターンによって考察対象となる総人数は 10 から 5000 人まで大きな幅がある．今述べた極端な場合のように，個別具体的な所属割り当てが明示されたならば，所望のチケット配付方法が存在することを示すことは難しくない（例えば，先述の全員がすべての団体を掛け持ちする 10 人しかいない場合であれば，水族館と遊園地の両チケットを 1 枚以上配付するもとでの任意の配分でよい）．しかし，この問題では，数多い 500 団体の定め方のパターンに対して，どのように定めても条件を満たすようなチケット配付方法が必ずあることを示す必要がある．そのため，所属団体の定め方で場合分けして，チケット配付の具体的方法を正確に記述することで解を与える証明方法では，所属団体という集合の決め方が多いため場合分けが煩雑で示すことが大変困難である．

この問題は，次のように確率を利用することでエレガントに解くことができる．

【解答】『まず，各人にそれぞれ 1/2 の確率で水族館か遊園地のチケットをランダムに配付し，そのもとで与えられた各 $G_i(i = 1, \ldots, 500)$ のメンバー全員が水族館または遊園地片方のみのチケットを保有する事象 G_i' の確率 $P(G_i')$ を計算すると，その値は $1/2^9 = 1/512$ である．ある団体でこの事象が起こってしまう確率 $P(\cup_{i=1}^{500} G_i')$ は $\sum_{i=1}^{500} P(G_i') = 500/512$ 以下であり，その確率は 1 より真に小さい．このことは，「ある団体 G_i で事象 G_i' が起こる」の余事象である「どの団体 G_i も水族館と遊園地の両招待チケットをメンバーの誰かが保有する」という確率が 0 ではないことを示している．したがって，所望のチケット配付方法が存在することが示された．』

確率論的手法の議論に初めて触れる読者の理解を助けるため，ここで補足説明をしておく．上の議論において，確率が 0 ではないという事実が，所望のチケット配付方法が必ず存在するということを保証している点に注意されたい．団体が設定され，関係する人たちにランダムに水族館か遊園地のチケットを配付すればたいてい所望の配付方法にならないが，所望の配付方法になる確率がどんなに小さくても 0 でさえなければ配付に関する無限回の試行の繰り返しの果てには，いつかそのような所望の配付が出現すると考えられる．

所望の構造を導出する確率が 0 でないことを正確に計算する過程において，本章で扱う集合の包除原理やその他の数え上げの手法は，しばしば重要な役割を果たしている．
確率論的手法は後述するグラフやデザインといった分野のみならず離散数学の広範な分野において，離散構造の存在を保証する極めて強力なツールとなっている．しかしながら，ランダムな確率試行を考えるという原理から，所望の構造の存在がわかっても，残念なことに，その構造がどのように構成されるのかに関する知見を全く得られない．確率論的手法の有用性に疑いの余地はないが，その点においては，ある種のもどかしさを感じるかもしれない．

演習問題

問 1　100 以下の自然数を 11 個選ぶとき，その差が 9 以下の二つの数があることを示せ．

問 2　A, B, C を集合とする．$|A| = 5$, $|B| = 5$, $|C| = 4$, $|A \cap B| = 2$, $|A \cap C| = 2$, $|B \cap C| = 2$, $|A \cap B \cap C| = 1$ を満たすとき，$|A \cup B \cup C|$ の値を求めよ．

問 3　自然数の数列 $1, 2, \cdots, 2n$ $(n > 1)$ のなかから $n+1$ 個の数を任意に選ぶとする．このとき，選ばれた $n+1$ 個の数のなかの二つの数の組 a, b $(a < b)$ で，b/a が自然数になるものが必ず存在する．

問 4　定理 3.9 の等式の右辺の式が

$$\sum_{\emptyset \neq I \subseteq \{1,2,\cdots,n\}} (-1)^{|I|-1} \left| \bigcap_{i \in I} A_i \right|$$

と表現できることを確認せよ．

問 5　n 人の客がレストランにおいてそれぞれ全く異なるメニューを注文すると仮定する（つまり n 種類の異なる料理が注文されたとする）．人数が多かったせいかウェイターは誰がどの料理を注文したかすべて忘れてしまったと仮定する．そのような状況でウェイターが客に対して注文された料理をランダムに提供するとき，各人すべてが自分が注文したものとは異なる料理を提供されてしまう確率を求めよ．

3.3　数列と漸化式，母関数

1.　数列と母関数

ある数列の第 n 項をそれ以前のいくつかの項を使って表す関係式を**漸化式** (recurrence formula) という．例えば，初項 1，公差 3 の数列，$(1, 4, 7, 10, \cdots)$ に関する漸化式は，この数列を $(a_0, a_1, a_2, \cdots)$ として表すとき，$a_n = a_{n-1} + 3\ (n \geq 1)$ と表現できる．ここで初期条件は $a_0 = 1$ である．高校数学では，与えられた数列に対して，このような漸化式を考察することでその一般項を求めることを学習した．ここでは母関数という概念を導入して同種の問題を考察してみよう．

実数列 $(a_0, a_1, a_2, \cdots)$ に対応する，べき級数 $a(x) = a_0 + a_1 x + a_2 x^2 + \cdots$ をこの数列の**母関数** (generating function) という．本節では，数列や種々の組合せ的問題に対して，母関数の性質を応用することにより解決するアプローチを学習する．問題によっては母関数を用いずに議論したほうが簡単なものもあるが，逆に母関数を用いると鮮やかに解ける問題もたくさんある．本書は初歩的な問題しか扱わないが，本節を通じて母関数の基本的な性質を確認し，組合せ的問題に応用する手法の基礎を学んでほしい．

母関数を使う場合，関数 $a(x)$ と係数の数列 $(a_0, a_1, a_2, \cdots)$ の対応関係のみが重要であり，べき級数として収束するかどうかはあまり気にしなくてよい．もちろん，x に具体的な値を代入するときには，$a(x)$ の収束を確認する必要がある．

母関数について成り立つ性質を下記に注意としてまとめておく．

注意 3.2　二つの実数列 $(a_0, a_1, a_2, \cdots), (b_0, b_1, b_2, \cdots)$ に対応する母関数をそれぞれ $a(x), b(x)$ と置くとき，数列 $(a_0 + b_0, a_1 + b_1, a_2 + b_2, \cdots)$ の母関数は $a(x) + b(x)$ である．

注意 3.3　実数列 $(a_0, a_1, a_2, \cdots)$ に対応する母関数を $a(x)$ とする．このとき，c を任意の定数とすると，実数列 $(ca_0, ca_1, ca_2, \cdots)$ に対応する母関数は $c \cdot a(x)$ である．

注意 3.4 実数列 $(a_0, a_1, a_2, \cdots)$ に対応する母関数を $a(x)$ とする．このとき，自然数 n について，実数列

$$(\underbrace{0, 0, \cdots, 0}_{n}, a_0, a_1, a_2, \cdots)$$

に対応する母関数は $x^n \cdot a(x)$ である．

注意 3.2 と注意 3.3 はほとんど明らかであろう．注意 3.4 は実数列 $(\underbrace{0, 0, \cdots, 0}_{n}, a_0, a_1, a_2, \cdots)$ の母関数が

$$0 \cdot x^0 + 0 \cdot x + \cdots + 0 \cdot x^{n-1} + a_0 x^n + a_1 x^{n+1} + a_2 x^{n+2} + \cdots$$

であることを考えると，$x^n \cdot a(x)$ に一致することが確認できる．

前節において学んできた 2 項係数では自然数を対象として扱ってきたが，上で定義した数列や母関数は実数値を扱うので，2 項係数を実数の範囲まで拡張して次のように考えてみよう．

定義 3.1 [**実数値に対する 2 項係数**] 任意の実数 r と任意の非負整数 k に対して，2 項係数 $\binom{r}{k}$ は次のように定義される．

$$\binom{r}{k} = \frac{r(r-1)(r-2)\cdots(r-k+1)}{k!}$$

特に $\binom{r}{0} = 1$ と定義する．

上の定義のもとで，関数 $(1+x)^r$ は数列 $\left(\binom{r}{0}, \binom{r}{1}, \binom{r}{2}, \cdots\right)$ の母関数であり，そのべき級数 $\binom{r}{0} + \binom{r}{1}x + \binom{r}{2}x^2 + \cdots$ は，$|x| < 1$ のとき常に収束することが微積分学の基本的な知識から導くことができる（証明は省略する）．このことと，上の定義により次の等式が得られる（証明は演習問題 問 4）．

$$\frac{1}{(1-x)^n} = \binom{n-1}{n-1} + \binom{n}{n-1}x + \binom{n+1}{n-1}x^2 +$$

$$\cdots + \binom{n+k-1}{n-1} x^k + \cdots$$

注意 3.5　上式で特に $n = 1$ の場合を考えると

$$\frac{1}{1-x} = 1 + x + x^2 + \cdots$$

が成り立つ[*1].

*1　もちろんこの等式は高校数学で学ぶ等比数列の和の公式からも導ける.

2.　母関数の応用

母関数の性質を利用することで解ける組合せの問題を次に紹介する.

例 **コインの問題**　貯金箱の中に10円玉が20枚，100円玉が30枚，500円玉が40枚入っているとする．この貯金箱から50枚の硬貨を取り出す組合せの総数を求めよ．ただし，金額が同じ硬貨どうしは区別しないと仮定する.

この問題の解を母関数を応用することにより求めよう．実はこの問題の解は式

$$(1 + x + x^2 + \cdots + x^{20}) \times (1 + x + x^2 + \cdots + x^{30}) \\ \times (1 + x + x^2 + \cdots + x^{40})$$

を展開して同類項をまとめたときの x^{50} の係数と一致している．なぜなら，50枚の硬貨を取り出す一つの組合せは，p, q, r を $p+q+r = 50$ を満たす非負整数としたときに10円玉を p 個，100円玉を q 個，500円玉を r 個取り出すことと対応する．これは上に挙げた多項式の積における各 x^i の係数がそれぞれ1であるので，求める組合せの総数が x^{50} の係数と等しくなるからである.

実際，$(1 + x + x^2 + \cdots + x^{20})$ から取り出した x^p と，$(1 + x + x^2 + \cdots + x^{30})$ における x^q，$(1 + x + x^2 + \cdots + x^{40})$ における x^r の積 $x^p \cdot x^q \cdot x^r = x^{p+q+r}$ が10円玉，100円玉，500円玉が取り出される数の組合せと対応しており，x^{50} に関する同類項というのは $p + q + r = 50$ を満たすもの，すなわち，この積は x^{50} となり，

これは 50 枚の硬貨が取り出される場合を表している．10 円玉の取り出す数が 0〜20 枚の 21 通り，100 円玉の取り出す数が 0〜30 枚の 31 通り，500 円玉の取り出す数が 0〜40 枚の 41 通りなので，式 $(1+x+x^2+\cdots+x^{20})(1+x+x^2+\cdots+x^{30})(1+x+x^2+\cdots+x^{40})$ を展開して同類項をまとめる前の項の数は貯金箱から硬貨を取り出す組合せの総数を意味しており，その中にある x^{50} に関する同類項の個数が 50 枚の硬貨を取り出すすべての組合せの数を示している（ここで多項式 $(1+x+x^2+\cdots)$ の第一項にある "1" は x^0 と解釈して考える．例えば，$(1+x+x^2+\cdots+x^{30})$ の第 1 項にある 1 が x^{50} の係数に貢献する場合とは，$q=0$，$p+r=50$ の場合である）．

以下，上の式を展開して同類項をまとめたときの x^{50} の係数の値を母関数を利用して求めてみよう．

多項式 $1+x+x^2+\cdots+x^{20}$ は，実数列 $(\underbrace{1,1,\cdots,1}_{21},0,0,\cdots)$ の母関数である．

$$
\begin{aligned}
&1+x+x^2+\cdots+x^{20}\\
&=(1+x+x^2+\cdots+x^{20}+x^{21}+x^{22}+\cdots)\\
&\quad-(x^{21}+x^{22}+\cdots)
\end{aligned}
$$

であることに注意して，$1+x+x^2+\cdots$ は $(1,1,\cdots)$，$x^{21}+x^{22}+\cdots$ は $(\underbrace{0,0,\cdots,0}_{21},1,1,\cdots)$ の母関数であることから，注意 3.5 と注意 3.4 より，それぞれ

$$
\frac{1}{1-x}=1+x+x^2+\cdots
$$

$$
x^{21}\cdot\frac{1}{1-x}=x^{21}+x^{22}+\cdots
$$

が成り立ち

$$
1+x+x^2+\cdots+x^{20}=\frac{1}{1-x}-x^{21}\cdot\frac{1}{1-x}=\frac{1-x^{21}}{1-x}
$$

となることがわかる[*1]．

$1+x+x^2+\cdots+x^{30}$，$1+x+x^2+\cdots+x^{40}$ に関しても同様にして，それぞれ $(1-x^{31})/(1-x)$，$(1-x^{41})/(1-x)$ となるこ

*1　この値は高校数学で習った等比数列の和の公式から容易に導くこともできるが，ここではあえて母関数の性質を用いて導いている．

とがわかる．したがって

$$\begin{aligned}&(1+x+x^2+\cdots+x^{20})(1+x+x^2+\cdots+x^{30})\\&\quad\times(1+x+x^2+\cdots+x^{40})\\&\quad=\frac{1}{(1-x)^3}\times(1-x^{21})(1-x^{31})(1-x^{41})\end{aligned}$$

が成り立つ．$1/(1-x)^3$ については，先に示した $1/(1-x)^n$ の等式に $n=3$ を代入して

$$\begin{aligned}\frac{1}{(1-x)^3}=&\binom{2}{2}+\binom{3}{2}x+\binom{4}{2}x^2+\cdots\\&+\binom{3+k-1}{2}x^k+\cdots\end{aligned}$$

$(1-x^{21})(1-x^{31})(1-x^{41})$ については，展開して $50<i$ となる x^i の項は必要ないので省略して書くと

$$(1-x^{21})(1-x^{31})(1-x^{41})=1-x^{21}-x^{31}-x^{41}+\cdots$$

したがって

$$\frac{1}{(1-x)^3}\times(1-x^{21})(1-x^{31})(1-x^{41})$$

について，$1/(1-x)^3$ に上の式を代入して展開したときに x^{50} が出てくる項を抜き出すと

$$\begin{aligned}&\binom{3+50-1}{2}x^{50}\times 1,\quad \binom{3+29-1}{2}x^{29}\times(-x^{21}),\\&\binom{3+19-1}{2}x^{19}\times(-x^{31}),\quad \binom{3+9-1}{2}x^{9}\times(-x^{41})\end{aligned}$$

よって，求める x^{50} の係数は

$$\binom{52}{2}-\binom{31}{2}-\binom{21}{2}-\binom{11}{2}=596$$

となる．

次に，有名な**フィボナッチ数列**（Fibonacci sequence）

$$0,1,1,2,3,5,8,13,21,34,55,89,144,\cdots$$

の一般項を母関数を利用して求めてみよう．

例 フィボナッチ数列　フィボナッチ数列は，次を満たすような数列 $f_0, f_1, f_2, \cdots$ として定義される．

$$f_0 = 0, \quad f_1 = 1, \quad f_{n+2} = f_{n+1} + f_n \qquad (n = 0, 1, 2, \cdots)$$

数列 f_n の母関数を $f(x)$ と置く．すると，注意 3.4 より，$xf(x)$ は $(0, 0, 1, 1, 2, 3, 5, 8, 13, 21, 34, 55, 89, 144, \cdots)$ の母関数であり，$x^2 f(x)$ は $(0, 0, 0, 1, 1, 2, 3, 5, 8, 13, 21, 34, 55, 89, 144, \cdots)$ の母関数である．注意 3.2 とフィボナッチ数列の定義より，$xf(x)+x^2 f(x)$ は $(0, 0, 1, 2, 3, 5, 8, 13, 21, 34, 55, 89, 144, \cdots)$ の母関数であることがわかる．したがって，同様に考えると，$f(x) - (xf(x) + x^2 f(x))$ は $(0, 1, 0, 0, \cdots)$ の母関数であることがわかる．

一方，$(0, 1, 0, 0, \cdots)$ の母関数は x なので，$(1 - x - x^2) f(x) = x$，すなわち

$$f(x) = \frac{x}{1 - x - x^2}$$

が成り立つ．ここで

$$\frac{x}{1 - x - x^2} = \frac{a}{1 - cx} + \frac{b}{1 - dx}$$

と置き，この等式を満たす実数 a, b, c, d を求めてみると

$$a = \frac{1}{\sqrt{5}}, \quad b = -\frac{1}{\sqrt{5}}, \quad c = \frac{1 + \sqrt{5}}{2}, \quad d = \frac{1 - \sqrt{5}}{2}$$

$a/(1 - cx)$ において，$X = cx$ と置けば，$a/(1 - X) = a \times (1 + X + X^2 + \cdots)$ と表されるので

$$\frac{x}{1 - x - x^2} = \frac{1}{\sqrt{5}} \left[\left(1 + \frac{1 + \sqrt{5}}{2} x + \left(\frac{1 + \sqrt{5}}{2} \right)^2 x^2 + \dots \right) - \left(1 + \frac{1 - \sqrt{5}}{2} x + \left(\frac{1 - \sqrt{5}}{2} \right)^2 x^2 + \dots \right) \right]$$

f_n は x^n の係数であるから，次式となる．

$$f_n = \frac{1}{\sqrt{5}} \left[\left(\frac{1 + \sqrt{5}}{2} \right)^n - \left(\frac{1 - \sqrt{5}}{2} \right)^n \right]$$

演習問題

問 1　次の数列 $(a_0, a_1, a_2, \cdots)$ に対応する母関数 $a(x)$ を求めよ.

(1)　$(1, -1, 1, -1, \cdots)$

(2)　$(1, 2, 3, 4, \cdots)$

問 2　次の母関数 $a(x)$ に対応する数列 $(a_0, a_1, a_2, \cdots)$ を求めよ.

(1)　$\dfrac{1}{1-2x}$

(2)　$\dfrac{1}{1-x^2}$

問 3　r を負の整数とする. 2 項係数 $\dbinom{r}{k}$ を適当に変形して非負整数のみからなる 2 項係数で表せ.

問 4　前問の結果を利用して

$$\frac{1}{(1-x)^n} = \binom{n-1}{n-1} + \binom{n}{n-1}x + \binom{n+1}{n-1}x^2 + \cdots + \binom{n+k-1}{n-1}x^k + \cdots$$

を示せ.

問 5　非負整数 n の分割の総数を p_n で表す（ただし, $p_0 = 1$ と定める. また, 0 と n 自身の和も分割の一つとしてカウントする. 例えば, $n = 2$ のときは, $2 = 1 + 1$, $2 = 0 + 2$ の 2 通りの分割が考えられるので, $p_2 = 2$ である). このとき, 数列 $(p_0, p_1, p_2, \cdots)$ の母関数 $s(x)$ を求めよ.

問 6　n 段ある階段を 1 歩で 1 段もしくは 2 段上るとき, 階段を上るパターンの総数を求めよ.

3.4　数え上げの応用

1.　ダブルカウンティング

下記の枠で囲まれた領域内の要素 a_{ij} をすべて足し合わせることを考えてみよう. なお, すべての i, j に対して, $a_{ij} = 1$ と仮定すれば, このことは枠の中の要素数を数え上げることと一致している点に注意しよう.

a_{11}	a_{12}	a_{13}	a_{14}	a_{15}
a_{21}	a_{22}	a_{23}	a_{24}	a_{25}
a_{31}	a_{32}	a_{33}	a_{34}	a_{35}
a_{41}	a_{42}	a_{43}	a_{44}	a_{45}
a_{51}	a_{52}	a_{53}	a_{54}	a_{55}

各要素の足し合せ方は，下記のように横，もしくは縦に平行な線で1行ずつ区切って，それぞれの行または列について足し合わせたものの合計をとればよく，どの要素もちょうど1回ずつカウントされているため，明らかにどちらの方法で足し合わせてもその値は一致する．

a_{11}	a_{12}	a_{13}	a_{14}	a_{15}
a_{21}	a_{22}	a_{23}	a_{24}	a_{25}
a_{31}	a_{32}	a_{33}	a_{34}	a_{35}
a_{41}	a_{42}	a_{43}	a_{44}	a_{45}
a_{51}	a_{52}	a_{53}	a_{54}	a_{55}

=

a_{11}	a_{12}	a_{13}	a_{14}	a_{15}
a_{21}	a_{22}	a_{23}	a_{24}	a_{25}
a_{31}	a_{32}	a_{33}	a_{34}	a_{35}
a_{41}	a_{42}	a_{43}	a_{44}	a_{45}
a_{51}	a_{52}	a_{53}	a_{54}	a_{55}

上で述べたことを式で表せば下記が成り立つ．

$$\sum_{i=1}^{n}\sum_{j=1}^{m} a_{ij} = \sum_{j=1}^{m}\sum_{i=1}^{n} a_{ij}$$

上の例は基本的過ぎて当たり前のことのように感じるかもしれないが，このような2通りの方法で集合を数え上げるということが離散数学における組合せ的問題の解決に対して，しばしば強力なツールになり得る．本項ではそうした問題を紹介しながら，考察対象を2重に数え上げる**ダブルカウンティング**（double counting）と呼ばれる手法について学習しよう．

例 約数の個数の平均値　自然数全体を定義域とする関数として，自然数 i の約数の個数を $x(i)$ と表すことにする．i を1から n まで動かしたときの $x(i)$ の平均の値 $\bar{x}(n)$ はどのくらいの大きさになるだろうか．

下記のように，行番号 l が列番号 m の約数であるとき，その (l,m) 成分に 1 を置いた表をもとに関数 $x(i)$ を考えてみると，i が素数のときは $x(i)=2$ であり，例えば $i=2^k$ のときは $x(i)=k+1$ となることがわかる．関数 $x(i)$ は i の増加に伴い，大きくなったり小さくなったりと不規則に振る舞うように見える関数であることが観察できる．それでは，i を 1 から n まで動かしたときの $x(i)$ の平均 $\bar{x}(n)$ の振舞いはどうであろうか．

行＼列	1	2	3	4	5	6	7	8
1	1	1	1	1	1	1	1	1
2		1		1		1		1
3			1			1		
4				1				1
5					1			
6						1		
7							1	
8								1

関数 $\bar{x}(n)$ は，正確には

$$\bar{x}(n)=\frac{1}{n}\sum_{i=1}^{n}x(i)$$

と表せる．n に小さい値を入れて表をつくってみると次のようになる．

n	1	2	3	4	5	6	7	8
$\bar{x}(n)$	1	$\frac{3}{2}$	$\frac{5}{3}$	2	2	$\frac{7}{3}$	$\frac{16}{7}$	$\frac{5}{2}$

関数 $\bar{x}(n)$ の振舞いを $x(i)$ に関する上の表で 2 通りに数えることで求めてみよう．$x(i)$ の表を列で区切って各列の和を考えると，第 i 列の和は i の約数の個数と等しく，その値は $x(i)$ となっている．したがって，各列の和の値は $\sum_{i=1}^{n}x(i)$ である．一方で，この表を行で区切って各行の和を考えてみよう．第 i 行において出現する 1 の個数は n を i で割った数の切下げ，つまり，$\lfloor n/i \rfloor$ と等しくなっている．したがって，各行の和の値は $\sum_{i=1}^{n}\lfloor n/i \rfloor$ となる．よって

$$\sum_{i=1}^{n} x(i) = \sum_{i=1}^{n} \left\lfloor \frac{n}{i} \right\rfloor$$

となるので

$$\bar{x}(n) = \frac{1}{n}\sum_{i=1}^{n} \left\lfloor \frac{n}{i} \right\rfloor \leq \frac{1}{n}\sum_{i=1}^{n} \frac{n}{i} = \sum_{i=1}^{n} \frac{1}{i}$$

が成り立つ．$\lfloor n/i \rfloor$ と n/i の差は 1 より小さいので，$\bar{x}(n)$ と $\sum_{i=1}^{n} 1/i$ の差も 1 より小さいことがわかる．$\sum_{i=1}^{n} 1/i$ の値は n が十分大きいときその振舞いは $\log n$ と近似できるので（演習問題 問 1），この関数 $\bar{x}(n)$ の振舞いは大体 $\log n$ と同じと考えてよい．

2. ブロックデザイン

本項では**ブロックデザイン**（block design）について紹介する．ブロックデザインとは，下記に示すような非常に規則的な有限集合上の集合族のことである．ここでは V を有限集合とし，$\mathscr{B}$ を V の部分集合からなる集合族とする．通常，集合族 $\mathscr{B}$ は V 上のものであることを明らかにしておきたいので，集合族は順序対 $(V, \mathscr{B})$ を用いて表される．

定義 3.2 [**ブロックデザイン**] v, k, t, λ を $v > k \geq t \geq 1$ かつ $\lambda \geq 1$ を満たす整数とする．集合族 $(V, \mathscr{B})$ が次の条件を満たすとき，**タイプ t-(v, k, λ) のブロックデザイン**（block design）であるという．

1. $|V| = v$.
2. すべての $\mathscr{B}$ の元 $B \in \mathscr{B}$ に対して，$|B| = k$ である（$\mathscr{B}$ の各元を**ブロック**という）.
3. V のどの t 元部分集合も $\mathscr{B}$ のちょうど λ 個のブロックに含まれる．

集合族の考え方に慣れていないと上の定義だけではわかりにくいと感じるかもしれないので，具体例を挙げてみよう．

例 ブロックデザイン-1　$V = \{1, 2, 3, 4, 5, 6, 7\}$，$\mathscr{B} = \{\{1, 2, 3\}, \{1, 5, 6\}, \{1, 4, 7\}, \{2, 4, 6\}, \{2, 5, 7\}, \{3, 4, 5\}, \{3, 6, 7\}\}$ とすると，$(V, \mathscr{B})$ はタイプ 2-$(7, 3, 1)$ のブロックデザインである．

上の例における集合族がタイプ 2-$(7, 3, 1)$ のブロックデザインになっていることを実際に確認してみよう．まず，$|V| = 7$ なので，$v = 7$ は明らかであり，$\mathscr{B}$ の元はどれも三つの要素からなる集合なので $k = 3$ となっている．$t = 2$，$\lambda = 1$ であることを確かめるには，V から二つの要素を任意に取り出して，それがただ一つの $\mathscr{B}$ の元に含まれることを確認すればよい (例えば，$1, 2 \in V$ を取り出すと，この両方の要素を含むのは $\mathscr{B}$ のなかでは $\{1, 2, 3\}$ がただ一つの元であることが容易に確かめられる)．

ブロックデザインと実験計画法

ブロックデザインの概念は数理統計学の実験計画法と関連して生まれた．実験計画法とは，実験によってデータを獲得する前の計画のための統計的手法である．例えば，農業実験で 7 種の作物品種 $\{1, 2, 3, 4, 5, 6, 7\}$ の収量を比較したいとする．広大な農地に適当に植えて，収量を測るのでは，日照や土壌といった種々の条件がそろわず正確な判断が下せない．そこで農地を七つのブロックに分け，さらに各ブロックを三つのプロットに分け品種を作付けよう．すると，この割付け方に上記の例で挙げたブロックデザインが適用できて，各ブロックごとに環境条件が均一になるように管理すると，品種の効果をより高い精度で推定することができる．

次に $t = \lambda = 1$ となるデザインの例を紹介する．

例 ブロックデザイン-2　V を v 個の元をもつ集合とし，整数 $k \geq 1$ を v の約数とする．V を互いに素な集合 $B_1, B_2, \cdots, B_{v/k}$ に分割し，$\mathscr{B} = \{B_1, B_2, \cdots, B_{v/k}\}$ とすると，$(V, \mathscr{B})$ はタイプ 1-$(v, k, 1)$ のブロックデザインである．

ブロックデザインに関する基本的問題として，与えられた整数

t, v, k, λ に対して，タイプ t-(v, k, λ) のブロックデザインが存在するかどうかを決定する問題がある．すぐにわかることであるが，任意の v の値に対してタイプ t-(v, k, λ) のブロックデザインが存在するわけではない．上の例からも観察できるように，タイプ 1-$(v, k, 1)$ のブロックデザインでは V の k 元集合への分割なので v は k で割り切れなければならない．

タイプ t-(v, k, λ) のブロックデザインが存在するための必要条件として次の定理が知られている．

定理 3.12 タイプ t-(v, k, λ) のブロックデザインが存在するための必要条件は次の分数の値がすべて整数になることである．

$$\lambda\frac{v(v-1)\cdots(v-t+1)}{k(k-1)\cdots(k-t+1)}, \quad \lambda\frac{(v-1)\cdots(v-t+1)}{(k-1)\cdots(k-t+1)},$$
$$\cdots, \quad \lambda\frac{v-t+1}{k-t+1}$$

（**証明**） ダブルカウンティングを用いて証明する．まず，$(V, \mathscr{B})$ をタイプ t-(v, k, λ) のブロックデザインとする．$0 \leq p \leq t$ となる整数 p と p 元集合 $P \subset V$ を固定する．$P \subset T \in \binom{V}{t}$ かつ $T \subset B \in \mathscr{B}$ を満たす対 (T, B) の数を N と置く．T の選び方は $\binom{v-p}{t-p}$ 通りあり，各 T はちょうど λ 個の $\mathscr{B}$ のブロックに含まれる部分集合である．よって，$N = \lambda\binom{v-p}{t-p}$ が成り立つ．一方，P を含むブロックの数を M と置く．P を含む各ブロックは $\binom{k-p}{t-p}$ 個の t 元集合 T で，$P \subset T$ となるものを含むので，$N = M\binom{k-p}{t-p}$ が得られる．したがって

$$M = \lambda\frac{\binom{v-p}{t-p}}{\binom{k-p}{t-p}} = \lambda\frac{(v-p)\cdots(v-t+1)}{(k-p)\cdots(k-t+1)}$$

が成り立つ．M は整数なので，右辺の分数の値は整数であることがわかる．p を 0 から t まで動かせて上の議論を行えば定理の主張が得られる．□

上の定理の証明で，$p=0$ の場合を観察してみよう．このとき，証明中の集合 P は空集合となり，すべてのブロックは空集合を部分集合として含むので，証明中の数 M は $\mathscr{B}$ におけるブロックの総数を意味している．したがって，次が成り立つ．

定理 3.13　$(V,\mathscr{B})$ をタイプ t-(v,k,λ) のブロックデザインとすると

$$|\mathscr{B}| = \lambda\frac{v(v-1)\cdots(v-t+1)}{k(k-1)\cdots(k-t+1)}$$

が成り立つ．

タイプ 2-(v,k,λ) のブロックデザインが存在するための必要条件については，**フィッシャーの不等式**（Fisher's inequality）と呼ばれる次の有名な結果が知られている．

定理 3.14 [フィッシャーの不等式]　$(V,\mathscr{B})$ を $v>k$ を満たすタイプ 2-(v,k,λ) のブロックデザインとすると，$|\mathscr{B}|\geq|V|$ が成り立つ．

フィッシャーの不等式の証明は難しくはないが，ここでは $\lambda=1$ の場合のみ証明を述べる*1．

*1　一般の場合の証明については，ブロックデザインを少しでも本格的に扱ったものであればだいたいどの本にも載っている．

（定理 3.14 の証明（$\boldsymbol{\lambda=1}$ の場合））　まず，定理 3.13 より，$|\mathscr{B}|=v\cdot(v-1)/(k(k-1))$ が成り立つ．$(v-1)/(k(k-1))\geq 1$ とすると $|\mathscr{B}|\geq|V|$ となって主張が成り立つので $(v-1)/(k(k-1))<1$ と仮定してよい．定理 3.12 より，$(v-1)/(k-1)$ は整数なので $(v-1)/(k-1)\leq k-1$，すなわち，$v\leq(k-1)^2+1$ が成り立っている．$\mathscr{B}$ から元 X をとり，$x\in X$ を固定する．$|X|=k$ であることと，$v>k$ より，ある元 $v_1\in V$ で $v_1\notin X$ なるものが存在する．いま，$\lambda=1$ を仮定しているので，$\{x,v_1\}$ を含む元 $Y\in\mathscr{B}$ で $|X\cap Y|=1$ なるものが存在する．したがっ

て，$X = \{x, u_1, u_2, \cdots, u_{k-1}\}, Y = \{x, v_1, v_2, \cdots, v_{k-1}\}$ と置ける．$(V, \mathscr{B})$ はタイプ 2-$(v, k, 1)$ のブロックデザインなので，任意の u_i, v_j $(1 \leq i, j \leq k-1)$ の組に対して，ある $Z_{ij} \in \mathscr{B}$ で，$u_i, v_j \in Z_{ij}$ を満たすものが存在する．特に，$\lambda = 1$ を仮定しているので，それぞれの Z_{ij} $(1 \leq i \leq k-1,\ 1 \leq j \leq k-1)$ は $\mathscr{B}$ において異なる元であり，X, Y とも異なる元である（なぜなら，そうでないとすると，$X \cup Y$ のある二つの元で，二つ以上の $\mathscr{B}$ の元に含まれることになってしまうことが簡単にチェックできる）．したがって，$|\mathscr{B}| \geq (k-1)^2 + 2$ が成り立ち，$|\mathscr{B}| > |V|$ が成り立つ．これで $\lambda = 1$ の場合のフィッシャーの不等式が証明された． □

フィッシャーの不等式により，例えば，タイプ 2-$(21, 6, 1)$ のブロックデザインは整数条件は満たすけれども存在しないことがわかる．

ブロックデザインの呼び名について

文献によっては，ブロックデザインはタイプによっていろいろな呼び名で呼ばれることがある．例えば，タイプ 2-(v, k, λ) のブロックデザインは均衡不完備ブロックデザイン，または，BIBD と呼ばれている．また，$\lambda = 1$ のブロックデザインはシュタイナー系と呼ばれることもあり，$t \geq 2$ に対しては戦術配置という呼び名もある．

演習問題

問 1 関数 $f(n) = \sum_{i=1}^{n} (1/i)$ の振舞いは，n が十分大きいとき $\log n$ と近似できることを確認せよ．

問 2 次の集合族はブロックデザインになっているか．チェックしてタイプを答えよ．

$$V = \{0, 1, 2, 3, 4, 5\}$$
$$\mathscr{B} = \{\{0,1,2\}, \{0,2,3\}, \{0,3,4\}, \{0,4,5\}, \{0,1,5\},$$
$$\{1,2,4\}, \{2,3,5\}, \{1,3,4\}, \{2,4,5\}, \{1,3,5\}\}$$

問 3　次のタイプのブロックデザインは存在するか．存在するならば，具体的に構成し，存在しないならばその理由を答えよ．

(i)　タイプ 3-$(4, 3, 1)$

(ii)　タイプ 2-$(16, 6, 1)$

(iii)　タイプ 2-$(25, 10, 3)$

問 4　$(V, \mathscr{B})$ をタイプ t-(v, k, λ) のブロックデザインとする．このとき，任意の V の元 x について，x はちょうど

$$\lambda \frac{(v-1)\cdots(v-t+1)}{(k-1)\cdots(k-t+1)}$$

個の $\mathscr{B}$ の元に含まれることを示せ．

第4章

グラフと木

離散的な構造は本章で定義する“グラフ”として記述できることが多く，それゆえ，そのグラフを扱うグラフ理論は離散数学の一つの中心的話題となっている．また，グラフの一種である“木”はコンピュータのデータ構造でもよく用いられ，情報科学においては必須の知識である．本章ではこの二つをまとめ，グラフと木について解説する．

4.1 グラフの定義

まずグラフを扱うためのさまざまな用語を定義する．本節で扱う内容は以下の節でも多く現れることになる．

1. グラフ理論の用語

グラフ（graph）とは**頂点集合**（vertex set）と二つの頂点を結ぶ**辺の集合**（edge set）からなる構造である．特にグラフの各頂点を点で，2 頂点を結ぶ辺を対応する二つの点を結ぶ線で表すことが多い（図 4.1）．ただし，グラフは頂点とその「つながり方」のみで決まり，頂点の場所などの描き方にはよらない．例えば，図 4.1 の二つのグラフは同じものである．

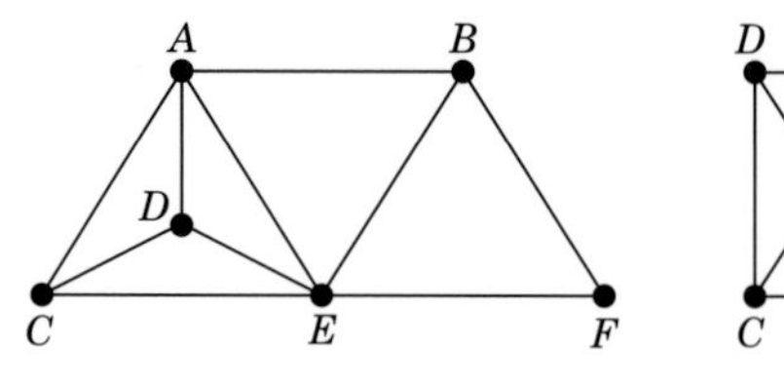

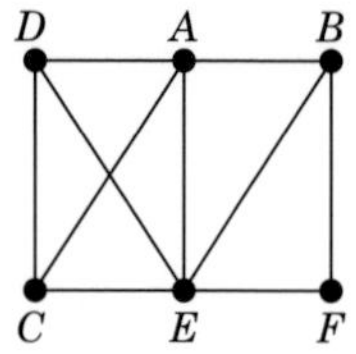

図 4.1　グラフ G

形式的には，グラフ G は頂点集合 $V(G)$ と辺集合 $E(G)$ からなる*1．ただし，$E(G)$ の要素は $V(G)$ の二つの要素の組である．ここで各辺 e に対し，辺 e が結ぶ 2 頂点を e の**端点**（end vertex）と呼ぶ．辺 e の端点が x と y のとき，e は x に**接続**（incident）するといい，x と y は**隣接**（adjacent）するという．

*1 グラフには通常 graph の頭文字 G が使われ，$V(G), E(G)$ の G はグラフの名前を表している．例えばグラフ H の頂点集合は $V(H)$ と書く．なお，V, E はそれぞれ，頂点の英語 vertex と辺の英語 edge の頭文字を表している．

例 グラフ　図 4.1 のグラフ G は

$$V(G) = \{A, B, C, D, E, F\}$$
$$E(G) = \{AB, AC, AD, AE, BE, BF, CD, CE, DE, EF\}$$

と表すことができる*2．すなわち，二つの図は同じグラフを表している．また辺 AB の端点は頂点 A と B であり，辺 AB の代わりに辺 BA と書いても同じ辺を表している．

*2 図 4.1 の二つのグラフは，どちらもこの頂点集合と辺集合をもつことが確認できる．

さまざまな離散的な構造はグラフによって表現できるため，その利用価値は大きい．以下で二つの例を調べてみる．

例 対戦状況　6 チーム $A \sim F$ による総当たり戦の途中経過を考えたい．このとき，$A \sim F$ を頂点とし，すでに対戦が行われた組を辺としたグラフで表すことにする．例えば，下の対戦がすでに行われている場合，この対戦状況は図 4.1 のグラフ G で表される．

$$A - B,\quad A - C,\quad A - D,\quad A - E,\quad B - E,$$
$$B - F,\quad C - D,\quad C - E,\quad D - E,\quad E - F.$$

例 航空路線　東京，札幌，釧路，福岡，松山，那覇の六つの空港とその空港間の航空路線を考えたい．ある航空会社では以下の航路がある．

東京–札幌，　東京–釧路，　東京–福岡，
東京–松山，　東京–那覇，　札幌–釧路，
札幌–福岡，　福岡–松山，　福岡–那覇，　松山–那覇．

この航空路線状況も図 4.1 のグラフ G で表すことができる．ただし，各頂点は以下の空港に対応している．

A…福岡，　B…札幌，　C…那覇，
D…松山，　E…東京，　F…釧路．

ループ，多重辺と有向グラフ

上の例ではここで定義したグラフで表現できるが，もっと多くの情報を表現するために，さらに定義を加えることもある．一つの頂点から自分自身へと向かう辺を**ループ**（loop）と呼び，同じ 2 点の組を結ぶ辺を**多重辺**（multiple edges）と呼ぶ．例えば図 4.2 (a) では頂点 C にループがあり，頂点 A と E は多重辺で結ばれている．例えば，（実際にはあり得ないが）出発地と同じ空港に戻ってくる航路がある場合にはループを用い，いくつの便がその二つの空港間を飛んでいるかも考えたい場合は多重辺を用いることになる．例えば図 4.2 (a) の場合，福岡–東京と東京–札幌の便数が多いことを表したいと考え，その 2 航路に対応する辺を多重辺で表現している．ループも多重辺ももたないグラフを**単純グラフ**（simple graph）と呼ぶ．

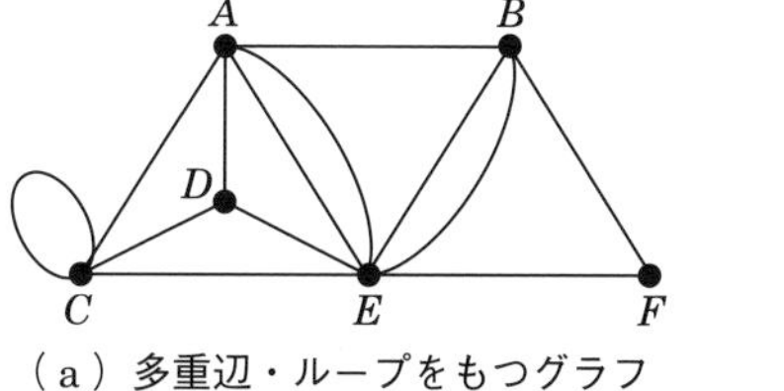

（a）多重辺・ループをもつグラフ　　（b）有向グラフ

図 4.2　多重辺・ループと有向グラフ

また，辺で結ばれる 2 頂点間の順序関係を表現するために，グラフの辺に向きを付けた[*1]**有向グラフ**（directed graph）が用いられる（図 4.2 (b)）．上の例では何チームかの対戦状況をグラフで表したが，有向グラフを用いると対戦結果を含めて表現できる．例えば，

*1　向きの付けられた辺は**有向辺**と呼ばれる．

A チームが B チームに勝ったという結果を「頂点 A から B への有向辺で表す」というルールを用いることによって対戦状況と結果を一つのグラフで表現できる[*1]．有向グラフに対応して，辺に向きのないグラフを**無向グラフ**（undirected graph）と呼ぶ．

本章では特に断らない限り，図 4.1 のような単純無向グラフのみを考える．そのため，これ以降，単にグラフと呼ぶときは，単純無向グラフを意味することにする．

*1　このとき，頂点 A をその有向辺の始点，B を終点という．

あるグラフ G とその一つの頂点 v に対し，v と辺で結ばれている頂点の集合を v の**近傍**（neighborhood）と呼び $N_G(v)$[*2] と書く．v から出ている辺の数を v の G での**次数**（degree）と呼び $\deg_G(v)$[*3] と書く．頂点の次数に関して次の定理が知られている．

*2　neighborhood の頭文字 N を用いている．

*3　degree の略である．

定理 4.1 [**握手補題**]　任意のグラフ G で全頂点の次数の和は G の辺数の 2 倍である．すなわち，以下の式が成り立つ．

$$\sum_{v \in V(G)} \deg_G(v) = 2|E(G)|.$$

（**証明**）　頂点の次数はその頂点の周りにある辺の数であることに注意する．すなわち，グラフの全頂点の次数の和を考えると，各辺はその端点の 2 頂点で 1 回ずつ数えられることになる．したがって，各辺がちょうど 2 回ずつ数えられるので，次数の和は辺の数のちょうど 2 倍となる．　□

握手補題

握手補題という名前は次の事柄に由来する．

あるパーティーでは，初対面の 2 人は握手を交わすというルールがある．ここで，このパーティーの参加者にそれぞれが行った握手の回数を聞き，それを参加者全員分足し合わせることを考える．この和は，1 回の握手に 2 人の人間がかかわるため，そのパーティーで行われた握手の総数のちょうど 2 倍になることがわかる．すなわち，パーティーの参加者全員が頂点集合で，握手が行われた 2 人の間を辺で結んだグラフを考えると，これは上の握手補題の状況と一致するのである（各参加者がした握手の回数が，いまのグラフでの頂点の次数に対応する）．

2. 特殊なグラフ

(a) 完全グラフ

ある頂点集合に対して，どの二つの頂点も辺で結ばれているグラフを**完全グラフ**（complete graph）または**クリーク**（clique）という．特に頂点数が n の完全グラフを K_n と書く．

例 完全グラフ　図 4.3 は 6 頂点の完全グラフ K_6 の例である．

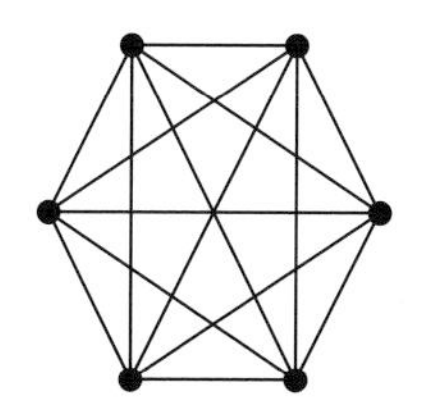

図 4.3　6 頂点の完全グラフ K_6

ここで，完全グラフの辺の数についての以下の定理を，握手補題を用いて示しておく．

定理 4.2　n 頂点の完全グラフ K_n の辺の数は $n(n-1)/2$ 本である．すなわち

$$|E(K_n)| = \frac{n(n-1)}{2}$$

が成り立つ．

（証明）　n 頂点の完全グラフ K_n の各頂点は，自分自身以外のすべての頂点と辺で結ばれているため，その次数は $n-1$ である．したがって，K_n の全頂点の次数の和は $n(n-1)$ となる．このとき，定理 4.1 より，$n(n-1) = 2|E(K_n)|$ が成り立つので，これを変形して

$$|E(K_n)| = \frac{n(n-1)}{2}$$

を得る． □

(b) 小道・道・閉路

グラフ G の一つの頂点から始まり，辺で結ばれた頂点を順にたどっていく構造を G の**歩道**（walk）という．特に同じ辺を2度以上通らない歩道を**小道**（trail）といい[*1]，同じ頂点を2度以上通らない歩道を**道**または**パス**（path）という[*2]．また，歩道，小道，道の出発点を**始点**，たどり着いた頂点を**終点**と呼ぶ．歩道，小道，道のたどった辺の数をそれらの**長さ**（length）という．G の頂点数が n で辺数が m のとき，小道では同じ辺を2回使えないのでその長さは m 以下であり，道では同じ頂点を2回使えないのでその長さは $n-1$ 以下である．

*1　小道は特殊な歩道，道は特殊な小道である．

*2　道を，それが通る頂点と辺からなるグラフとしてみなすこともある．

道 P に対し，その始点が s，終点が t であるとき，P を s-t-道または s-t-パスと呼び，特に sPt と表記する．また，共通の頂点を持たない道 sPt と道 $s'P't'$ において，t と s' が隣接しているとき，s から始めて P を進み，t にたどり着いた後 s' に進み，P' を進んで t' にたどり着く道を $sPts'P't'$ のように表記する．

歩道または小道において，その始点と終点が同じ頂点であるものをそれぞれ**閉じた歩道**（closed walk），**閉じた小道**（closed trail）と呼ぶ．また始点と終点が同じ頂点である道は**閉路**（cycle）と呼ばれる[*3]．閉じた歩道，閉じた小道，閉路においてもたどった辺の数を**長さ**（length）という[*4]．

*3　閉じた歩道，閉じた小道，閉路ではどの頂点を始点として考えてもよい．

*4　グラフの1頂点だけを考えて，長さが0の道や閉じた小道のようにいうことがある．

例 歩道・小道・道・閉路　図4.4のグラフ G を考える．

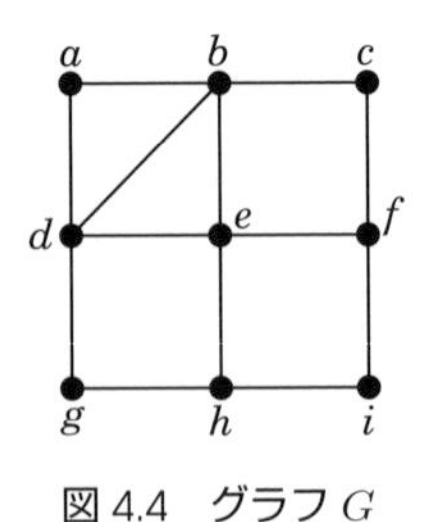

図4.4　グラフ G

このとき

$a \to b \to d \to a \to b$：長さ 4 の歩道
$a \to b \to e \to d \to b \to c$：長さ 5 の小道
$a \to b \to c \to f \to i \to h$：長さ 5 の道
$a \to b \to d \to e \to b \to a$：長さ 5 の閉じた歩道
$a \to b \to e \to d \to a$：長さ 4 の閉路

である．$a \to b \to c \to f$ を道 P，$i \to h$ を道 P' としたとき，道 $aPfiP'h$ は上記した長さ 5 の道と一致する．

有向グラフの有向道

有向グラフに対して，上記の歩道・小道・道・閉路を定義する際には，有向辺の向きにそって辺をたどることが自然であろう．有向グラフにおいて，一つの頂点から始まり，有向辺で結ばれた頂点をその辺の向きに沿ってたどっていく構造を**有向道**（directed path）と呼ぶ．同様に，有向歩道や有向閉路などの用語や有向道 sPt のような表記も自然に定義できる*1．

*1 これらの用語は6章で用いる．

(c) 二部グラフ

グラフ G の頂点集合 $V(G)$ を「A 内に辺がない」かつ「B 内に辺がない」を満たすような A, B へ分割できるとき，グラフ G を**二部グラフ**（bipartite graph）という．また，このときの分割された頂点集合 A, B を二部グラフ G の**部集合**（partite set）と呼ぶ．

また，A, B を部集合とする二部グラフ G で，A のすべての頂点が B のすべての頂点と結ばれているグラフを**完全二部グラフ**（complete bipartite graph）という．特に A の頂点数が r, B の頂点数が s である完全二部グラフを $K_{r,s}$ と書く*2．

*2 完全二部グラフ $K_{r,s}$ は $K_{s,r}$ と同じグラフである．

例 二部グラフ・完全二部グラフ　図 4.5 のグラフ G は二部グラフである．頂点集合を図のように A と B に分ければ，A 内にも B 内にも辺がない．また，グラフ H は完全二部グラフ $K_{2,3}$ である．

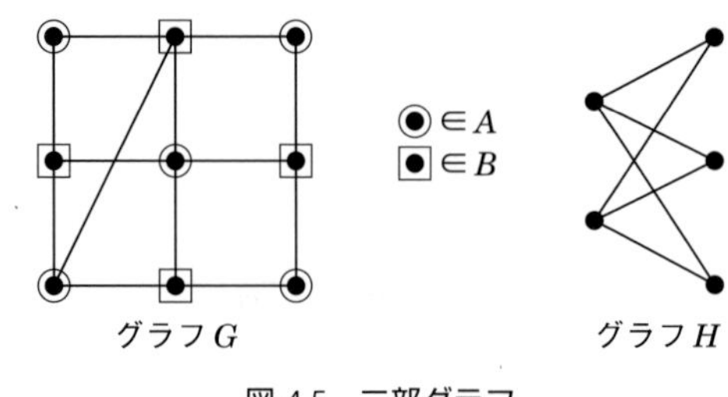

図 4.5　二部グラフ

二部グラフと歩道の関係については以下の定理が知られている．

定理 4.3　グラフ G が二部グラフであるための必要十分条件は，G における任意の閉じた歩道[*1] の長さが偶数であることである．

（証明）　グラフ G を二部グラフとする．二部グラフの定義より，G の頂点集合を「A 内に辺がない」かつ「B 内に辺がない」を満たすような A, B へ分割できる．このとき，ある閉じた歩道の始点が A の頂点であるとすると，その頂点から辺でたどれる頂点はすべて B に属す．その B の頂点からたどれるのは A の頂点，その次は B の頂点，と $A \to B \to A \to B \to \cdots$ と繰り返すことになる．特に奇数回進むと B の頂点に，偶数回進むと A の頂点になる．したがって，始点である A の頂点に戻ってくるため，その歩道の長さは偶数となる．

一方で，逆の主張の証明は，定理 4.6 を利用するため，4.2 節でそれを示した後で行う．　□

*1　閉じた小道や閉路でも成り立つ．

3.　連結性

グラフ G のどの 2 頂点に対しても，その 2 頂点を結ぶ道[*2] が存在するとき，G は**連結**（connected）であるという．また，連結でないグラフは**非連結**（disconnected）であるという．グラフの連結で極大な部分を**連結成分**（component）という[*3][*4]．

*2　歩道，または小道でも同様．

*3　ここでは，条件を壊さずにそれ以上頂点集合や辺集合を増やせない，という意味で「極大」を用いている．例えば，図 4.6 のグラフ H では外側の四角形のうちの 3 頂点だけでは「極大」ではない．

*4　有向グラフ D において，どの 2 頂点 x, y に対しても，x から y への有向道と y から x への有向道の両方が存在するとき，D は強連結（strongly-connected）という．

例 連結グラフ・非連結グラフ　図 4.6 のグラフ G は連結であるが，グラフ H では頂点 u と頂点 v を結ぶ道が存在しないので，H は非連結である．また，G は連結成分が一つであり[*5]，H は連結成

*5　グラフが連結であることと，連結成分が一つであることは同じことである．

分が二つである．

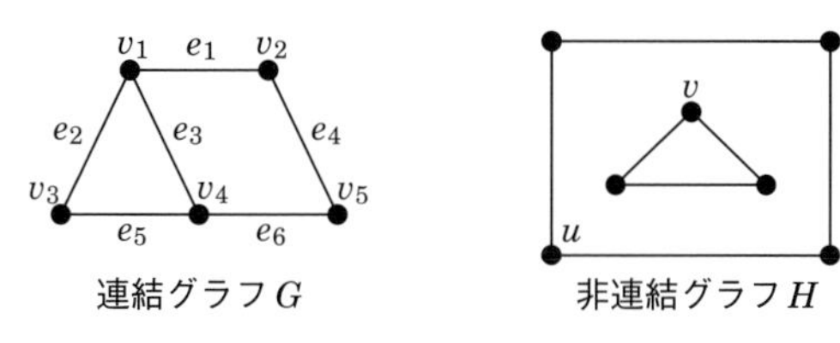

図 4.6 連結グラフと非連結グラフ

4. グラフの隣接行列と接続行列

6 章ではグラフを計算機上で扱うが，その際には行列を用いると表現が容易である．特に以下の二つの方法がよく用いられている．ここではグラフ G の頂点集合を $V(G) = \{v_1, v_2, \cdots, v_n\}$, 辺集合を $E(G) = \{e_1, e_2, \cdots, e_m\}$ と置く．特に G の頂点数は n, 辺数は m である．

グラフ G の**隣接行列**（adjacency matrix）とは，$n \times n$ 行列で，頂点 v_i と頂点 v_j が辺で結ばれているときに (i, j) 成分が 1 であり，そうでないときに (i, j) 成分が 0 であるものである*1．隣接行列では第 i 行と第 i 列が頂点 v_i の近傍の頂点を表現している．

グラフ G の**接続行列**（incidence matrix）とは，$n \times m$ 行列で，頂点 v_i と辺 e_j が接続しているときに (i, j) 成分が 1 であり，そうでないときに (i, j) 成分が 0 であるものである*2．接続行列では第 i 行が頂点 v_i に接続する辺を表現しており，第 j 列は辺 e_j の二つの端点を表現している．

*1 n 頂点の有向グラフ D では，頂点 v_i から頂点 v_j への有向辺が存在するときに (i, j) 成分が 1 であるような $n \times n$ 行列を D の隣接行列という．

*2 n 頂点の有向グラフ D では，有向辺 e_j が頂点 v_i から頂点 $v_{i'}$ への有向辺であるとき，(i, j) 成分が 1 で (i', j) 成分が -1 あるような $n \times m$ 行列を D の接続行列という．

例 隣接行列・接続行列 図 4.6 のグラフ G の隣接行列と接続行列はそれぞれ以下のようになる．例えばグラフ G で頂点 v_1 と頂点 v_2 が辺で結ばれているため，隣接行列の $(1, 2)$ 成分は（$(2, 1)$ 成分も）1 となる．また，頂点 v_1 は辺 e_1 の端点であるため，接続行列の $(1, 1)$ 成分は 1 となる．

$$\begin{pmatrix} 0 & 1 & 1 & 1 & 0 \\ 1 & 0 & 0 & 0 & 1 \\ 1 & 0 & 0 & 1 & 0 \\ 1 & 0 & 1 & 0 & 1 \\ 0 & 1 & 0 & 1 & 0 \end{pmatrix} \qquad \begin{pmatrix} 1 & 1 & 1 & 0 & 0 & 0 \\ 1 & 0 & 0 & 1 & 0 & 0 \\ 0 & 1 & 0 & 0 & 1 & 0 \\ 0 & 0 & 1 & 0 & 1 & 1 \\ 0 & 0 & 0 & 1 & 0 & 1 \end{pmatrix}$$

G の隣接行列　　　　G の接続行列

演習問題

問 1　頂点集合 $V(G)$ が $\{1, 2, \cdots, 8\}$ で，倍数・約数関係となる 2 頂点を辺で結んだグラフ G を描け．

問 2　任意のグラフで，次数が奇数である頂点は偶数個であることを証明せよ．

問 3　完全グラフでも完全二部グラフでもあるようなグラフは存在するか．

問 4　次の図 4.7 のグラフ G において

(1) 一番長い小道

(2) 一番長い道

(3) 一番長い閉じた小道

(4) 一番長い閉路

をそれぞれ見つけよ．また，

(5) 一番長い歩道を考えることができない理由を説明せよ．

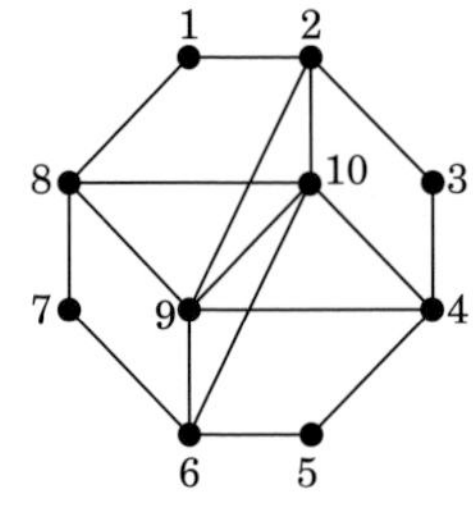

図 4.7　グラフ G

問 5　(1) 隣接行列の第 i 行にある 1 の数は何を意味するか．

(2) 接続行列の場合はどうか．

(3) 接続行列の第 j 列ではどうか．

4.2　木

1.　木の定義

閉路をもたないグラフを**森** (forest)[*1] と呼び，連結な森を**木** (tree) と呼ぶ．木において，次数が 1 の頂点を**葉** (leaf) という．

*1　「林」と呼ばれることもある．

木はグラフの「連結性」という意味において極小なものである[1].

*1 木からどの辺を取り除いても非連結になる.

例 森と木 図 4.8 のグラフ G は森であり，グラフ H は木である．どちらも閉路をもっておらず，グラフ H は連結である．また，H は四つの葉をもっている．

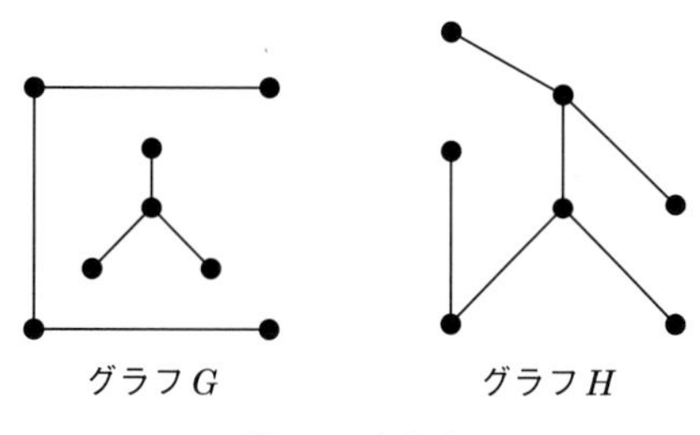

図 4.8 森と木

次に木に関しての基本的な二つの定理を証明する．

定理 4.4 頂点数が 2 以上のすべての木は葉を二つ以上含む．

（証明） 木 T における長さが最長の道 P を考える[2]．P の頂点を順に $v_1, v_2, \cdots, v_p$ とする．T の頂点数が 2 以上で連結なので，v_1 と v_p は異なる頂点である．

*2 木の記号として，普通は tree の頭文字 T を使う．同様に P は道 (path) の頭文字である．

ここで，v_1 が v_2 以外の頂点 u に隣接しているとする．もし u が P 上の頂点でないとすると，P に辺 uv_1 を加えたものが T の道であり，始めに P の長さが最長としたことに矛盾する．一方，u が P 上の頂点であるとする，すなわち，ある i で $u = v_i$ であるとすると，道 v_1Pv_i に辺 v_iv_1 を加えると T 上の閉路が得られ，T が木であることに矛盾する（図 4.9）．いずれにせよ矛盾が起こるため，v_1 は v_2 以外の頂点と隣接しない．したがって，v_1 の近傍は v_2 のみとなり v_1 の T での次数は 1，すなわち v_1 が葉となる．これは v_p でも同様であり，T は少なくとも二つの葉 v_1 と v_p をもつ． □

この定理を用いると，木の辺の数に関して以下の結果が証明できる．

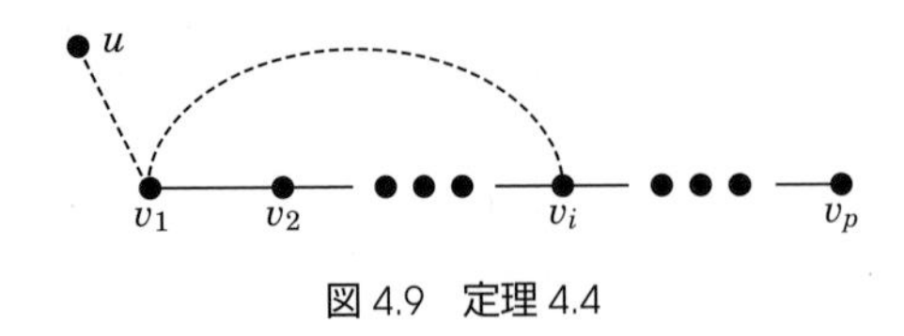

図 4.9　定理 4.4

定理 4.5　n 頂点の木は $n-1$ 本の辺をもつ．

（**証明**）　帰納法で証明を行う．$n=1$ のとき 1 頂点の木の辺は 0 本であり定理は成り立つ．したがって，$n \geq 2$ とする．帰納法の仮定より頂点数が $n-1$ の木は $n-2$ 本の辺をもつとしてよい．

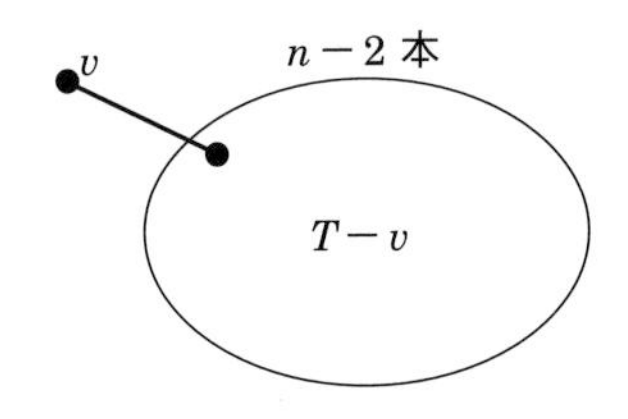

図 4.10　定理 4.5

T を n 頂点の木とする．定理 4.4 より T は葉をもつので，v を T の葉とする．このとき T から v を取り除いたグラフ[*1] $T-v$ も連結で閉路をもたない，すなわち木であり，その頂点数は $n-1$ である．したがって，$T-v$ に帰納法の仮定を適用することができ，その辺の数は $n-2$ であるとわかる．このとき，頂点 v を戻すと辺が 1 本増えるため，T の辺の数は $(n-2)+1=n-1$ である（図 4.10）．　□

*1　ここでは，T から頂点 v とともに v に接続していたすべての辺も取り除く．

2.　深さ優先探索木と幅優先探索木

(a)　グラフの全域木

グラフ G に対し，G のすべての頂点と，G のいくつかの辺を使った木を G の**全域木**（spanning tree）と呼ぶ．例えば，図 4.11 の太線はグラフ G の全域木である．本項ではグラフの全域木を見つけるための二つの方法を解説する．まず，全域木が存在するための必要十分条件を確認しておく．

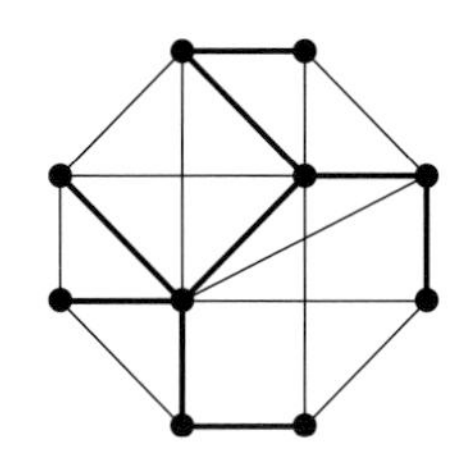

図 4.11　グラフ G とその全域木

定理 4.6　グラフ G に対し，以下が成り立つ．

$$G\text{ が連結である．} \quad \Leftrightarrow \quad G\text{ が全域木をもつ．}$$

（**証明**）　まず，$\Leftarrow$ を示す．G が全域木 T をもつとする．このとき，G の任意の 2 頂点に対し，その 2 頂点を結ぶ T 上の道が存在する．T は G の辺によって構成されるため，この道は G の道でもあり，G は連結であることがわかる．

逆に $\Rightarrow$ を示す．G が連結であると仮定する．このとき，「“G が連結” という性質を崩さないように G の辺を取り除く」という操作をできる限り行うことにする．この結果得られるグラフ T を考える．もし，T に閉路が存在したとすると，その閉路の 1 辺を取り除いても「G が連結」という性質は壊れない（取り除いた辺の代わりに閉路の反対側を通ることができる）．これは辺の除去をできる限り行ったことに反する．したがって，T には閉路は存在しないため T は木である．また，T は G の頂点をすべて使うため，この T が G の全域木となる．□

定理 4.6 を用いると，定理 4.3 の後半の証明ができる．

（**定理 4.3 の後半の証明**）　グラフ G における任意の閉じた歩道の長さが偶数であると仮定する．G が非連結ならば，連結成分ごとに考えればよいので，G は連結であると仮定する．このとき，定理 4.6 より，G に全域木 T が存在する．T は二部グラフなので*1，その頂点集合を部集合 A, B に分割できる．もし，G のある辺 e が T に属しておらず，e の両端点が両方とも A に属すならば，T 内で e の両端点を結ぶ道に辺 e を加えることで，長さが奇数の G の閉路が見つかり矛盾する．これは，e の両端点が B に属していても同様

*1　本節の演習問題　問 2 を参照のこと

である．したがって，G のすべての辺において，その両端点は片方が A，もう片方が B に属すことがわかり，G が二部グラフであることが示せた．□

定理 4.6 より連結グラフは全域木をもつことになるが，全域木を見つけるための効率の良い方法を以下に二つ紹介する．

(b) 深さ優先探索

探索の道すじをできるだけ深くまで延ばすようにして全域木を見つける方法を**深さ優先探索法**（DFS）[*1] という．また，この結果得られた全域木を**深さ優先探索木**（DFS tree）と呼ぶ．

*1　DFS : Depth First Search

(1)　一つの頂点 v を選び現在の探索点とする．

(2)　現在の探索点の近傍でまだ訪れていない頂点があるならば，その頂点を一つ選び新しい探索点とする．

(3)　現在の探索点のすべての近傍を訪れた後ならば，探索点へ進んできた辺を戻りその前の頂点を新しい探索点とする．

(4)　(2) または (3) を全頂点が探索されるまで繰り返す．

この探索において，各辺は高々 2 回しか辿らないことに注意してほしい．この事実は，情報科学的に重要な性質であり，実際に 6 章で利用する．

(c) 幅優先探索

探索点の近傍を優先的に探索して全域木を見つける方法を**幅優先探索法**（BFS）[*2] という．また，この結果得られた全域木を**幅優先探索木**（BFS tree）と呼ぶ．

*2　BFS:Breadth First Search

(1)　一つの頂点 v を選び探索点とする．

(2)　探索点の近傍でまだ訪れていない頂点をすべて訪れ，それらの各頂点を新しい探索点とする．

(3)　(2) を全頂点を訪れるまで繰り返す．

例 深さ優先探索木と幅優先探索木　図 4.12 は深さ優先探索木と幅優先探索木の例である．それぞれの探索木の頂点の番号はその探索によって訪問される順番を表している．

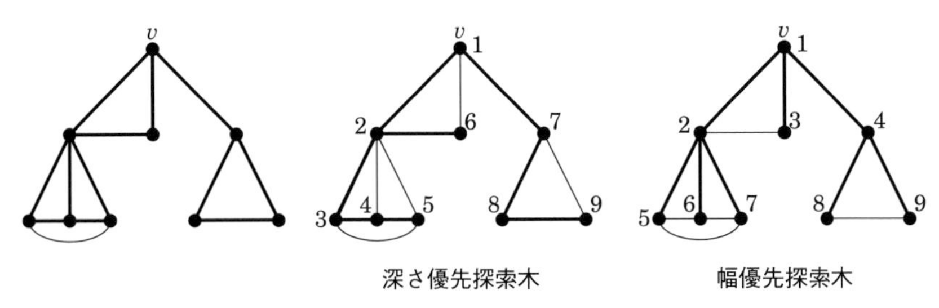

図 4.12 深さ優先探索木と幅優先探索木

演習問題

問 1 6 頂点の木をすべて描け.

問 2 任意の木は二部グラフであることを示せ.

問 3 木 T のどの 2 頂点 u と v に対しても，u と v を結ぶ道はただ一つだけであることを示せ.

4.3 閉 路

本節では特別な性質をもつ小道・閉路に注目する．特に，本節 1 項ではすべての辺をちょうど一度ずつ通る閉じた小道を，2 項ではすべての頂点をちょうど一度ずつ通る閉路をそれぞれ扱う．どちらもネットワークのチェックなどに関する応用がある．

1. オイラー小道

紙からペンを離さず，また線を二度以上描かないように図形を描くことを “一筆書き” というが，本項ではこの “一筆書き” をグラフで考える．グラフの閉じた小道で，すべての辺をちょうど 1 回ずつ通るものを**オイラー小道**（Euler trail）という．

例 オイラー小道　図 4.13 のグラフにおいて，以下の小道はオイラー小道である．

$$a \to b \to c \to d \to e \to f \to b \to d \to f \to a$$

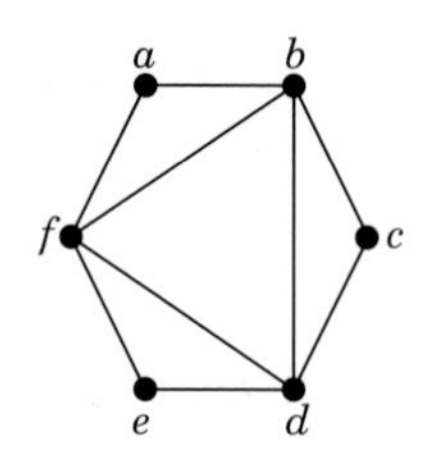

図 4.13　オイラー小道

オイラー小道があるならば，その順で描くことによってグラフを“一筆書き”できる．オイラー小道の名前はオイラーがケーニヒスベルグの橋問題を考えたことに由来している．

ケーニヒスベルグの橋問題

ケーニヒスベルグの橋問題はオイラーが「オイラー小道」を考えたきっかけとして有名な問題である．これがグラフ理論の始まりともいわれている．

実際のケーニヒスベルグの橋問題は以下のとおりである．ケーニヒスベルグの町には川が流れていて，そこに七つの橋が架けられていた（図 4.14）．問題はこの七つの橋をちょうど一度ずつ渡り，もとの位置に戻ってこられるかどうか，というものである．オイラーは町と橋の状況をグラフで表し，定理 4.7 を適用することにより，そのようなルートは存在しないことを示した．なお，グラフは川で区切られた各部分を頂点とし，橋を辺で表すことによってつくられる（このグラフには多重辺があるが問題はない）．

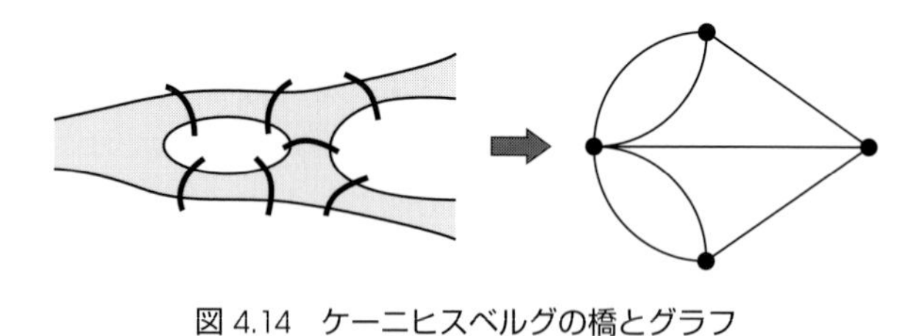

図 4.14　ケーニヒスベルグの橋とグラフ

グラフがオイラー小道をもつかどうかの判定に関しては，次の定理が知られている．

定理 4.7 [オイラーの定理] 連結グラフ G がオイラー小道をもつための必要十分条件は，G の全頂点の次数が偶数であることである [*1]．

*1 興味があれば，同じ証明が多重グラフでも問題ないことを確認してみよう．すなわち，この定理は多重グラフに対しても成り立つ．

(証明) G がオイラー小道をもつとき，その小道上での各頂点の周りでは，そこに入る辺と出る辺を二つずつペアにすることができる．したがって，各頂点から出る辺の数，すなわち次数は偶数である．

一方で，連結グラフ G の全頂点の次数が偶数であるときに G がオイラー小道をもつことを，辺の数に関する帰納法で証明する．G の辺の数が 0 であるとき，辺のない自明な小道がオイラー小道となる．したがって，G は辺をもつとしてよい．

G の一つの頂点から始め，順々に辺をたどっていくことを考える．ただし，同じ辺は 2 回以上使わない．各頂点では，そこに入る辺と出る辺をペアで考えることができるため，使われていない辺は 2 本ずつ減っていく．G の全頂点の次数は偶数であるため，スタートの頂点以外の各頂点ではいままでに使われていない辺を使い次の頂点へ進むことができる．すなわち，この方法で G の閉じた小道を見つけることができる．その閉じた小道を W と置く．

W が G のすべての辺を通っているならば W 自身がオイラー小道となり証明が終了する．そのため，W が通らない辺があるとしてよい．G から W で使われた辺をすべて取り除いたグラフ H を考える．なお，H は非連結となるかもしれない．

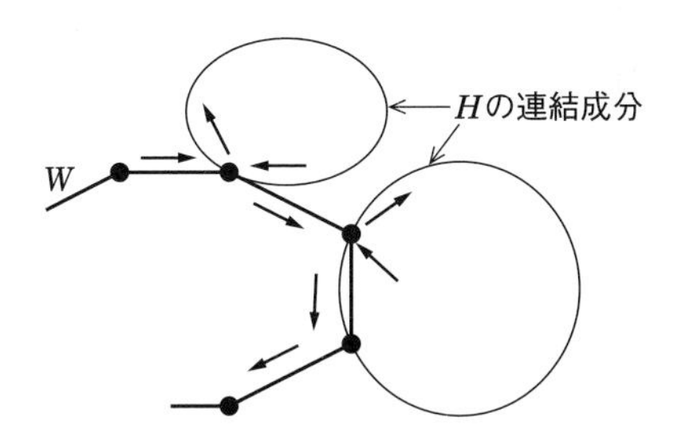

図 4.15 G のオイラー小道

帰納法の仮定より，H の各連結成分はオイラー小道をもつ．このオイラー小道と W を合わせて G のオイラー小道を構成する．実際には W をたどりながら，H の連結成分に初めて出会うたびにそ

の連結成分のオイラー小道を通るようにすればよい（図 4.15）. □

定理 4.7 より，連結グラフがオイラー小道をもつかどうかを判定するためには，オイラー小道を直接探さなくとも，各頂点の次数を考えればよいとわかる．すなわち，全頂点の次数が偶数ならばオイラー小道をもち，次数が奇数の頂点が一つ以上あればもたないと判定できる．

定理 4.7 の証明と同様にすると，次の事実が証明できるので，興味のある読者は考えてほしい．

> 連結グラフ G がオイラー小道をもつとき，G の辺集合を，各辺がちょうど一つの閉路に含まれるように，閉路たちに分割することができる．

2. ハミルトン閉路

前項ではグラフのすべての“辺”をちょうど一度ずつ通ることを考えたが，今度はグラフのすべての“頂点”をちょうど一度ずつ通ることを考える．グラフの閉路で，すべての頂点をちょうど一度ずつ通るものを**ハミルトン閉路**（Hamilton cycle）と呼ぶ．同様にすべての頂点をちょうど一度ずつ通る道を**ハミルトン道**（Hamilton path）と呼ぶ．

例 **ハミルトン閉路**　図 4.16 のグラフにおいて，右側の閉路がハミルトン閉路である．

世界一周パズル

「ハミルトン閉路」の名前は，ハミルトン卿がつくったパズルに由来する．ハミルトン卿は正十二面体[*1]の各頂点を世界の主要都市と見立て，「都市をすべて巡ってスタート地点に戻ってくるルートを見つける」というパズルをつくった．実際，図 4.16 のように正十二面体にはハミルトン閉路が存在するので，世界一周は可能である．ただし，解は一つだけではない．

＊1　本章 4.5 節で後述するように，多面体はグラフとして描くことができる．

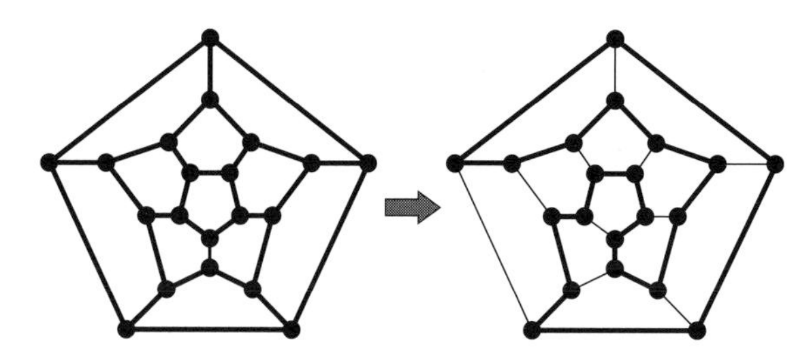

図 4.16 ハミルトン閉路

連結グラフがオイラー小道をもつかどうかを判定するためには，各頂点の次数の偶奇に注目すればよかった[*1]．しかしながら，ハミルトン閉路をもつかどうかの判定はこれほど簡単ではない．実際にオイラー小道のときのような簡単な判定法は存在しないと予想されている[*2]．

*1 定理 4.7 参照.

*2 6 章参照.

そのため，ここではハミルトン閉路に関しての必要条件・十分条件について，代表的な二つを紹介する．ただし，二つとも必要十分条件ではないことに注意せよ．特にディラックによる定理 4.9 では，次数が $n/2$ 未満の頂点をもつようなグラフについては何もいっていない．

定理 4.8 グラフ G がハミルトン閉路をもつならば，G からどのような k 頂点を取り除いても k 個より多くの連結成分に分かれない．

定理 4.9 [ディラックの定理] 3 以上の整数 n に対し，n 頂点のグラフ G でどの頂点の次数も $n/2$ 以上であるならば，G はハミルトン閉路をもつ．

(定理 4.8 の証明) G のハミルトン閉路から k 頂点を取り除くことを考える．このとき，閉路は高々 k 個の部分にしか分かれない．このそれぞれの部分は，G からその k 頂点を取り除いたときの同じ連結成分に属するため，連結成分の個数は k を超えない．□

(定理 4.9 の証明) 定理 4.9 が誤っているとする．すなわち，どの

頂点の次数も $n/2$ 以上であるがハミルトン閉路をもたない n 頂点のグラフ G が存在すると仮定する．このようなグラフ G の中で辺の数が最も多いグラフを考える．すなわち，G にない辺を 1 辺でも加えるとハミルトン閉路をもつことになる（完全グラフはハミルトン閉路をもつことに注意せよ）．xy を G にない辺だとし，G に辺 xy を加えたグラフのハミルトン閉路を考えると，それは辺 xy を通ることになる*1．このハミルトン閉路から辺 xy を取り除くと，G のハミルトン道が得られる．このハミルトン道を P とし，P の頂点の列を $v_1, v_2, v_3, \cdots, v_n$ とする．ただし，$v_1 = x, v_n = y$ である．ここで，以下の二つの頂点の集合を定義する（図 4.17）．

*1　そうでなければ G にハミルトン閉路が存在するので仮定に矛盾する．

$$N = \{v_i : v_i \in N_G(x)\}$$
$$M = \{v_i : v_{i-1} \in N_G(y)\}$$

ここで，$v_1 \notin N, v_1 \notin M$ であることに注意する．したがって，$N \cup M \subset V(G) - \{v_1\}$ である．これより

$$|N \cup M| \leq n - 1 \tag{4.1}$$

が成り立つ．また，N には $\deg_G(x)$ 個の頂点が，M には $\deg_G(y)$ 個の頂点が属し，どの頂点の次数も $n/2$ 以上であるため，$|N| \geq n/2$ かつ $|M| \geq n/2$ である．

次に

$$N \cap M = \emptyset \tag{4.2}$$

を示すため，$N \cap M \neq \emptyset$ とする．すなわち，ある頂点 v_i で $v_i \in N \cap M$ となる．このとき，$v_1 v_i$ と $v_{i-1} v_n$ が G の辺であることに注意すると，$v_1 P v_{i-1} v_n \overleftarrow{P} v_i$ に辺 $v_i v_1$ を加えたものが G のハミルトン閉路となる（図 4.18）．ただし，$\overleftarrow{P}$ は P を逆向きにたどる道を表している．これは G がハミルトン閉路をもたないグラフとして選ばれたことに矛盾する．したがって式 (4.2) が成り立つ．

式 (4.1) と 式 (4.2) から，以下の不等式が得られる*2．

*2　計算法は3章3.2節2項の包除原理を参照のこと．

$$\begin{aligned} n - 1 &\geq |N \cup M| \\ &= |N| + |M| - |N \cap M| \end{aligned}$$

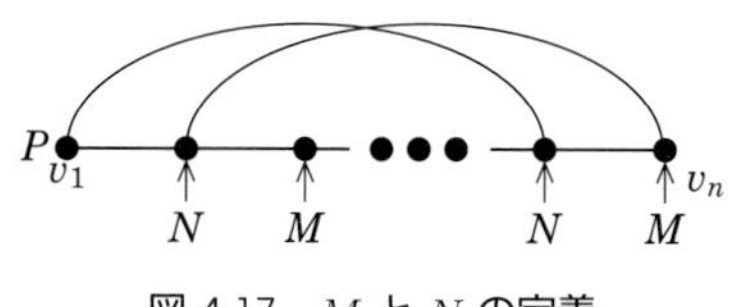

図 4.17 M と N の定義

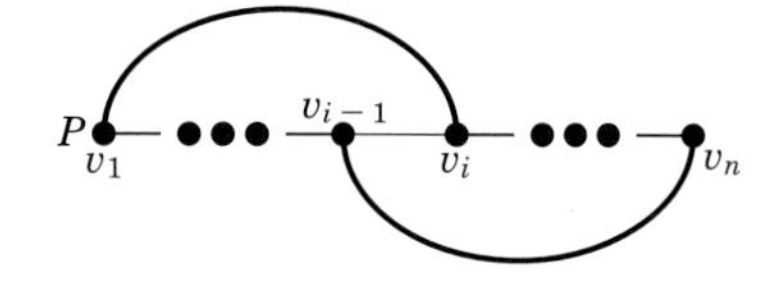

図 4.18 G のハミルトン閉路

$$\geq n/2 + n/2 = n$$

これは矛盾であり，定理が証明された. □

演習問題

問 1 完全グラフ K_n は n がどのような値のときにオイラー小道をもつか.

問 2 完全二部グラフ $K_{n,m}$ は n と m にどのような関係があるときにハミルトン閉路をもつか.

問 3 4×5 のチェス盤において，一つのナイトが全部のマス目をちょうど一度ずつ通るルートを見つけよ（ただし，ナイトはスタートの位置に戻る必要はない）.

4.4 グラフの彩色問題

本節ではグラフの頂点または辺の彩色問題を扱う. 彩色問題はさまざまな現実の問題の解決に用いられており，例えば携帯電話の電波割当てなどでも利用されている. また，次節「平面グラフ」と合わせて，四色問題という数学の中でも大きな問題に触れることにする.

1. 頂点彩色とブルックスの定理

グラフ G に対して G の各頂点に色を塗ることを考える. ただし隣り合う 2 頂点は同じ色にはならないことにする. 形式的には，k 色を 1 から k までの数字で表すことにして，$V(G)$ から

$\{1, 2, \cdots, k\}$ への写像 c で「xy が G の辺ならば $c(x)$ と $c(y)$ は異なる」を満たすものを G の **k-頂点彩色**（k-vertex-coloring），または **k-彩色**（k-coloring）と呼ぶ．また，k-彩色をもつグラフを **k-彩色可能**（k-colorable）であるという．定義から k-彩色可能であるグラフは $(k+1)$-彩色可能であることは簡単にわかる．グラフ G が k-彩色可能であるような最小の k の値を G の**染色数**（chromatic number）*1 と呼ぶ（図 4.19）．

*1 「彩色数」も使われるが「染色数」と呼ばれることが多い．なぜ「染色」なのか理由は不明である．

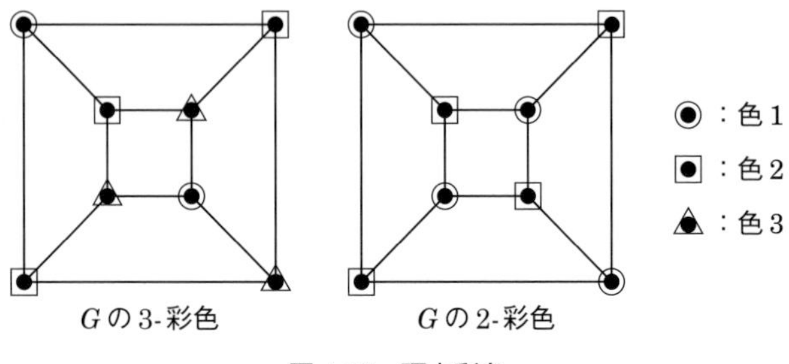

図 4.19　頂点彩色

例 頂点彩色　図 4.19 の左側ではグラフ G の 3-彩色を，右側では 2-彩色をそれぞれ示している*2．特にこのグラフ G は 1-彩色できない*3 ため，G の染色数は 2 である．

*2 どちらも隣り合う2頂点は同じ色ではないことが確認できる．

*3 1辺でも辺をもつグラフは1-彩色できない．

携帯電話の電波割当て問題

頂点彩色が実際に使われている場面として，携帯電話の電波割当てがある．携帯電話の基地局では，各自に割り当てられた周波数の電波を用いてその地域にある携帯電話の通話を可能にしている．その際，近隣にある二つの基地局では異なる周波数を使わないと混信が起こる可能性がある．この条件下で使う周波数の数を最小にしたい．

そこで用いられているのがグラフの彩色の考え方である．各基地局を頂点として，近隣にある基地局を辺で結んだグラフを考える．このグラフの k-頂点彩色が，k 種類の周波数による電波の割当てに対応するのである．

実際の彩色の方法を考え，まず以下の定理を示す．この証明で用いられるアルゴリズムはウェルシュ・パウエルのアルゴリズムと呼ばれている[*1]．

*1 貪欲法と呼ばれる考え方を用いている．

定理 4.10 グラフ G の頂点の次数の最大値を Δ とする．このとき，G は $(\Delta+1)$-彩色可能である．

(証明) G の頂点を $v_1, v_2, \cdots, v_n$ として，この順に頂点に色を塗っていく．ただし，頂点 v_i を塗るときには，その近傍にすでに使われている色は使わないことにする．

この方法で $(\Delta+1)$ 色あれば彩色が可能であることを示す．G の頂点の次数の最大値は Δ であるので，頂点 v_i の近傍は高々 Δ 個しかない．したがって v_i を塗る際に，その近傍で使われている色は高々 Δ 種類である．そのため，$(\Delta+1)$ 色あれば頂点 v_i に必ず色を塗ることができる．この方法によってどの頂点でも常に塗ることができるため，G は $(\Delta+1)$ 色で彩色可能である． □

定理 4.10 では次数の最大値が Δ であるグラフ G に対し，$(\Delta+1)$-彩色可能であることを示した．この定理をさらに改良したブルックスの定理が知られているので紹介しておく．ただし，証明はここでは行わない．

定理 4.11 [ブルックスの定理] グラフ G は連結で，完全グラフでも奇閉路でもないとし，G の頂点の次数の最大値を Δ とする．このとき，G は Δ-彩色可能である．

グラフ G に k 頂点の完全部分グラフが存在すれば，G のどのような彩色でも，その k 頂点は異なる色となる．したがって，大きな完全グラフが存在すれば染色数が大きくなる．このような関係を見ると，つい「大きな完全部分グラフさえ存在しなければ，染色数が小さくなる」と考えがちだが，そうではないことには注意してほしい．この場合は逆は成り立たない．これは，以下で述べるランダムグラフを用いて示すことができる．

ランダムグラフの彩色

頂点彩色について，どんな自然数 k に対しても，長さが k 以下の閉路を持たず，染色数が k 以上のグラフが存在することが知られている．この事実は，エルディシュが，**ランダムグラフ**（random graph）のアイデアを用いることで示した．

$\{1, 2, \ldots, n\}$ を頂点とし，実数 $0 < p < 1$ に対し，各頂点ペア i, j に，独立に確率 p で辺を置いてできるグラフ G を考えよう[*1]．G の頂点部分集合 S で，S のどの 2 頂点も辺で結ばれていないものを，G の**独立集合**（independent set）という．G の t 頂点を固定したとき，その t 頂点が独立頂点集合となる確率は $(1-p)^{\binom{t}{2}}$ である．t 頂点の選び方は $\binom{n}{t}$ 通りなので，G に t 頂点の独立頂点集合が存在する確率は，$\binom{n}{t}(1-p)^{\binom{t}{2}}$ 以下である．これは，$t = \lceil \frac{2}{p} \log n \rceil$ とすると，t 頂点の独立頂点集合が存在する確率が，$n \to \infty$ のときに 0 に収束することが計算でわかる[*2]．これは，ほとんどすべてのグラフ G は，$n \to \infty$ のときに，t 頂点の独立頂点集合を持たないことを意味する．そのようなグラフ G を彩色しようとすると，どの色も高々 $t-1$ 頂点にしか塗れないことに注意しよう．つまり，G の染色数が $n/(t-1)$ 以上となってしまうので，例えば $p = \frac{2k \log n}{n}$ と置くと，n が十分に大きいとき，染色数が k 以上であることがわかる．一方で，このとき，ほとんどすべてのグラフ G で，長さが k 以下の閉路の個数が少ないこともわかり[*3]，G を適切に変形することで，染色数が k 以上で，長さが k 以下の閉路を持たないグラフを構成できる．

*1　このように，辺の有無が確率で決まるグラフをランダムグラフという．

*2　詳細な計算は省略するが，$\binom{n}{t} \leq \frac{n^t}{t!}$ と $(1-p) \leq e^{-p}$ を利用すればよい．

*3　こちらも，独立頂点集合と似たような計算を行えばよい．詳細は省略する．

2.　辺彩色とビヅィングの定理

本項ではグラフの各辺に色を塗ることを考える．ただし，頂点彩色のときと同様に端点を共有する二つの辺は同じ色にはならないことにする．これを G の**辺彩色**（edge-coloring）[*4] という．特に k 色による G の辺彩色を ***k*-辺彩色**（k-edge-coloring）と呼び，k-辺彩色をもつグラフを ***k*-辺彩色可能**（k-edge-colorable）という．さらにグラフ G が k-辺彩色可能であるような最小の k の値を G の**辺染色数**（edge-chromatic number）と呼ぶ[*5]．

*4　辺彩色の場合，「辺」は省略してはならない．

*5　このあたり，頂点彩色のときと同様の定義である．

例 辺彩色　図 4.20 ではグラフ G の 3-辺彩色を示している．特に

このグラフ G は2-辺彩色できないため，G の辺染色数は3である．グラフ G が2-辺彩色できない理由は次の定理による．

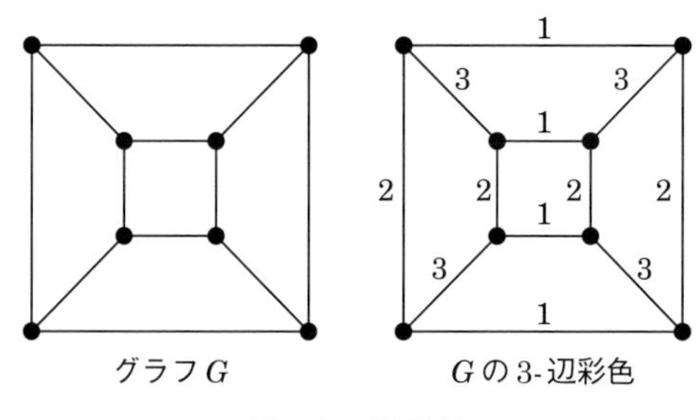

図4.20 辺彩色

定理 4.12 グラフ G の頂点の次数の最大値を Δ とする．このとき，G は $(\Delta-1)$-辺彩色はできない．したがって，G の辺染色数は Δ 以上である．

(**証明**) 頂点 v を G の中で最大の次数をもつものとする．すなわち，v の次数は Δ である．このとき，v の周りにある Δ 本の辺はすべて異なる色で彩色する必要があるため，$(\Delta-1)$-辺彩色は不可能である． □

一方で，頂点彩色のときの定理4.10と同様の定理が辺彩色に対しても成り立つことがビヅィングによって証明されている．ただし，その証明は簡単なものではなく，ここでは省略する．

定理 4.13 [**ビヅィングの定理**] グラフ G の頂点の次数の最大値を Δ とする．このとき，G は $(\Delta+1)$-辺彩色可能である．

定理4.12と定理4.13によって，最大次数 Δ のグラフの辺染色数は Δ か $\Delta+1$ であることがわかる．しかしながら $\Delta \geq 3$ のとき，どちらになるかを判定することは簡単ではない*1．なお，$\Delta=2$ のときは，辺染色数が $2\ (=\Delta)$ になるか $3\ (=\Delta+1)$ になるかは簡単に判別できる*2．

*1 6章6.2節4項にある $\mathscr{NP}$ 困難な問題である．

*2 本節の演習問題 問3を参照．また最大次数が2のグラフは閉路と道の集まりである．

演習問題

問1　二部グラフは 2-彩色可能であることを説明せよ.

問2　n 頂点の完全グラフ K_n の染色数を求めよ.

問3　長さが n の閉路の染色数と辺染色数を求めよ.

4.5　平面グラフ

4.1 節では,「グラフは辺のつながり方のみで決まり図の描き方によらない」と解説したが, グラフの応用という点から考えると“平面上に描かれたグラフ”が重要なものとなっている. なぜなら, 現実の交通網や地図などは平面上のグラフとして見ることが可能だからである. 本節ではこの定義から始めて, 後半では数学の三大難問[*1] の一つといわれた四色問題を紹介する.

*1　ほかの二つはフェルマーの最終定理とポアンカレ予想. 現在ではどちらも解決済である.

1.　平面グラフと多面体

グラフ G が平面上に辺の交差なく描けるとき, G を**平面的グラフ** (planar graph) と呼び, 実際に辺の交差なく平面上に描かれたグラフを**平面グラフ** (plane graph) という[*2]. また, 平面グラフにおいて, 辺で囲まれた領域を**面** (face) と呼ぶ. 3 本の辺で囲まれた面を**三角形** (triangle), 4 本の辺で囲まれた面を**四角形** (quadrangle) のように呼ぶこともある.

*2　平面に“描ける”グラフが平面的グラフ,“描いた”グラフが平面グラフである.

例 **平面グラフ**　図 4.21 のグラフ G は右側のように描画できるため, 平面的グラフである. 特に右側の平面グラフには五つの面があ

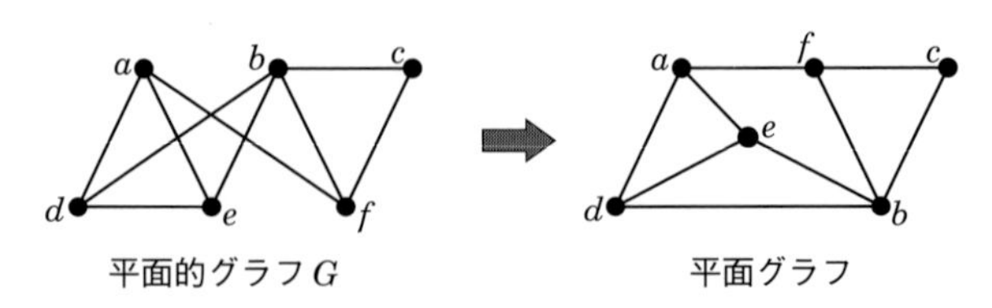

図 4.21　平面的グラフの描画

る．そのうちの ade, deb, fcb の三つが三角形，$afbe$ が四角形，残りの一つが五角形である．外側の領域（辺 af, fc, cb, bd, da で囲まれた領域）も一つの面として考えることに注意しよう．

平面グラフの利用

現実の問題に平面グラフを利用することを考えよう．例えば道路交通網をグラフで考える際には，各交差点を頂点，二つの交差点間を結ぶ道路を辺としてグラフにする．このグラフは（立体交差などがない限り）平面グラフとなる．実際にカーナビなどでルート検索をする際にはこのようにしてつくられたグラフが利用されている．

また，地図の塗分け問題も平面グラフの彩色として考えることができる．いくつかの国（都道府県や市町村でもよい）がある地図において，「隣り合う国は別の色にする」というルールで色を塗ることを考える．何色あればこのルールを守って色を塗れるか，という問題が地図の塗分け問題である．ここで，地図の各国を頂点とし，隣り合う国同士を辺で結んだグラフを考えると，このグラフは平面グラフとなるので，平面グラフの彩色の問題を考えればよい．なお，定理 4.18 を使うと，「四色」が地図の塗分け問題の解答であることがわかる．

平面グラフと関係の深いものとして，多面体（polyhedron）が挙げられる．実際に任意の多面体は平面グラフとして描けることが知られている．

例 多面体　図 4.22 は正四面体と立方体[*1] のそれぞれを平面グラフとして描いたものである．

*1 直方体でも同じである．「辺の長さ」はグラフには関係ない．

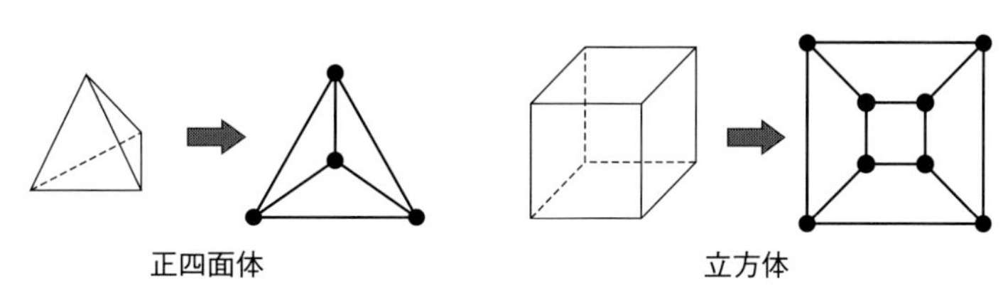

図 4.22　多面体と平面グラフ

2. オイラーの公式

本項では，平面グラフにおいての最重要の公式である「オイラー*1 の公式」を紹介する．また，オイラーの公式から導ける平面グラフの性質も示す．その性質の一部は後の章で用いることになる．

*1　本章 4.3 節 1 項のオイラーと同一人物である．

定理 4.14 [オイラーの公式]　G を連結な平面グラフで，頂点の数を n，辺の数を m，面の数を f とする．このとき，以下の関係式が成り立つ．

$$n - m + f = 2$$

平面グラフの各面に，平面性を壊さないように可能な限り辺を加えてできるグラフを**極大平面グラフ**（maximal plane graph）と呼ぶ．もし，グラフに四角形以上の面があるならば，その面の“対角線”に当たる辺が引けることになる．そのため，極大平面グラフの各面は三角形であることに注意しよう．また，極大平面グラフは必ず連結になる．

定理 4.15　G を 3 頂点以上の極大平面グラフで，頂点の数を n，辺の数を m とする．このとき，以下の関係式が成り立つ．

$$m = 3n - 6$$

（証明）　G の面の数を f として，G の各面の周りにある辺の数を数えることにする．G の各面は三角形なので，ちょうど 3 本の辺が面の周りにある．したがって，全部で $3f$ 回数えられることになる．

一方ですべての辺は両側の面からちょうど 2 回ずつ数えられることになる．すなわち，全部で $2m$ 回数えられる．以上より，$3f = 2m$ つまり，$f = 2m/3$ が成り立つので，オイラーの公式より

$$n - m + \frac{2m}{3} = 2$$

これを計算して，$m = 3n - 6$ が成り立つ．□

ここで，極大平面グラフは平面グラフに辺を加えてできることに

注意すると，以下の結果が導ける．さらに，定理 4.1（握手補題）を用いることによって得られる結果を紹介する．この結果は本節 3 項でも使うことになる．

定理 4.16 任意の 3 頂点以上の平面グラフ G で，$m \leq 3n - 6$ が成り立つ．ただし，n は G の頂点の数を，m は辺の数をそれぞれ表す．

定理 4.17 任意の平面グラフ G には次数が 5 以下の頂点が存在する．

（証明） ある平面グラフ G ですべての頂点の次数が 6 以上であるとする．また，n を G の頂点の数，m を辺の数とする．このとき，定理 4.1 より

$$2m = \sum_{v \in V(G)} \deg_G(v) \geq 6n$$

すなわち $m \geq 3n$ が成り立つが，これは定理 4.16 に矛盾する． □

3. 四色問題

本項ではかつて数学の三大難問の一つといわれた**四色問題**（4-color problem）を紹介する．この問題は 1850 年代に予想され，それ以降 100 年以上未解決であった難問であるが，1976 年にアッペルとハーケンによって証明された．したがって，現在では**四色定理**（4-color theorem）とも呼ばれている．

定理 4.18 [四色定理] 任意の平面グラフは 4-彩色可能である．

四色定理の証明は非常に複雑であり，アッペルとハーケンはコンピュータの助けを借りて証明を行った[*1]．そのため，四色定理の証明にはここでは触れないが，代わりに “五色定理” を証明することにする．すなわち以下の定理を証明する．

*1 現在でもコンピュータを使わない証明は知られていない．

定理 4.19 [五色定理] 任意の平面グラフは 5-彩色可能である．

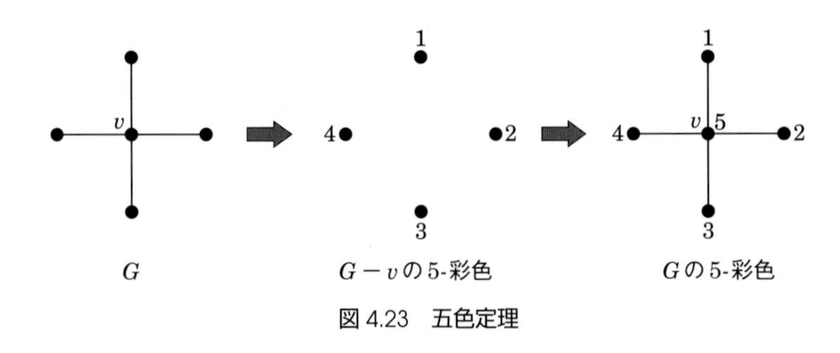

図 4.23　五色定理

(証明)　G を平面グラフとし，G の頂点数に関する帰納法で証明する．頂点数が 5 以下ならば，すべての頂点に異なる色を塗ることにより 5-彩色ができるため，頂点数は 6 以上であるとしてよい．

定理 4.17 より，G には次数が 5 以下の頂点が存在する．その頂点を v と置く．帰納法の仮定より，$G-v$ は 5-彩色できるため，$G-v$ の 5 色での彩色を v へ拡張することを考える．ただし，$G-v$ はグラフ G から頂点 v を取り除いたグラフを表す[*1]．

まず v の次数が 4 以下のときを考える．このとき，v の近傍には高々 4 頂点しかないため，そこに現れない色が少なくとも 1 色存在する．その色を v へ塗ることによって G の 5-彩色を見つけられる[*2]（図 4.23）．したがって，v の次数は 5 であるとしてよい．また，v の次数が 5 であっても，v の近傍に同じ色が表れるならば，同様にして v へ彩色を拡張できる．そのため，v の近傍には 5 色すべてが使われているとしてよい．

v の近傍を $v_1, v_2, \cdots, v_5$ とする．特に $v_1, v_2, \cdots, v_5$ は時計回りにこの順で並んでいるとしてよい．また，$G-v$ の 5-彩色において頂点 v_i は色 i で塗られているとしてよい（図 4.24）．このとき，以下の方法で $G-v$ の 5-彩色を変更しながら v の彩色を行う．

まず，色 1 と色 3 に注目し，v_1 から色 1 か色 3 で塗られている頂点だけを使ってたどり着ける頂点全部を V_{13} と置く．その中に v_3 が含まれないならば，V_{13} の中の色 1 と色 3 を交換することによって v_1 を色 3 で塗ることができ，頂点 v に色 1 を使うことができる（図 4.25）．したがって V_{13} には v_3 が含まれるとしてよい．このとき，V_{13} は v_2 と v_4 を分離する色 1 と色 3 の "壁" となっている．

*1　頂点 v とともに v に接続している辺もすべて取り除く．

*2　この論法は定理 4.10 の証明でも使われている．

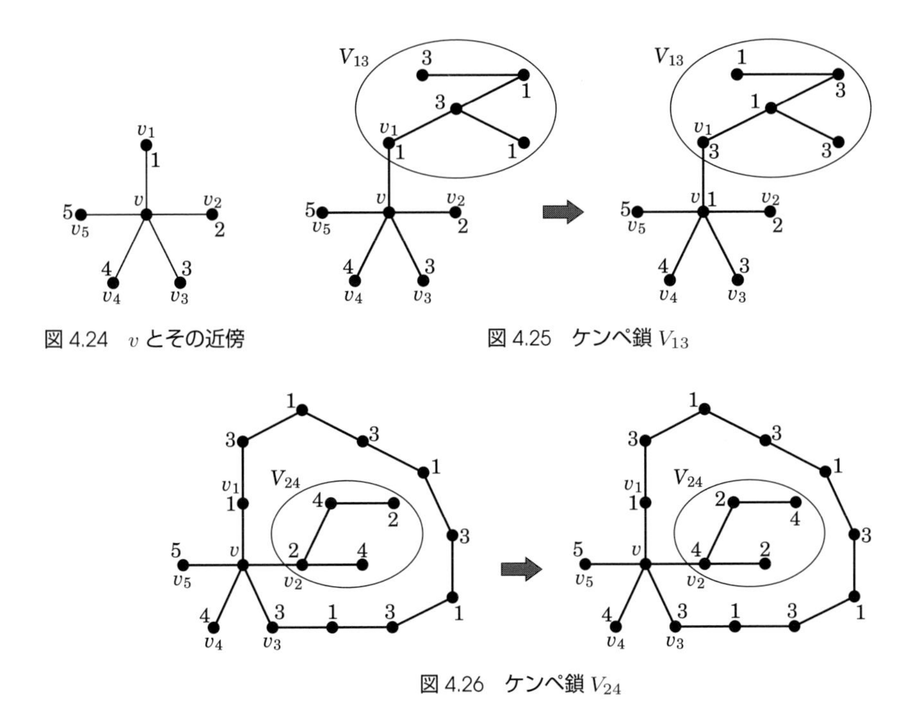

図 4.24 v とその近傍

図 4.25 ケンペ鎖 V_{13}

図 4.26 ケンペ鎖 V_{24}

次に色 2 と色 4 に注目する．先ほどと同様に，v_2 から色 2 か色 4 で塗られている頂点だけを使ってたどり着ける頂点全部を V_{24} と置く．このとき，V_{13} が "壁" となっているため，V_{24} は v_4 を含むことができない．したがって，V_{24} の中の色 2 と色 4 を交換することによって v_2 を色 4 で塗ることができ，頂点 v に色 2 を使うことができる（図 4.26）．いずれにせよ，頂点 v に $G - v$ の 5-彩色を拡張でき，G の 5-彩色が得られる． □

この証明中に現れた V_{13} や V_{24} は**ケンペ鎖** (Kempe chain)*1 と呼ばれる．これはケンペが上の議論を用いて誤った四色定理の証明を行ったことに由来している．ケンペの四色定理の証明は誤っていたが，その方法で五色定理が証明できている．四色定理に関しての詳しい内容はウィルソンによる著書 [10] を参照のこと．

*1 図4.25の V_{13} のような "壁" が鎖のように見えるためこう呼ばれている．

演習問題

問 1　5 頂点の完全グラフ K_5 が平面的グラフでないことを示せ.

問 2　完全二部グラフ $K_{2,3}$ が平面的であることを実際に描画することによって示せ. また, それを極大平面グラフにするためには何本の辺を加えればよいか.

問 3　平面グラフで 3-彩色できないものを一つ答えよ.

4.6　マッチング

グラフのマッチングとは, 辺で結ばれている頂点のペアを集めたものである. 現実の問題を考える際にはこのマッチングが有効になる場合も多い. 本節ではマッチングの理論とその利用法に焦点を当てていく.

1.　完全マッチング

グラフの中の頂点を共有しない辺の集合を**マッチング** (matching) と呼ぶ. グラフのマッチングの中で, それ以上辺を加えられないものを**極大マッチング** (maximal matching), 辺数が最大のものを**最大マッチング** (maximum matching), 頂点をすべて使うものを**完全マッチング** (perfect matching) とそれぞれ呼ぶ*1. 完全マッチングは最大マッチングであり, 最大マッチングは極大マッチングである.

*1 "最大" と "極大" の違いがわかりにくいので注意.

例 マッチング　図 4.27 はグラフ G の (a) 極大マッチングと (b) 最大マッチングの例である. (a) のマッチングでは「いまある辺を取り除くことなく」辺を加えられないので "極大" である. しかし, G には辺の数が 4 本の (b) のマッチングが存在するので, (a) のマッチングは "最大" マッチングではない.

また, (b) のマッチングは G のすべての頂点を使っているので, 完全マッチングである.

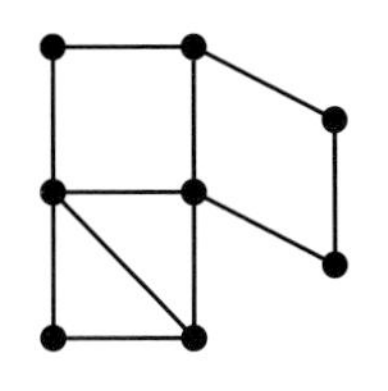

グラフ G

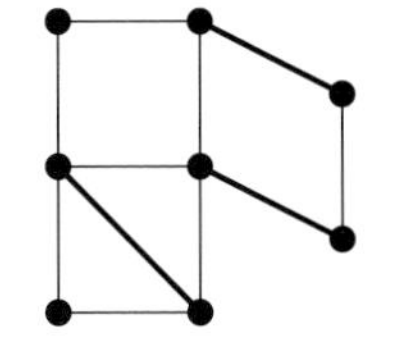

（a）極大マッチング

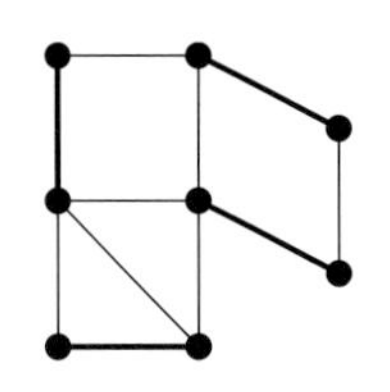

（b）最大マッチング

図 4.27 マッチング

以下で，完全マッチングが存在するための簡単な必要条件と十分条件をそれぞれ紹介しておく*1.

*1 証明は読者の演習としておく（演習問題 問2).

定理 4.20 グラフ G が完全マッチングをもつならば，G の頂点数は偶数である.

定理 4.21 グラフ G の頂点数が偶数でハミルトン閉路をもつならば，G は完全マッチングをもつ.

2. 結婚定理

本項では二部グラフのマッチングの問題を考える．特に応用上の都合から*2，二部グラフの一方の部集合をカバーするようなマッチングを考えたい．なお，部集合を**カバー** (cover) するマッチングとは，その部集合の頂点をすべて使うマッチングのことである*3.

*2 応用については後述する.

*3 二部グラフで一つの部集合をカバーするマッチングは必ず最大マッチングになる.

ここで部集合が A と B である二部グラフ G に対して，次のような状況を考える.

「ある A の k 頂点に対し，それに隣接する B の頂点数が k 未満である.」

例えば，図 4.28 のような状況である*4．楕円で囲まれた 4 頂点の近傍は長方形で囲まれた 3 頂点だけである．このとき，隣接する頂点数が不足するため，その k 頂点をカバーするマッチングは存在しない．すなわち，以下の必要条件が成り立つ.

*4 $k = 4$ の例である.

定理 4.22 部集合が A と B の二部グラフ G に A をカバーするマッチングが存在するならば，A の任意の k 頂点に対し，その k

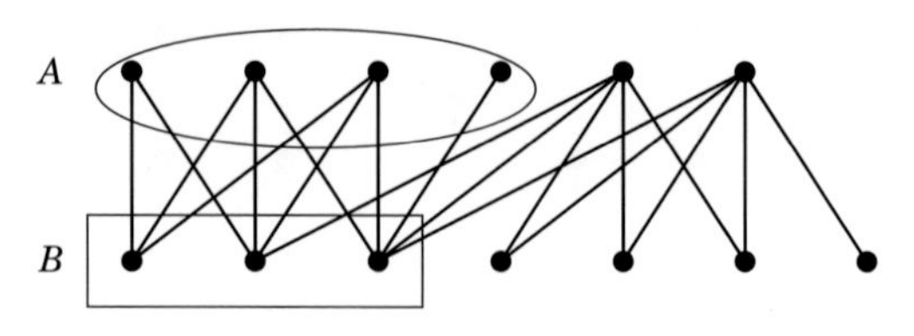

図 4.28　二部グラフのマッチング

頂点に隣接する B の頂点数が k 以上である．

この定理は A をカバーするマッチングが存在するための必要条件を示しているが，この逆が成り立つ，という結果がホールの結婚定理と呼ばれる定理である．すなわち以下が成り立つ．

定理 4.23 [**結婚定理**]　部集合が A と B の二部グラフ G に A をカバーするマッチングが存在するための必要十分条件は，A の任意の k 頂点に対し，その k 頂点に隣接する B の頂点数が k 以上であることである．

結婚定理

定理 4.23 が “結婚” 定理と呼ばれるのは次の問題に由来する．

何人かの女性と男性がおり，互いに知り合いであるような女性と男性でカップルをつくりたい．全員の女性にパートナーが見つかるためにはどのような条件があればよいか．

この問題を次のようにグラフで考える．各女性と男性を頂点とし，知り合いの二人を辺で結ぶことによって二部グラフをつくる．このとき，女性側をカバーするマッチングがあれば，それに対応するカップルによって女性全員にパートナーを見つけられる．したがって，定理 4.23 よって以下の条件があればよいことがわかる．

どの k 人の女性に対しても，そのうちの誰か一人以上と知り合いの男性が k 人以上いればよい．

二部グラフのマッチングの応用

二部グラフのマッチングは結婚定理から始まったが，現在ではそれ以外の応用に使われることも多い．例えば学生を各教授の研究室へ割り当てる際には，学生と研究室を頂点とし，学生と希望する研究室を辺で結んだグラフを考える．このグラフは二部グラフとなるが，その二部グラフ上で学生側をカバーするマッチングがあれば，そのマッチングに対応する割当てによって学生側の希望が通ることになる．

3. 完全マッチング分解

本項では完全グラフの完全マッチング分解について述べる．これも応用上の要請により研究が行われている分野である．グラフ G のいくつかの完全マッチングを取って，すべての辺がちょうど一つのマッチングに含まれているとき，G は**完全マッチング分解**（perfect matching partition）可能という[*1]．図 4.29 のグラフ G は右側の三つの完全マッチングで分解されている．

＊1　4章4.4節2項の辺彩色との関係を考えてほしい．

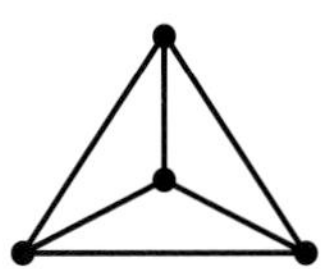
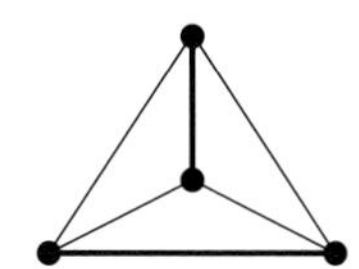
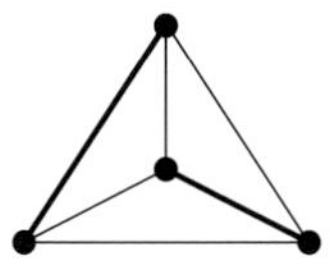
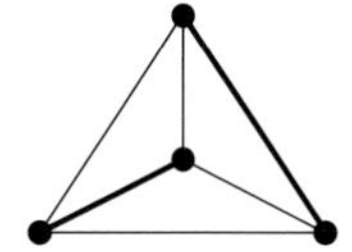

図 4.29　完全マッチング分解

スケジューリング問題

何チームかの総当たり戦を行う際には，適当な順番で対戦を行っていくと対戦が最後までうまくできない可能性がある．例えば A ～ F の 6 チームの総当たり戦を行う際に，3 戦目までを下のように行ってしまうと 4 戦目の対戦をうまく組むことができない[*2]．

初　戦	2 戦目	3 戦目
A – D	A – E	A – F
B – E	B – F	B – D
C – F	C – D	C – E

したがって，計画的に対戦を組む必要があり，この問題がスケジューリング問題と呼ばれている．実際のスケジューリング問題では，ほかのさまざまな要素[*3]も考慮して最適なスケジュールを組もうとするが，総当たり戦を滞りなく行うためのみならば本項の完全

＊2　A～C のいずれかのチームは対戦相手がいなくなる．

＊3　例えば，ホームとアウェイを考慮した対戦，対戦場所が遠く離れている場合には移動のための費用の効率化，など．米大リーグなどでは実際にこの方法が使われている．

マッチング分解を使えば十分である．すなわち，総当たり戦は完全グラフとして表現でき，1回の対戦はその完全マッチングと対応している．完全グラフの完全マッチング分解があれば，その分解方法に従ってスケジュールを組めばよい．

実際に頂点数が偶数の完全グラフは完全マッチング分解が可能であることを示しておく．

定理 4.24　頂点数が偶数[*1]の完全グラフ K_n は完全マッチング分解が可能である．

*1　頂点数が偶数でないと完全マッチングをもたない（定理 4.20）．

（証明）　完全グラフの頂点を 1, 2, ⋯, n として，その $1 \sim n-1$ の $(n-1)$ 頂点を円周上に，残りの頂点 n を中心に配置する．完全マッチング分解を以下のようにとる．図 4.30 は $n = 8$ の例である．

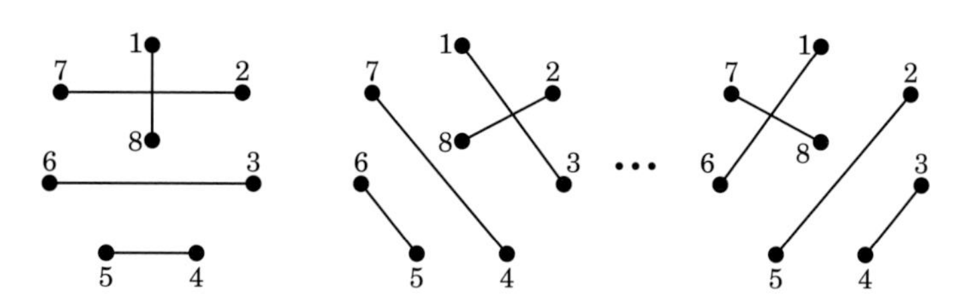

図 4.30　8 頂点の完全グラフの完全マッチング分解

(1)　一つ目の完全マッチングとして，図 4.30 の左側のような，1 と n, 2 と $n-1$, 3 と $n-2$, ⋯ を結ぶ辺をとる．

(2)　二つ目の完全マッチングは，図 4.30 の 2 番目のように一つ目のものを回転[*2]させてつくる．

*2　正確には，$(360/(n-1))^\circ$ 回転させる．

以下，$n-1$ 回の回転を行って $n-1$ 個の完全マッチングをつくる．これらの完全マッチングにおいて，完全グラフの辺がちょうど 1 回ずつ現れるため，この方法で完全グラフ K_n の完全マッチング分解が得られたことになる．　□

演習問題

問 1 頂点数が偶数であるが，完全マッチングをもたないグラフを一つつくれ．

問 2 定理 4.20 と定理 4.21 をそれぞれ証明せよ．

問 3 7 チームの総当たり戦が 7 戦で終わるような計画的なスケジュールを組め*1．

*1 ただし，チーム数が奇数であるため，どのチームも 1 回ずつ休みが入る．

4.7 グラフの連結度

グラフをネットワークとして捉えると，その “つながりの強度” が重要となる．例えば，道路のネットワークでは，いくつかの道が事故等で通行止めとなったとしても，どの地点からも別のどの地点までもたどり着けるようにしたいと考えるのは，自然なことであろう．これを記述するものが，本節で扱うグラフの連結度である．

1. 連結度の定義

4.3 節で述べたように，グラフ G のどの 2 頂点に対しても，その 2 頂点を結ぶ道が存在するとき，G は連結であるという．グラフ G の頂点部分集合 S に対し，G から S と S の頂点に接続する辺を取り除いてできるグラフを $G-S$ と書くことにしよう．つまり，$G-S$ は以下を満たすグラフである：

$$V(G-S) = V(G) - S$$
$$E(G-S) = \{uv \in E(G) : u, v \notin S\}$$

グラフ G の頂点部分集合 S に対し，$G-S$ が非連結であるとき，S を G の**頂点切断**（vertex cut），または**切断集合**（cut set）という．頂点切断 S が 1 頂点からなるとき，すなわち，ある頂点 v に対し $S=\{v\}$ のとき，v を**切断頂点**（cut vertex）という．

G が完全グラフのとき頂点切断は存在しないが，G が完全グラフではないときには頂点切断は常に存在する*2．完全グラフではないグラフ G において，G の頂点切断で大きさが最小のものを，G の**最小切断**（minimum cut）と呼び，その大きさを G の**連結度**

*2 例えば，頂点 u と v が辺で結ばれていないとき，u の近傍が頂点切断となる．

(connectivity) という．また，n 頂点の完全グラフ K_n の連結度は，便宜上 $n-1$ と定義する．さらに，G の連結度が k 以上のとき，G は **k-連結** (k-connected) であるという．

G が非連結グラフのとき，$S=\emptyset$ が頂点切断となるため，その連結度は 0 である．また，定義から，グラフ G が 1-連結である必要十分条件は G が連結であることであり，下の例にあるように，グラフ G が k-連結のとき，G は $(k-1)$-連結でもある．定義から，グラフ G の連結度が k 以下であることと，G が $(k+1)$-連結ではないことが同値となる[*1]．

*1　このあたりは定義がややこしいので，しっかりと考えてほしい．正しい論理を用いる良い練習となるだろう．

例 **頂点切断と連結度**　図 4.31 のグラフ G において，$S=\{a,e\}$ は G の頂点切断となる．また，どの頂点を取り除いても残るグラフは連結であるため，G は切断頂点を持たない．したがって，G の連結度は 2 であるとわかる．これより，G は 2-連結であり，さらに 1-連結，0-連結である．一方で，G は 3-連結ではない．

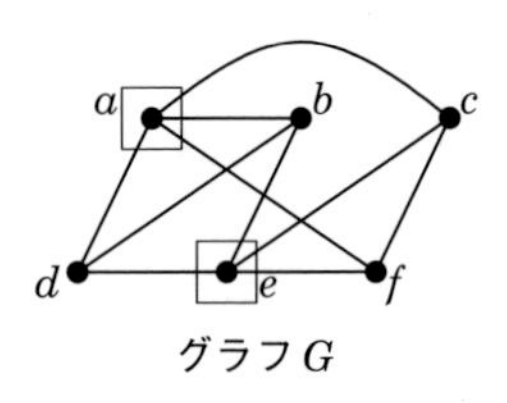

図 4.31　頂点切断と連結度

上ではグラフの頂点集合を取り除くことで連結性を考えたが，同様に，グラフの辺集合を取り除くことでの連結性も考えることができる．グラフ G の辺部分集合 T に対し，G から T のすべての辺を取り除いてできるグラフを $G-T$ と書くことにする．つまり，$G-T$ は以下を満たすグラフである：

$$V(G-T)=V(G)$$
$$E(G-T)=E(G)-T$$

グラフ G の辺部分集合 T に対し，$G-T$ が非連結であるとき，T を

G の**辺切断**（edge cut）という．辺切断 T が 1 辺からなるとき，すなわち，ある辺 e に対し $S = \{e\}$ のとき，e を**切断辺**（cut edge），または**橋**（bridge）という．完全グラフは切断集合を持たないと述べたが，2 頂点以上の任意のグラフは辺切断を持つことに注意しよう[*1]．

＊1　例えば，一つの頂点 v に対し，v に接続する辺の集合が，そのグラフの辺切断になる．

2 頂点以上のグラフ G に対し，大きさが最小の辺切断を，G の**最小辺切断**（minimum edge cut）といい，その大きさを G の**辺連結度**（edge-connectivity）という．G の辺連結度が k 以上のとき，G は ***k*-辺連結**（k-edge-connected）であるという．

例 頂点切断と連結度　図 4.31 のグラフ G において，$T = \{ac, af, ce, ef\}$ や $T' = \{ad, bd, de\}$ は G の辺切断となる．さらに注意深く調べることで，G の辺連結度は 3 であるとわかるだろう．

連結度と辺連結度については，その定義から次が成り立つことがわかる．

定理 4.25　次の二つが成り立つ．

- グラフ G に対し，G が k-連結ならば，G は k-辺連結である．
- 2 頂点以上のグラフ G に対し，G が k-辺連結ならば，G に次数が k 未満の頂点は存在しない．

どちらも対偶を考える方が示しやすい．一つ目で，G が完全グラフのときは簡単なので，G が完全グラフではないとする．ここで，G が k-辺連結でないと仮定すると，G には k 辺未満の辺切断 T が存在する．T の各辺の端点を適切に選ぶことで，k 頂点からなる頂点切断が見つかる．二つ目は，次数が k 未満の頂点が存在したならば，その頂点に接続する辺の集合が G の辺切断となる．なお，定理 4.25 の二つの命題は，どちらも逆が成り立たないが，これは演習とする（演習問題 問 1）．

2. メンガーの定理

前節で定義した連結度と辺連結度は，グラフにおける道と深い関係があることが，メンガーによって示されている．本節では，メンガーの定理とそのバリエーションを紹介しよう．

グラフ G の 2 頂点 s, t に対し，s と t を結ぶ 2 本の道 P, Q が，s, t 以外に共通の頂点を持たないとき，P, Q は**内素**（internally disjoint）であるという．

定理 4.26 [**メンガーの定理**]　任意のグラフ G に対し，G が k-連結であることの必要十分条件は，G の任意の 2 頂点 s, t に対し，s と t を結ぶ，互いに内素な k 本の道が存在することである．

例 メンガーの定理　図 4.32 のグラフ G において，例えば四角で囲った 3 頂点からなる頂点集合を S と置くと，S は G の頂点切断となるため，G は 4-連結ではない．このとき，$G-S$ において，異なる連結成分に属す頂点 s と t を選び，その 2 頂点を結ぶ互いに内素な道の本数を考えよう．そのような道のそれぞれは，必ず S の頂点を通ることがわかるだろう．したがって，s と t を結ぶ，互いに内素な道は高々 3 本であり，互いに内素な 4 本の道が存在しないことがわかる．

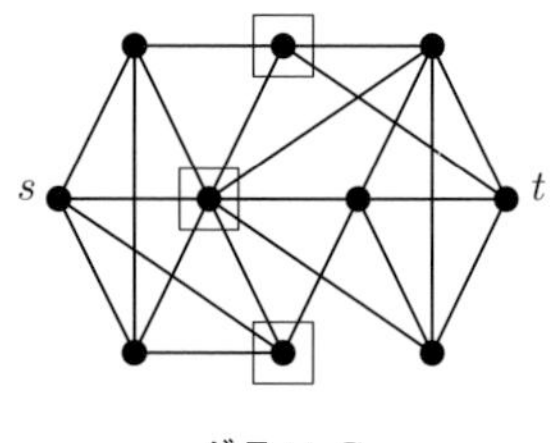

グラフ G

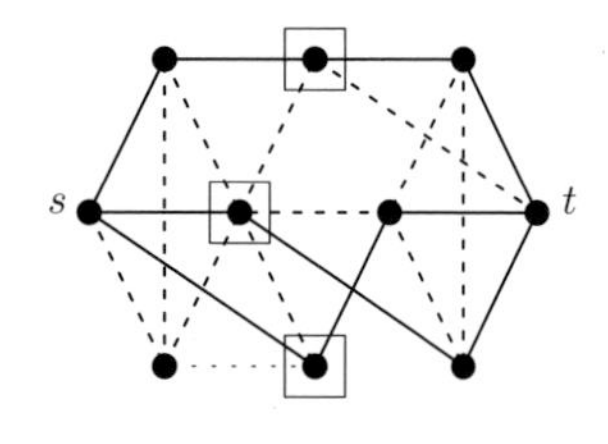

s と t を結ぶ，互いに内素な 3 本の道

図 4.32　4-連結ではないグラフ G

上の例と同様に考えて，その対偶をとると，G の任意の 2 頂点 s, t に対し，s と t を結ぶ互いに内素な k 本の道が存在するならば G が k-連結であることがわかる．一方でその逆の証明はそれほど簡

単ではなく，メンガーの定理の本質的な部分である．これは，6 章で紹介する最大フロー最小カットの定理（定理 6.9）から導ける[*1]．

*1 6章の演習問題 問3を参照のこと．

定理 4.26 は頂点に関しての連結度であるが，辺に関してのものも存在する．グラフ G の 2 頂点 s, t に対し，s と t を結ぶ 2 本の道 P, Q が共通の辺を持たないとき，P, Q は**辺素**（edge-disjoint）であるという．

定理 4.27 [辺版のメンガーの定理] 任意のグラフ G に対し，G が k-辺連結であることの必要十分条件は，G の任意の 2 頂点 s, t に対し，s と t を結ぶ，互いに辺素な k 本の道が存在することである．

定理 4.27 も，最大フロー最小カットの定理（定理 6.9）から導ける[*2]．

*2 6章の演習問題 問2を参照のこと．

演習問題

問 1 定理 4.25 の二つの命題のそれぞれで，逆が成り立たないことを示せ．

問 2 図 4.32 のグラフ G において，G の最小辺切断 T で，s と t が $G - T$ の異なる連結成分に属すものを一つ見つけよ．また，s と t を結ぶ，互いに辺素な道の最大本数を求めよ．

問 3 任意の平面グラフにおいて，その連結度は 5 以下であることを示せ．また，連結度 5 の平面グラフを一つ示せ．

第5章

オートマトン

本章では，コンピュータの数学的なモデルであるオートマトンについて解説する．オートマトンは，コンピュータにできることは何か，コンピュータによって計算するとはどういうことか，を明らかにするために考案されたモデルである．そこからはコンピュータの動作を理解するための基本的な考え方や手法を学ぶことができる．

5.1　有限オートマトン

1.　状態と遷移関数

オートマトンとは，「人間の手によらずに自動的に動作する機械」を意味する．次のゲームを考えてみる（図 5.1）．

まず駒をスタートの大手町に置く．コインを振って，表が出たら駒を 2 マス進めて戸塚に移動し，裏が出たら駒を 1 マス進めて鶴見に移動する．以下同様に，駒が現在ある位置とコインの裏表によって駒の次の位置を決める．

例えば，裏表表裏表表というコインの出方により，駒は

$$大手町 \to 鶴見 \to 平塚 \to 小田原 \to 戸塚 \to 小田原 \to 箱根$$

という経路をたどる．

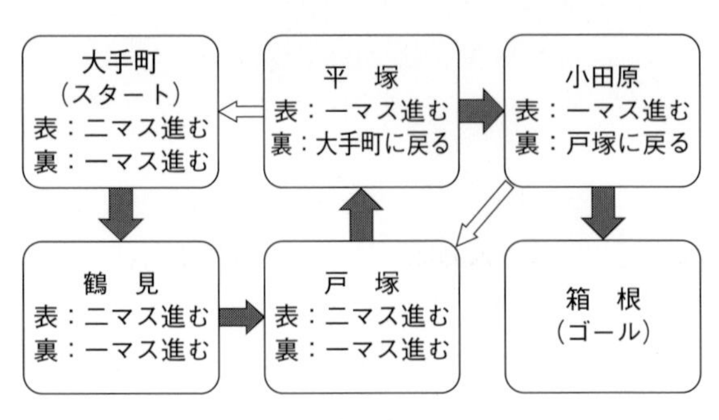

図 5.1　箱根駅伝すごろく

大手町，鶴見，などの 6 個のマス目を 6 個の状態と考える．ここで，裏表表裏表表という入力記号列を与えるとき，左側から順に一つずつ記号を読み取っていく．駒の現在の状態と入力記号により，駒の次の状態が決まる．

このように，有限オートマトンは (1) 有限個の状態と，(2) 入力に応じて現在の状態から次の状態へと移り変わる規則（遷移関数），をもった仕組みである[*1]．

*1　有限個の状態を持つことから，有限オートマトンと呼ぶ．本章では，無限個の状態を持つ場合は扱わないので有限オートマトンを単にオートマトンとも書く．

このすごろくモデルを単純化して図示してみる（図 5.2）．これを**状態遷移図**（state transition diagram）という．

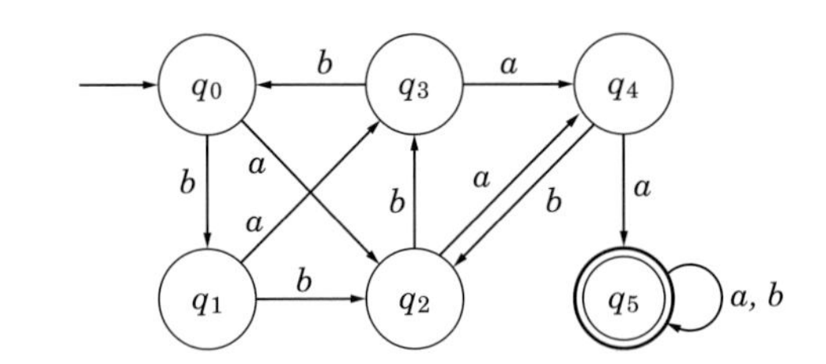

図 5.2　箱根駅伝すごろくのオートマトン

ここで，コインの表は a，裏は b という**入力記号**（input symbol）[*2] で表している．また，各**状態**（state）は丸印で示してある．一つの状態において入力が与えられると次の状態が決まる．この対応を，**遷移**（transition）または**遷移関数**（transition function）と呼び，図では矢印で示してある．さらに，状態 q_0 には，記号の記載がなく，始点となる状態も持たない矢印が刺さっているが，これは

*2　文字（letter）ともいう．また入力記号の全体をアルファベット（alphabet）という．

q_0 が**初期状態** (initial state) であることを表している．また，状態 q_5 は入力列を最終的に受け入れることが可能な状態であることを示すため，二重丸で表されている．これを**受理状態** (accepting state)[*1] という．なお，図中の「a, b」は，q_5 において a と b のいずれの入力記号が与えられても q_5 に遷移することを示している．

*1 最終状態(final state) ともいう．受理状態は複数個存在してもよい．

定義 5.1 [**決定性有限オートマトン**] Q, Σ を有限集合とする．

Q	状態集合
$q_0 \in Q$	初期状態
Σ	入力記号集合
$\delta : Q \times \Sigma \to Q$	遷移関数
$F \subset Q$	受理状態集合

この五つ組 $M=(Q, q_0, \Sigma, \delta, F)$ を**決定性有限オートマトン** (deterministic finite automaton; DFA) という[*2]．

*2 決定性とは，与えられた状態と入力から必然的に次の状態が決定する，という意味である．本章5.2節で非決定性をもつオートマトンを扱う．

例題 5.1 図 5.2 のオートマトンにおいて，状態集合，初期状態，入力記号集合，遷移関数，受理状態集合を示せ．

(**解答例**) 状態集合 Q は $\{q_0, q_1, q_2, q_3, q_4, q_5\}$，初期状態は q_0，入力記号集合 Σ は $\{a, b\}$，遷移関数 δ は $\delta(q_0, a) = q_2$, $\delta(q_0, b) = q_1$, $\delta(q_1, a) = q_3$, $\delta(q_1, b) = q_2$, $\delta(q_2, a) = q_4$, $\delta(q_2, b) = q_3$, $\delta(q_3, a) = q_4$, $\delta(q_3, b) = q_0$, $\delta(q_4, a) = q_5$, $\delta(q_4, b) = q_2$, $\delta(q_5, a) = q_5$, $\delta(q_5, b) = q_5$，受理状態集合 F は $\{q_5\}$ である．なお，遷移関数は次のように表としておくとわかりやすい（表 5.1）．

表 5.1 遷移関数表

δ	a	b
q_0	q_2	q_1
q_1	q_3	q_2
q_2	q_4	q_3
q_3	q_4	q_0
q_4	q_5	q_2
q_5	q_5	q_5

ここで遷移関数表の各行は状態を，各列は入力記号を示しており，q 行 x 列の成分は，対応する遷移関数の値 $\delta(q, x)$ である．

問題 5.1　次のオートマトンにおいて，状態集合，初期状態，入力記号集合，遷移関数，受理状態集合を示せ．遷移関数は表として示すこと．

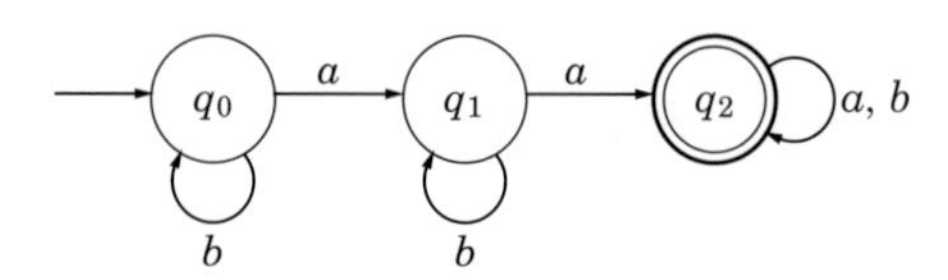

入力記号を有限個並べることによってできる列を**入力列**（input string）という．入力記号集合が Σ であるとき入力列の全体を Σ の**クリーネ閉包**（Kleene closure）と呼び，Σ^* と表す．例えば，$\Sigma = \{a, b\}$ の場合は

$$\Sigma^* = \{\varepsilon, a, b, aa, ab, ba, bb, aaa, aab, baa, \cdots\}$$

となる．ここで ε は長さ 0 の列であり，**空列**（empty string）と呼ぶ．

与えられた入力列 $w = a_1 a_2 \cdots a_n \in \Sigma^*$ に対してオートマトン M の状態が

$$q(0) \underset{a_1}{\to} q(1) \underset{a_2}{\to} q(2) \underset{a_3}{\to} \cdots \underset{a_n}{\to} q(n)$$

と遷移したとする[*1]．このとき，最終的な状態 $q(n)$ が受理状態であれば，つまり $q(n) \in F$ であれば，入力列 w はこのオートマトン M によって**受理**（accept）される，という．また，$q(n)$ が受理状態でなければ，入力列 w は受理されない，または**却下**（reject）される，という．

*1　つまり，$q(1) = \delta(q(0), a_1)$，$q(2) = \delta(q(1), a_2)$，$\cdots$，$q(n) = \delta(q(n-1), a_n)$ である．

例題 5.2　図 5.2 のオートマトンにおいて，入力列 $aabaab$, $bbabba$ は受理されるかどうかを示せ．

（**解答例**）　入力列 $aabaab$ による遷移は $q_0 \underset{a}{\to} q_2 \underset{a}{\to} q_4 \underset{b}{\to} q_2 \underset{a}{\to} q_4 \underset{a}{\to} q_5 \underset{b}{\to} q_5$ となり，$q_5 \in F$ であることから $aabaab$ は受理される．また，入力列 $bbabba$ による遷移は $q_0 \underset{b}{\to} q_1 \underset{b}{\to} q_2 \underset{a}{\to} q_4 \underset{b}{\to} q_2 \underset{b}{\to} q_3 \underset{a}{\to} q_4$ となり $q_4 \notin F$ であることから $bbabba$ は受理されない．

問題 5.2 問題5.1のオートマトンにおいて，入力列 $ababa$, $abbbb$ は受理されるかどうかを示せ．

2. 言語とオートマトン

入力記号を文字として考える．文字の集合 Σ に対して，Σ^* の部分集合 L を文字 Σ による**言語** (language) といい，L に含まれる要素を L の**語** (word) という．つまり，語とは文字列であり，言語とはいくつかの文字列からなる集合である．

例えば，$\Sigma = \{a, c, t\}$ とするとき，$L = \{a, act, at, cat, tact\}$ は一つの言語であり，cat は L の語である．

与えられたオートマトン M によって受理される入力記号列の全体は，一つの言語である．この言語 L を M によって**受理** (accept) される言語と呼び，$L(M)$ と書く．

以下に，いくつかのオートマトンの例を挙げる．以下の例では，$\Sigma = \{a, b\}$ としている．

例 オートマトン-1 図5.3のオートマトン M に対して $L(M)$ は a で始まる列全体である．

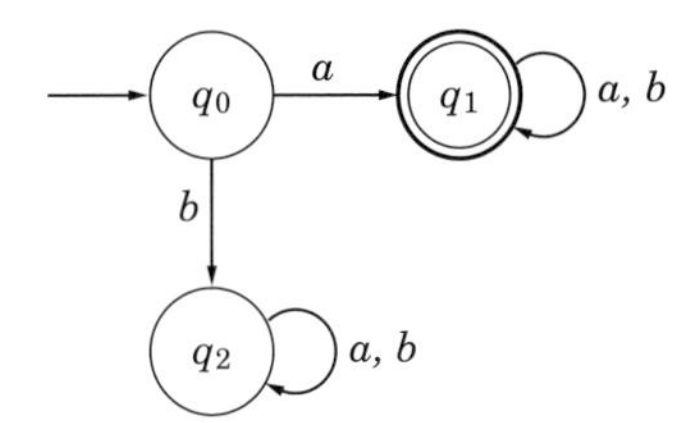

図5.3 a で始まる入力列を受理するオートマトン

例 オートマトン-2 図5.4のオートマトン M に対して $L(M)$ は a で終わる列全体である．

例 オートマトン-3 図5.5のオートマトン M に対して $L(M)$ は a と b が交互に現れる列全体である．

例題 5.3 図5.5のオートマトン M の受理状態を $\{q_0, q_1, q_2\}$ か

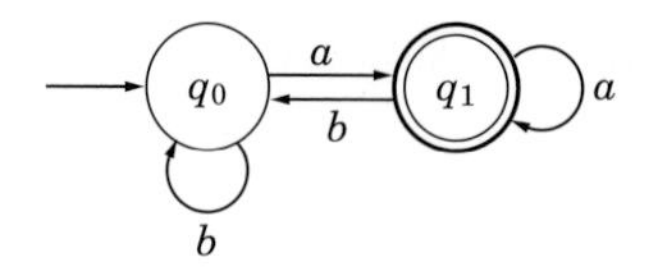

図 5.4　a で終わる入力列を受理するオートマトン

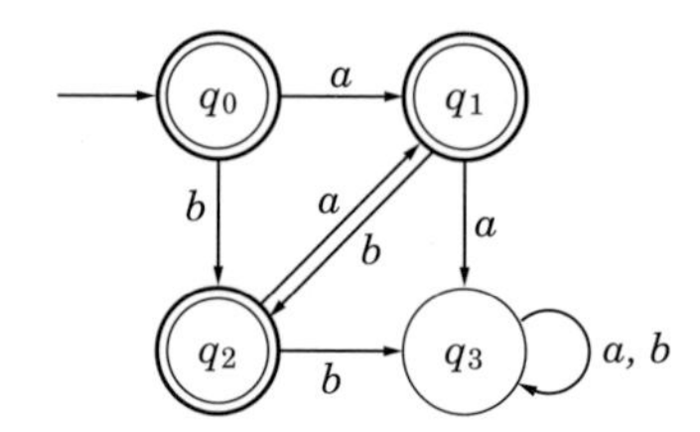

図 5.5　a と b が交互に現れる入力列を受理するオートマトン

ら $\{q_3\}$ に変えたオートマトン M' を考える．このとき $L(M')$ を求めよ．

（解答例）　入力列に aa または bb が生じると状態 q_3 に遷移することがわかる．したがって，$L(M')$ は aa または bb を含む列全体である．

問題 5.3　入力記号集合が $\Sigma = \{a, b\}$ であり，a で始まり，かつ，a で終わる列を受理集合とするオートマトン M を構成せよ．

【問題の解答例】

問題 5.1　$Q = \{q_0, q_1, q_2\}$, 初期状態は q_0, $\Sigma = \{a, b\}$, $F = \{q_2\}$, 遷移関数表は

δ	a	b
q_0	q_1	q_0
q_1	q_2	q_1
q_2	q_2	q_2

問題 5.2　$q_0 \underset{a}{\to} q_1 \underset{b}{\to} q_1 \underset{a}{\to} q_2 \underset{b}{\to} q_2 \underset{a}{\to} q_2 \in F$ より $ababa$ は受理される．$q_0 \underset{a}{\to} q_1 \underset{b}{\to} q_1 \underset{b}{\to} q_1 \underset{b}{\to} q_1 \underset{b}{\to} q_1 \notin F$ より $abbbb$ は受理されない．

問題 5.3

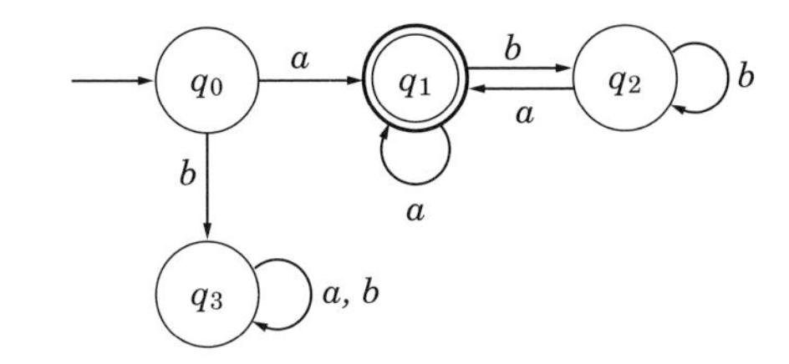

演習問題

問 1　次のオートマトン M について，次の問に答えよ．

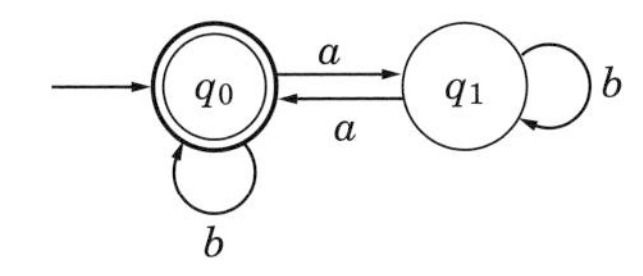

(1)　次の入力列のうち M によって受理されるものをすべて選べ．

$$aa,\ aaa,\ aaaa,\ ababa,\ babab,\ \varepsilon$$

(2)　M はどのような列の全体を受理するかを述べよ．

問 2　次のオートマトン M について，次の問に答えよ．

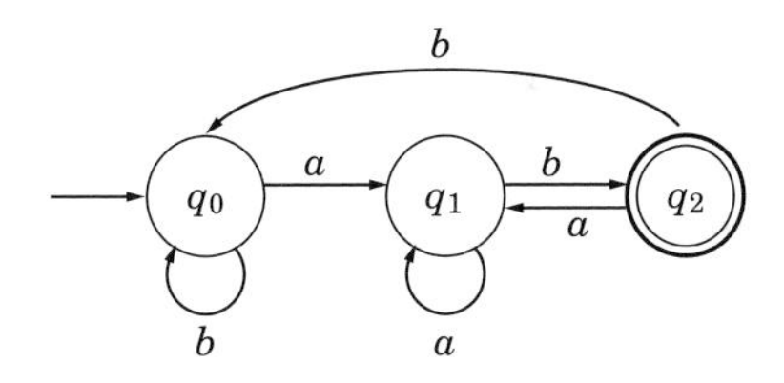

(1)　M によって受理される列を 3 個挙げよ．

(2)　M はどのような列の全体を受理するかを述べよ．

問 3　オートマトン $M = (Q, q_0, \Sigma, \delta, F)$ について新たなオートマトン $\overline{M}$ を，$\overline{F} = Q \setminus F$, $\overline{M} = (Q, q_0, \Sigma, \delta, \overline{F})$ と定義する．このとき，$L(M)$ と $L(\overline{M})$ の関係を述べよ．

問 4　$\Sigma = \{a, b\}$ とする．その列に含まれる a の個数が 3 の整数倍であるような列の全体を受理するオートマトン M を構成せよ[*1]．

問 5　$\Sigma = \{a, b\}$ とする．aa を含むような列の全体を受理するオートマトン M を構成せよ．

*1　ヒント：状態集合を $Q = \{q_0, q_1, q_2\}$ とする．$i = 0, 1, 2$ について，状態 q_i に至るまでの a の個数を 3 で割った余りが i となるようにする．

5.2 非決定性

1. 非決定性有限オートマトン

前節で扱ったオートマトンでは，各状態からの入力記号に応じて次の状態が確定していた．このため，いったん入力列が与えられると，その後の動作は完全に決まってしまう．

本節では，状態遷移に自由度のあるオートマトンを扱う．

図 5.6 のオートマトンでは，状態 q_0 からの入力記号 b に応じた行き先が存在しない．これは先頭の記号が b である場合には，オートマトンは直ちに終了することを意味している．また，状態 q_1 からの入力記号 a に応じた行き先が q_1 と q_2 の 2 通り存在する．これは次の状態として q_1 と q_2 のどちらの状態も選択できることを意味している．

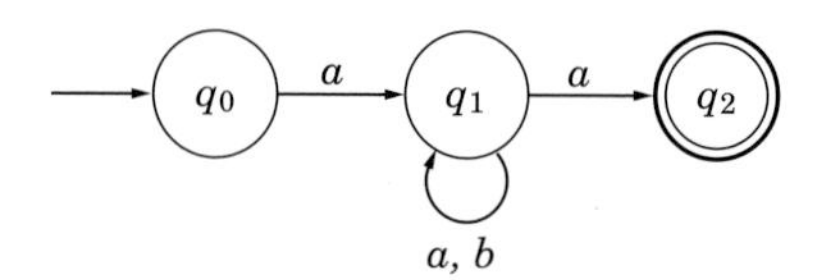

図 5.6　非決定性有限オートマトン

このようなオートマトンでは，一つの入力列に対してさまざまな遷移が可能である．例えば，列 $aaba$ に対しては，次の 3 通りの処理の流れが許される．

(1)　$q_0 \underset{a}{\to} q_1 \underset{a}{\to} q_1 \underset{b}{\to} q_1 \underset{a}{\to} q_1$

(2)　$q_0 \underset{a}{\to} q_1 \underset{a}{\to} q_1 \underset{b}{\to} q_1 \underset{a}{\to} q_2$

(3)　$q_0 \underset{a}{\to} q_1 \underset{a}{\to} q_2$

このうち，(2) の処理では最終的に入力列をすべて読み切ったのちに受理状態で終了している．このように，可能なすべての状態遷移のうち少なくとも一つの遷移について入力列をすべて読み切ったのちに受理状態で終了する場合に，この入力列は受理されたとみなす．

このオートマトンを**非決定性有限オートマトン**（non-deterministic finite automaton; NDFA）という．非決定性有限オートマトンでは入力文字を必要としない遷移をも許し，これを ε **遷移**（ε-transition）という（図 5.7）.

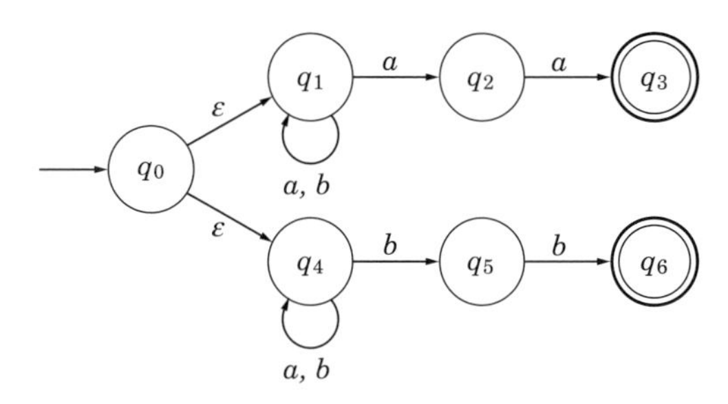

図 5.7　ε 遷移をもつ非決定性有限オートマトン

例題 5.4　図 5.7 のオートマトン M について $L(M)$ を求めよ.

（解答例）　M では，q_0 から入力記号を使わずに q_1 または q_4 に遷移できる．$L(M)$ は aa または bb で終了する列全体である.

問題 5.4　次の非決定性有限オートマトン M について $L(M)$ を示せ.

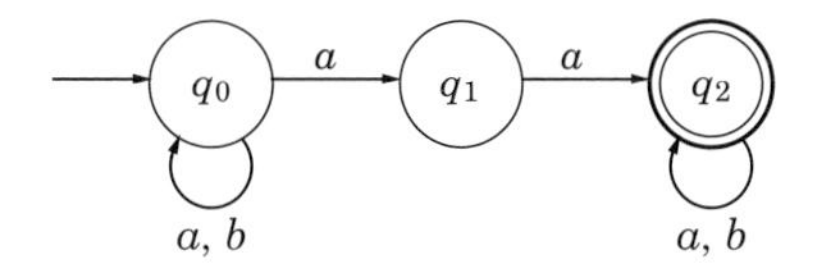

2. 等価性

二つのオートマトン M_1, M_2 について $L(M_1) = L(M_2)$ が成り立つとき，M_1 と M_2 は**等価**（equivalent）であるという．非決定性有限オートマトンは状態遷移の自由度が高いため，一見するところでは，決定性有限オートマトンよりも多くの言語を受理できるように思われる．しかしながら，実際には次のことが知られている.

定理 5.1　どのような非決定性有限オートマトン M_1 についても，M_1 と等価な決定性有限オートマトン M_2 が存在する.

例 等価性　図 5.8 では，$\Sigma = \{a, b\}$, $L = \{w \mid w$ は $abab$ を含む$\}$

とするとき，L を受理する二つのオートマトン M_1, M_2 を示している．M_1 は非決定性有限オートマトンであり，M_2 はそれと等価な決定性有限オートマトンである．

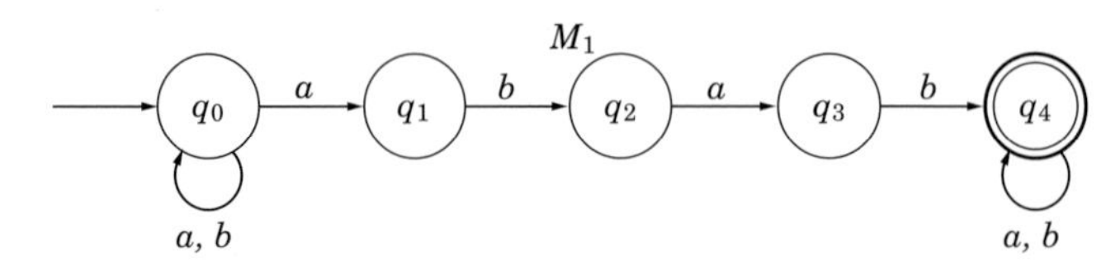

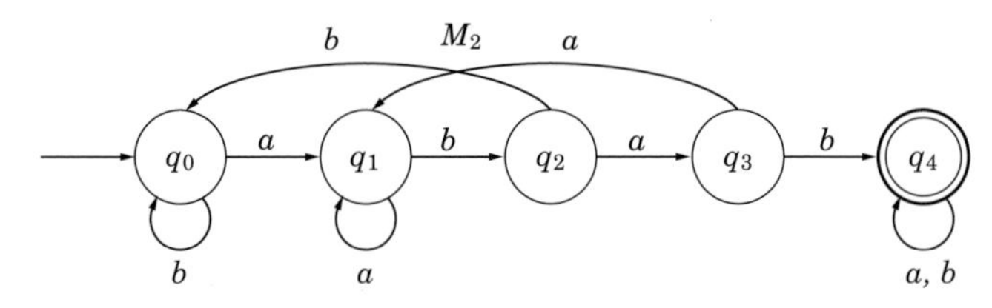

図 5.8　等価な二つのオートマトン

一般には，非決定性有限オートマトンのほうが状態遷移を簡潔に記述できる．また，上の例では M_1 と M_2 の状態数は等しいが，一般には，与えられた非決定性有限オートマトンと等価な決定性有限オートマトンを構成しようとすると，その状態数は増加する．

ここで，非決定性有限オートマトンを定式化しておこう[*1]．

*1　以下の定義において，遷移関数 δ の値域は Q のべき集合 2^Q となっている．この理由は，与えられた状態と入力記号に対して，次の遷移可能な状態が一つの状態に定まらないためである．

定義 5.2 [非決定性有限オートマトン]　Q, Σ を有限集合とする．

Q	状態集合
$q_0 \in Q$	初期状態
Σ	入力記号集合
$\delta : Q \times (\Sigma \cup \{\varepsilon\}) \to 2^Q$	遷移関数
$F \subset Q$	受理状態集合

この五つ組 $M = (Q, q_0, \Sigma, \delta, F)$ を非決定性有限オートマトンという．

ランダムウォークとマルコフ過程

決定性有限オートマトンは現在の状態から次の状態への遷移が一意的に確定する数学モデルであるが，現実の世界では一般に，未来に何が起こるかはわからない．確率的な不確定さを表現できる数学モデルがあると便利である．

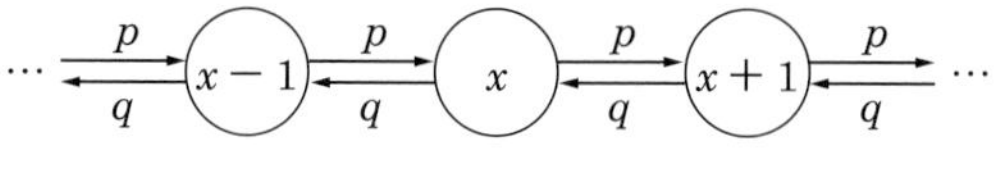

$$\cdots \underset{q}{\overset{p}{\rightleftarrows}} (x-1) \underset{q}{\overset{p}{\rightleftarrows}} (x) \underset{q}{\overset{p}{\rightleftarrows}} (x+1) \underset{q}{\overset{p}{\rightleftarrows}} \cdots$$

図 5.9 ランダムウォーク

表が出る確率が p, 裏が出る確率が $q = 1 - p$ のコインがあるとする．表を $+1$, 裏を -1 という数値とみなすと，このコインは確率 p で $+1$, 確率 q で -1 という値をとる変数である．このように確率的に値が決まる変数を**確率変数**（random variable）と呼ぶ．時刻 t で位置 x にある粒子（ウォーカーとも呼ぶ）を考える．初期値として，時刻 $t = 0$ でこの粒子は原点 $x = 0$ にあるとしよう．コインを投げて，確率 p で $+1$, 確率 q で -1 だけ粒子を移動させる．つまり，次の時刻 $t = 1$ において，この粒子は確率 p で位置 $x = 1$ に，確率 q で位置 $x = -1$ にあることになる．この操作を繰り返し実行する．時刻 t において位置 x に粒子があるとき，コインを投げて，次の時刻 $t+1$ には粒子は確率 p で $x+1$, 確率 q で $x-1$ に移動することになる．

結果として，粒子は数直線上をふらふらと左右に移動する不確定な動作を繰り返す．この動作を**ランダムウォーク**（random walk）という[*1]．

ランダムウォークでは，決まった時刻（例えば $t = 100$）において粒子がどの位置にあるかを断定することはできない．しかし，次の時刻での粒子の位置は過去の履歴にはよらず現在の位置のみによって確率的に決まる．例えば，$t = 100$ で $x = 10$ に粒子があるとしよう．このとき，$t = 101$ では確率 p で $x = 11$ に，確率 q で $x = 9$ に粒子は移動する．このように「過去の履歴にはよらず現在の状態のみによって未来が確率的に決まる」という性質をマルコフ性と呼び，マルコフ性を持つ確率過程を**マルコフ過程**（Markov process）という．マルコフ過程では，状態間の遷移を行列（遷移確率行列）により表すことができる．

*1 各時刻 t について $X_t =$（時刻 t での粒子の位置）と定義すると，X_t は時刻 t をパラメータとする確率変数であり，これらの集合 $\{X_t : t \geq 0\}$ を確率過程（stochastic process）と呼ぶ．

【問題の解答例】

問題 5.4 $L(M)$ は aa を含む列全体

演習問題

問 1　次の非決定性有限オートマトン M について，次の問に答えよ．

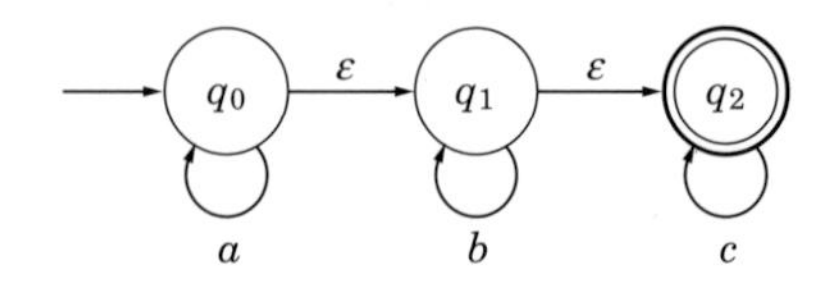

(1)　次の入力列のうち M によって受理されるものをすべて選べ．

$$abc,\ cba,\ \varepsilon,\ a,\ b,\ abcab,\ aabbbcc$$

(2)　$L(M)$ を示せ．

問 2　$\Sigma = \{a, b, c\}$ とする．次の言語 L を受理する非決定性有限オートマトンの状態遷移図を示せ．ただし，各状態の状態名は省略してもよい．

(1)　$L = \{abc\}$
(2)　$L = \{abc, cba\}$
(3)　$L = \{w \mid w \text{ は } abc \text{ で終了する}\}$
(4)　$L = \{w \mid w \text{ は } abc \text{ を含む}\}$

5.3　正規表現

1.　言語の演算

本項では，いくつかの言語をもとに，それらを組み合わせて新たな言語をつくり出すことを考える．L, L_1, L_2 を入力記号集合が Σ である言語とする．すなわち，$L, L_1, L_2 \subset \Sigma^*$ である．

(1)　**連接**（concatination）

$$L_1L_2 = \{xy : x \in L_1, y \in L_2\}$$

ただし，語 xy は語 x と語 y を順に並べてできる列である[*1]．

*1　例えば $x = ab, y = aab$ のとき $xy = abaab$

(2)　**和**（union）

$$L_1 \cup L_2$$

(3) **べき乗** (power)

$$L^k = \overbrace{LL\cdots L}^{k\text{ 個}}$$

ただし，$L^0 = \{\varepsilon\}$ とする．
べき乗は連接の特殊な場合である．

(4) **スター積** (star product)

$$L^* = \bigcup_{k=0}^{\infty} L^k = L^0 \cup L^1 \cup L^2 \cup \cdots$$

例題 5.5 $L_1 = \{a\}$, $L_2 = \{b, ba\}$ のとき，L_1L_2, $L_1 \cup L_2$, L_1^0, L_1^1, L_1^2, L_1^*, L_2^0, L_2^1, L_2^2, L_2^* をそれぞれ求めよ．
(解答例)

$$L_1L_2 = \{ab, aba\}$$
$$L_1 \cup L_2 = \{a, b, ba\}$$
$$L_1^0 = \{\varepsilon\},\ \ L_1^1 = \{a\},\ \ L_1^2 = \{aa\}$$
$$L_1^* = \{\varepsilon, a, aa, aaa, \cdots\}$$
$$L_2^0 = \{\varepsilon\},\ \ L_2^1 = \{b, ba\},\ \ L_2^2 = \{bb, bba, bab, baba\}$$
$$L_2^* = \{\varepsilon, b, ba, bb, bba, bab, baba, bbb, bbba, \cdots\}$$

となる．

問題 5.5 $L_1 = \{a, b\}$, $L_2 = \{c, cc\}$ のとき，L_1L_2, $L_1 \cup L_2$ および L_1^*, L_2^* を求めよ．

次のようにして得られる言語を**正規言語** (regular language) と呼ぶ．

(1) $\{a\}$ や $\{b\}$ などの一つの記号だけからなる言語

(2) 既に得られている正規言語の連接，和，スター積によって得られる言語

正規言語は，二つの記号 $\cup$ (和)，$*$ (スター積) および記号の並

べ書き（連接）を用いて簡潔に表すことができる．これを**正規表現**（regular expression）という．なお，正規表現においては，一つの記号 a からなる集合 $\{a\}$ を単に a と書く．

例 正規表現　$L = \{\varepsilon, a, aa, aaa, \cdots, ab, abab, ababab, \cdots\}$ とする．$L_1 = \{a\}$, $L_2 = \{b\}$ とすると，$L_1^* = \{\varepsilon, a, aa, aaa, \cdots\}$, $(L_1L_2)^* = \{\varepsilon, ab, abab, ababab, \cdots\}$ より $L = L_1^* \cup (L_1L_2)^*$ となるので，L は正規言語である．また，L の正規表現は $L = a^* \cup (ab)^*$ である．

正規表現はコンピュータシステム上の記号列を簡潔に表す方法としてしばしば使用される．正規表現の例を示す（表 5.2）．

表 5.2　正規表現の例

正規表現	集合の記法による表現
a	$\{a\}$
$a \cup b$	$\{a, b\}$
a^*	$\{\varepsilon, a, a^2, a^3, \cdots\}$
a^*b	$\{b, ab, a^2b, a^3b, \cdots\}$
$a^* \cup b$	$\{\varepsilon, a, b, a^2, a^3, \cdots\}$
$a^* \cup b^*$	$\{\varepsilon, a, b, a^2, b^2, a^3, b^3, \cdots\}$
$(ab)^*$	$\{\varepsilon, ab, abab, ababab, \cdots\}$
$(a \cup b)^*$	$\{\varepsilon, a, b, aa, ab, ba, bb, \cdots\}$

正規言語がオートマトンの理論で重要な意味をもつ理由は，次の定理が成り立つためである．

定理 5.2　与えられた言語 L が正規言語であることと，$L = L(M)$ を満たす有限オートマトン M が存在することは同値である．

以下に証明の概略を示す．まず，与えられた正規言語 L に対して，$L = L(M)$ を満たす非決定性有限オートマトン M が存在することを示す．ある一つの記号 a のみを受理する有限オートマトン

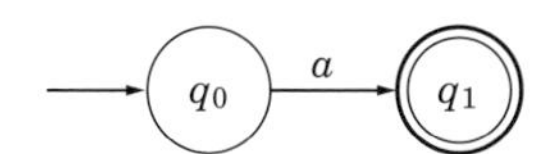

図 5.10　a のみを受理する有限オートマトン M_0

M_0 は，図 5.10 のように構成することができる．

このオートマトン M_0 をもとにして，連接，和，スター積の操作を行った結果の言語を受理するオートマトンを順次構成していくことができる．詳細は，本節の演習問題とする（問 4）．

- $L_1 = L(M_1), L_2 = L(M_2)$ のとき，$L_1 \cup L_2 = L(M)$ を満たすオートマトン M
- $L_1 = L(M_1), L_2 = L(M_2)$ のとき，$L_1 L_2 = L(M)$ を満たすオートマトン M
- $L = L(M)$ のとき，$L^* = L(M^*)$ を満たすオートマトン M^*

次に，与えられた有限オートマトン M について $L(M)$ が正規言語であることを示す．方針としては，M の状態遷移図から状態を 1 つずつ順次取り除いていくことにより簡略化して，$L(M)$ の正規表現を求めていく．

まず，M として，初期状態 q_0 に入る遷移が存在せず，かつ，終了状態が 1 個のみであるようなオートマトンを考える*1．M の終了状態を q_f とする．

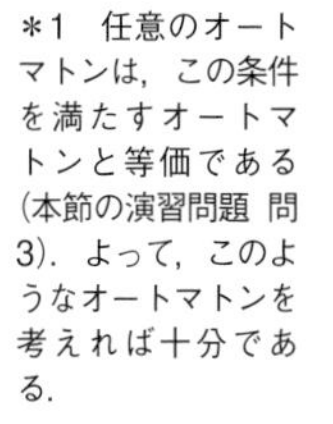
*1　任意のオートマトンは，この条件を満たすオートマトンと等価である（本節の演習問題 問 3）．よって，このようなオートマトンを考えれば十分である．

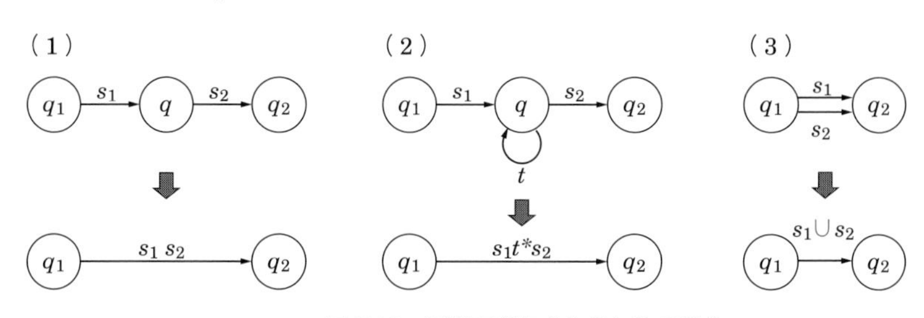

図 5.11　正規表現を求めるための操作

次に，q_0 と q_f 以外の状態を図 5.11 に示す操作により M から一つずつ削除していく．このとき削除対象とする状態の順序は任意である．今，削除しようとする状態を q とする．q への遷移をもつような状態 q_1 と q からの遷移をもつような状態 q_2 のすべてのペ

ア (q_1, q_2)，ただし，$q_1 \neq q$, $q_2 \neq q$，について，以下の場合分けによる操作を行うことにより状態 q を削除する．

場合 1. q から q 自身への遷移が存在しない場合

$q_1 \underset{s_1}{\rightarrow} q \underset{s_2}{\rightarrow} q_2$ を $q_1 \underset{s_1 s_2}{\rightarrow} q_2$ で置き換える（図 5.11 操作 (1)）．

場合 2. q から q 自身への遷移が存在する場合

$q_1 \underset{s_1}{\rightarrow} q \underset{s_2}{\rightarrow} q_2$ と $q \underset{t}{\rightarrow} q$ を $q_1 \underset{s_1 t^* s_2}{\rightarrow} q_2$ で置き換える（図 5.11 操作 (2)）．

ここで，s, s_1, s_2, t はそれぞれ対応する遷移を引き起こす記号列の集合を表している．

q を削除した結果，状態 q_1 から q_2 への遷移が $q_1 \underset{s_1}{\rightarrow} q_2$, $q_1 \underset{s_2}{\rightarrow} q_2$ のように多重に生じた場合には，それらを図 5.11 操作 (3) によって $q_1 \underset{s_1 \cup s_2}{\rightarrow} q_2$ として一つにまとめる．こうして状態の削除を繰り返すことにより最終的には次のような遷移図が得られる．

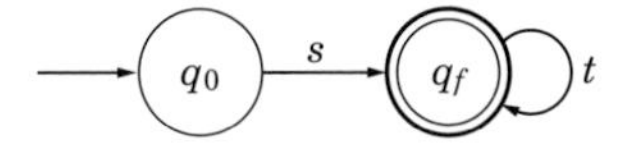

このとき，$L(M) = st^*$ となる[*1]．

*1 遷移 t が存在しない場合は $L(M) = s$ となる．

例題 5.6　次の非決定性有限オートマトン M について $L(M)$ の正規表現を求めよ．

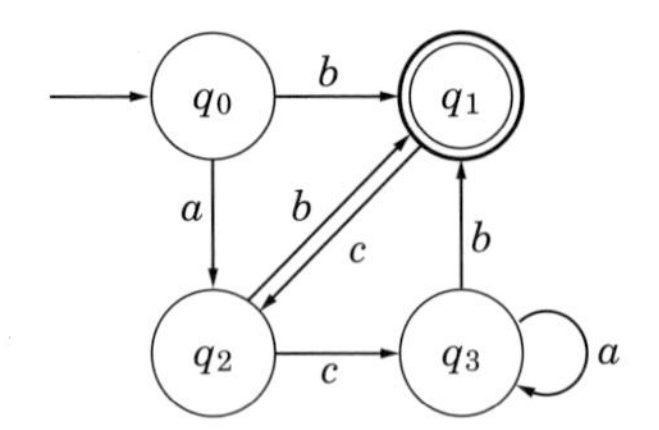

（解答例）　まず状態 q_2 を図 5.11 の操作 (1) により取り除く．このとき新たに生じる遷移は $q_0 \underset{ab}{\rightarrow} q_1$, $q_0 \underset{ac}{\rightarrow} q_3$, $q_1 \underset{cb}{\rightarrow} q_1$, $q_1 \underset{cc}{\rightarrow} q_3$ の 4 通りであるので次図が得られる．

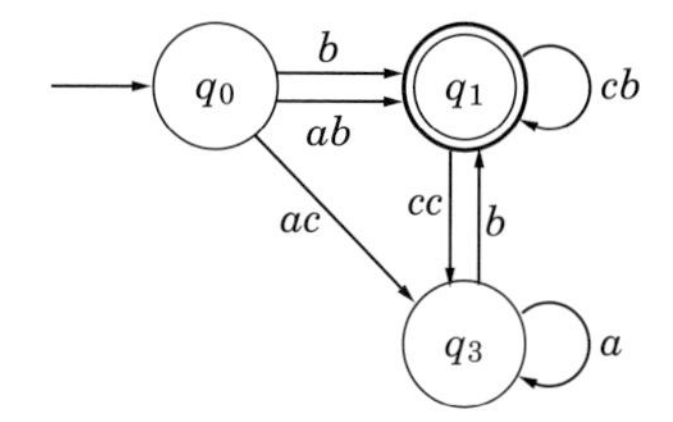

操作 (3) により，q_0 から q_1 への遷移をまとめると次図が得られる．

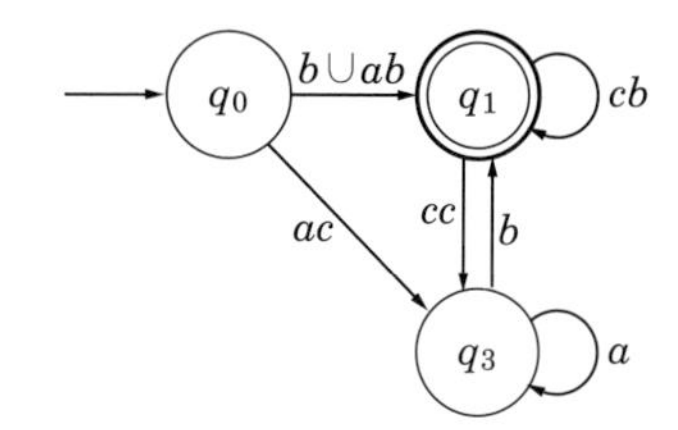

同様にして，状態 q_3 を操作 (2) により取り除く．

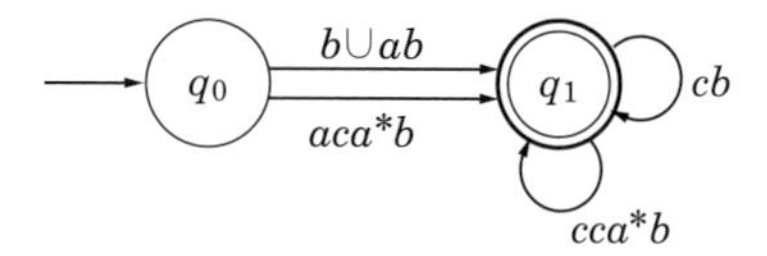

さらに，操作 (3) により遷移をまとめると次のようになる．

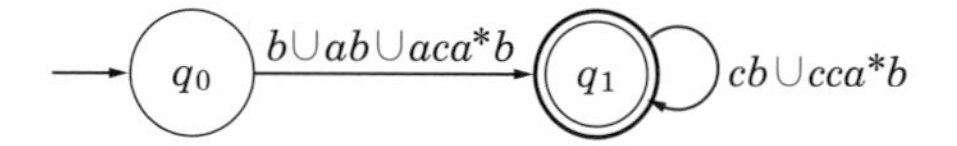

したがって $L(M)$ の正規表現として，$(b \cup ab \cup aca^*b)(cb \cup cca^*b)^*$ が得られる．

問題 5.6 次の非決定性有限オートマトン M について $L(M)$ の正規表現を求めよ．

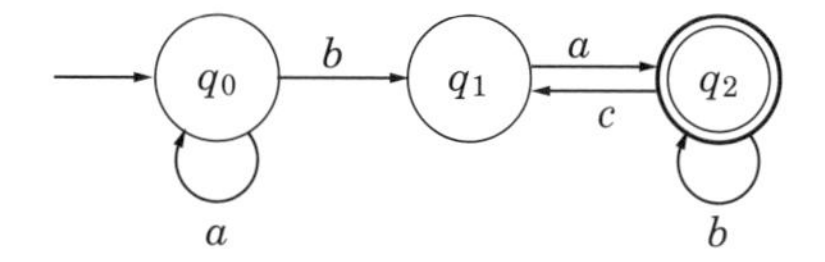

2. 非正規言語

正規でない言語を**非正規言語**という．容易に記述できる言語であっても非正規言語となるものは存在する．例えば，$L = \{a^n \mid n = k^2, k = 0, 1, 2, \cdots\}$ と置くと，L は非正規言語である．

問題 5.7　$L = \{a^n \mid n = k^2, k = 0, 1, 2, \cdots\}$ が非正規言語であることを証明せよ（ヒント：定理 5.2 より，$L = L(M)$ を満たす有限オートマトンが存在しないことを示せばよい）．

与えられた言語が非正規言語であることを示すためにしばしば使われる事実が次のポンピング補題（pumping lemma）である．

ポンピング補題

語 w に含まれる記号の個数をその語の長さと呼び，$|w|$ と表す．

補題：L を正規言語とする．このとき，ある（大きな）正の整数 N が存在して次の性質を満たす．語 $w \in L$ について $|w|$ が N 以上ならば，$w = uxv$, $|ux| \leq N$, $|x| > 0$ となるように w を 3 個の部分列 u, x, w に分割することができ，このとき，すべての $i \geq 0$ に対して，$ux^iv \in L$ となる．

ポンピング補題は，正規言語の語にはある種の繰返し構造が必ず含まれることを示している*1．

*1 ポンピング（pumping）とは，くみ上げることである．この補題における語 w について，部分列 x の部分を何回でも繰り返すことができることを意味している．

ポンピング補題を利用して，$L = \{a^kb^k \mid k = 0, 1, 2, \cdots\}$ が正規言語でないことを確かめてみよう．L が正規言語であると仮定する．ポンピング補題の保証する N について，$w = a^Nb^N$ と置く．w の分割を $w = uxv$ とすると，$|ux| \leq N$ より，$x = a^l, l > 0$ と書ける．ここで，列 $y = ux^2v$ を考える．ポンピング補題より，y は L に属する．よって，$y = ux^2v = a^{N+l}b^N \in L$ となるが，これは L の定義に矛盾する．したがって，L は正規言語ではないことが証明された．

【問題の解答例】

問題 5.5

$$L_1L_2 = \{ac, bc, acc, bcc\}$$
$$L_1 \cup L_2 = \{a, b, c, cc\}$$
$$L_1^* = \{\varepsilon, a, b, aa, ab, ba, bb, aaa, aab, aba, abb, baa, bab, bba, bbb, \cdots\}$$
$$L_2^* = \{\varepsilon, c, cc, ccc, \cdots\}$$

問題 5.6　$a^*ba(b \cup ca)^*$

問題 5.7　背理法を用いる．$L = L(M)$ を満たす決定性有限オートマトン M があるとする．$n = 0, 1, 2, \cdots$ に対して，入力列 a^n の最終状態を $q(n)$ と置く．ここで $q(0), q(1), q(2), \cdots$ は無限列であるが，M は有限個の状態しかもたないため，これらのうちに互いに等しい二つの状態がある．いま，$q(k) = q(k+c)$, $k \geq 0$, $c > 0$ とする．$n \geq k$ の場合に入力列 $w = a^n$ に対する状態の遷移を考えると

$$\cdots \underset{a}{\rightarrow} q(k) \underset{a}{\rightarrow} q(k+1) \underset{a}{\rightarrow} \cdots \underset{a}{\rightarrow} q(k+c) = q(k) \underset{a}{\rightarrow} \cdots$$

となるので，周期 c で同じ状態遷移を繰り返すことになる．特に a^{n+c} は a^n と同じ終了状態をもつため，a^{n+c} は a^n が受理されるときに限り受理される．ここで $m \geq \max\{c, \sqrt{k}\}$ を満たす整数 m を考える．L の定義より $a^{m^2} \in L$ である．したがって $m^2 \geq k$ より $a^{m^2+c} \in L$ となる．ところが，$m^2 + c \leq m^2 + m < (m+1)^2$ より $a^{m^2+c} \notin L$ である．よって矛盾であり，$L = L(M)$ を満たす決定性有限オートマトンは存在しない．したがって，L は非正規言語であることが証明された．

演習問題

問 1　次の言語 L を正規表現で表せ．

(1)　$L = \{a, ab, abb, abbb, \cdots\}$

(2)　$L = \{\varepsilon, abb, abbabb, abbabbabb, \cdots\}$

(3)　$L = \{\varepsilon, aa, bb, bbbb, bbbbbb, \cdots\}$

(4)　$L = \{bb, bab, baab, baaab, \cdots\}$

(5)　$L = \{ab, aab, abb, aaab, aabb, abab, abbb, aaaab, \cdots\}$

問 2　次の非決定性有限オートマトンの受理する言語を正規表現で表せ．

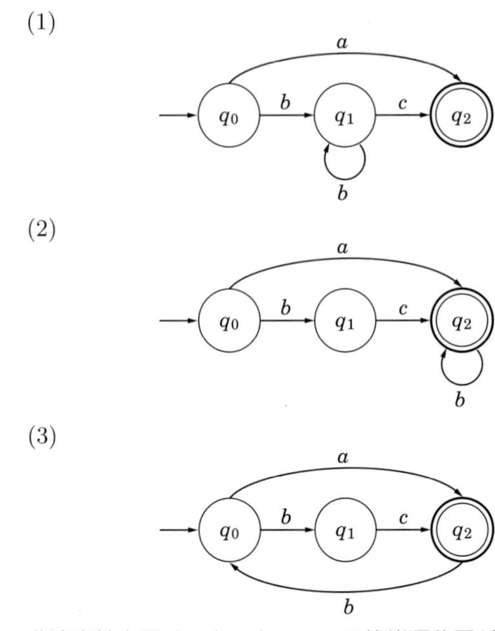

問 3　非決定性有限オートマトン M の状態遷移図が次のように与えられている.

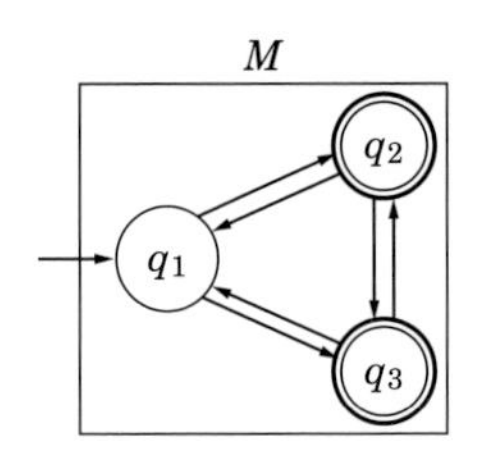

この M に新たな状態 q_0 および q_4 を付け加えて, 次の条件 (1)〜(3) のすべてを満たす非決定性有限オートマトン M' を構成せよ*1.

(1)　M' は M と等価である.

(2)　q_0 は M' の初期状態であり, q_0 に入る遷移は存在しない.

(3)　q_4 は M' のただ一つの受理状態である.

*1　ヒント：ε 遷移を利用する.

問 4　非決定性有限オートマトン M_1, M_2 の状態遷移図が次のように与えられている.

このとき次の (1)〜(3) のそれぞれについて, 等式を満たす非決定性有限オートマトン M を構成せよ.

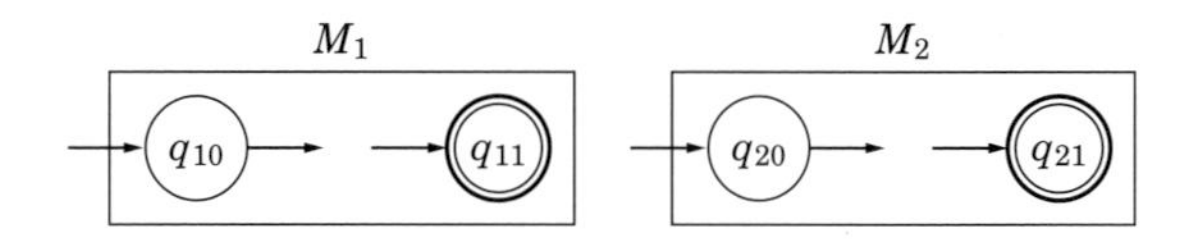

(1)　$L(M) = L(M_1)L(M_2)$
(2)　$L(M) = L(M_1) \cup L(M_2)$
(3)　$L(M) = L(M_1)^*$

5.4　文脈自由文法

1.　書換え規則

文法とは，文をいくつかの要素から組み立てていくときの規則であり，また逆に文をいくつかの要素に分解していくときの規則でもある．まず，次のような簡単な文法を考えよう．

$$
\begin{aligned}
\langle\text{文}\rangle &\rightarrow \langle\text{主部}\rangle\langle\text{述部}\rangle\\
\langle\text{主部}\rangle &\rightarrow \langle\text{名詞}\rangle\ \text{は}\\
\langle\text{述部}\rangle &\rightarrow \langle\text{名詞}\rangle\ \text{を}\ \langle\text{動詞}\rangle\\
\langle\text{名詞}\rangle &\rightarrow \text{私}\\
\langle\text{名詞}\rangle &\rightarrow \text{クロ}\\
\langle\text{動詞}\rangle &\rightarrow \text{見る}\\
\langle\text{動詞}\rangle &\rightarrow \text{追いかける}
\end{aligned}
$$

ここで，$\rightarrow$ は，左側の項を右側の要素に書き換えることが可能であることを示す．$\langle$文$\rangle$ を出発点にして書換えを繰り返し使うことにより一つの具体的な文をつくり出すことができる．これを文の**導出**（derivation）という．

$$
\begin{aligned}
\langle\text{文}\rangle &\Rightarrow \langle\text{主部}\rangle\langle\text{述部}\rangle\\
&\Rightarrow \langle\text{名詞}\rangle\ \text{は}\ \langle\text{述部}\rangle\\
&\Rightarrow \text{私は}\ \langle\text{述部}\rangle\\
&\Rightarrow \text{私は}\ \langle\text{名詞}\rangle\ \text{を}\ \langle\text{動詞}\rangle\\
&\Rightarrow \text{私はクロを}\ \langle\text{動詞}\rangle\\
&\Rightarrow \text{私はクロを見る}
\end{aligned}
$$

ここで，$\Rightarrow$ は導出を表している．一般に，文法は次の四つの構成要素からなる．第 1 に，$\langle$文$\rangle$, $\langle$主部$\rangle$, $\langle$名詞$\rangle$ などの書換えの対象となる**非終端**（non-terminal）[*1] の要素．第 2 に，「私」，「は」，「見る」などのこれ以上書き換えることのできない**終端**（terminal）の要素．第 3 に，非終端要素から非終端または終端を生成する**書換え規則**（substitution rule）[*2]．最後に，生成の始まりを示す**開始記号**（start symbol）である．

*1　変数（variable）ともいう．

*2　生成規則（production）ともいう．

定義 5.3　(文脈自由文法)　V, T を有限集合とする．

V	非終端要素の集合
T	終端要素の集合
$R \subset V \times (V \cup T)^*$	書換え規則の集合
$S \in V$	開始記号

この四つ組 $G = (V, T, R, S)$ を**文脈自由文法**（context-free grammar）という．

書換え規則 R の要素 (A, w) は，非終端 A が非終端と終端からなる記号列 w に書換え可能であることを表す．以下，R の要素 (A, w) を $A \to w$ と書くことにする．

文脈とは，一般にその文の背景や前後関係を表す言葉である．文脈自由文法では，書き換え対象となる非終端 A の前後の記号が何かということは問題にせず，単に書換え規則による機械的な文の導出が行われる．「文脈自由」とは非終端 A の周囲の状況は A の書き換えに関与しないことを表している．

本項の最初の例は

$$
\begin{aligned}
V &= \{\ \langle\text{文}\rangle, \langle\text{主部}\rangle, \langle\text{述部}\rangle, \langle\text{名詞}\rangle, \langle\text{動詞}\rangle\ \}, \\
T &= \{\ \text{は}, \text{を}, \text{私}, \text{クロ}, \text{見る}, \text{追いかける}\ \}, \\
R &= \{\ \langle\text{文}\rangle \to \langle\text{主部}\rangle\ \langle\text{述部}\rangle, \langle\text{主部}\rangle \to \langle\text{名詞}\rangle\ \text{は}, \langle\text{述部}\rangle \to \\
&\qquad \langle\text{名詞}\rangle\ \text{を}\ \langle\text{動詞}\rangle, \langle\text{名詞}\rangle \to \text{私}, \langle\text{名詞}\rangle \to \text{クロ}, \langle\text{動詞}\rangle \\
&\qquad \to \text{見る}, \langle\text{動詞}\rangle \to \text{追いかける}\ \}, \\
S &= \langle\text{文}\rangle
\end{aligned}
$$

となる．与えられた文脈自由文法 G において，開始記号 S から出発して次々と書換え規則を適用していくことにより，最終的に終端記号のみからなる記号列が生成される．このようにして生成される記号列の全体を文法 G によって**生成**（generate）される言語と呼び，$L(G)$ と表す．つまり，$L(G) = \{w \in T^* \mid S \Rightarrow w\}$ である．

例題 5.7 上記の文脈自由文法 $G = (V, T, R, S)$ によって生成される言語 $L(G)$ を示せ．

(解答例)

$L(G) = \{$ 私は私を見る, 私はクロを見る, クロは私を見る, クロはクロを見る, 私は私を追いかける, 私はクロを追いかける, クロは私を追いかける, クロはクロを追いかける $\}$

となる．

問題 5.8 次の文法 $G = (V, T, R, S)$ を考える．

$V = \{$ ⟨文⟩, ⟨主部⟩, ⟨述部⟩, ⟨名詞⟩, ⟨形容詞⟩ $\}$,
$T = \{$ は, である, 私, 雲, 美しい $\}$,
$R = \{$ ⟨文⟩ $\to$ ⟨主部⟩ ⟨述部⟩, ⟨主部⟩ $\to$ ⟨名詞⟩ は, ⟨述部⟩ $\to$ ⟨名詞⟩ である, ⟨述部⟩ $\to$ ⟨形容詞⟩, ⟨名詞⟩ $\to$ 私, ⟨名詞⟩ $\to$ 雲, ⟨形容詞⟩ $\to$ 美しい $\}$,
$S =$ ⟨文⟩

G によって生成される言語 $L(G)$ を示せ．

与えられた言語 L が，ある適当な文脈自由文法 G によって生成されるとき，L を**文脈自由言語**（context-free language）という．

例 文脈自由言語 文脈自由文法 $G = (V, T, R, S)$ を $V = \{S\}$, $T = \{a, b\}$, $R = \{S \to aS, S \to bS, S \to a\}$ と定義する．このとき，例えば $S \Rightarrow aS \Rightarrow abS \Rightarrow aba$ という導出が可能である．G によって生成される記号列は a で終了する列であることがわかる．正規表現を用いると $L(G) = (a \cup b)^* a$ である．

上記の例では $L(G)$ を正規表現で書くことができた．つまり，$L(G)$ は正規言語である．一般に，正規言語は文脈自由言語であることが知られている[*1]．しかし，逆は成り立たない．つまり，正規言語ではない文脈自由言語が存在する．次の例はそのような言語の例である．

*1 定理 5.4 を参照のこと．

例 **非正規な文脈自由言語**　$V = \{S\}$, $T = \{a, b\}$, $R = \{S \to aSb, S \to ab\}$ とする．このとき，例えば $S \Rightarrow aSb \Rightarrow aaSbb \Rightarrow aaabbb$ という導出が可能である．すなわち，$L(G) = \{a^n b^n \mid n = 1, 2, \cdots\}$ である．前節のポンピング補題の解説で扱ったように，$L(G)$ は非正規言語である．

非終端記号を別の記号列に置き換えずに単に削除する規則があると便利である．そのために，特殊な書換え規則として空文字列 ε を生成する規則も許すことにする．例えば，上記の例の書換え規則を少し変更して $V = \{S\}$, $T = \{a, b\}$, $R = \{S \to aSb, S \to \varepsilon\}$ とすると $L(G) = \{a^n b^n \mid n = 0, 1, 2, \cdots\}$ となる．

記述の簡略化のため，書換え対象の記号が等しい複数の書換え規則 $A \to B$, $A \to C$ をまとめて $A \to B|C$ と書くことがある．

2.　構文解析

日本語のような日常使用されている言語は文脈依存性や省略のあるさまざまな文を含む．このため，文脈自由文法で完全に記述することが難しい．一方，C や Java のようなプログラミング言語においては，プログラム中に記述された文がその言語の仕様に適ったものであるかどうかをコンパイラ[*1] が判別する必要がある．これを**構文解析**（parsing）という．文脈自由文法を利用して構文解析を機械的に実行することができる．

*1　人間がプログラミング言語で書いたプログラムを，コンピュータによって実行可能な機械語のプログラムに変換するソフトウェア．

あるプログラミング言語における変数と定数の集合をそれぞれ Var, Const とする．文法として $V = \{S, A, B, C\}$, $T = \{=, +, -, \times, /, (,)\} \cup \mathrm{Var} \cup \mathrm{Const}$, $R = \{S \to A = B, A \to \mathrm{Var}, B \to (B) \mid B{+}B \mid B{-}B \mid B{\times}B \mid B/B \mid \mathrm{Var} \mid \mathrm{Const}\}$ を考える．このとき，例えば $S \Rightarrow A = B \Rightarrow A = B \times B \Rightarrow A = (B) \times B \Rightarrow A = (B + B) \times B \Rightarrow \cdots \Rightarrow y = (1.2 + 3.5) \times x$ という導出を行うことができる[*2]．

*2　ここで，$x, y \in \mathrm{Var}$, $1.2, 3.5 \in \mathrm{Const}$ と仮定している．

この導出手順を木構造[*3] として表現してみよう（図 5.12）．

*3　S を根とする根付き平面木となる．

これを**構文木**（parse tree）という．1 ステップの導出は，構文木の一つの内点から下方向の枝をたどることに相当する．根から出発して，順次導出により構文木のすべての葉まで展開し尽くすと一つ

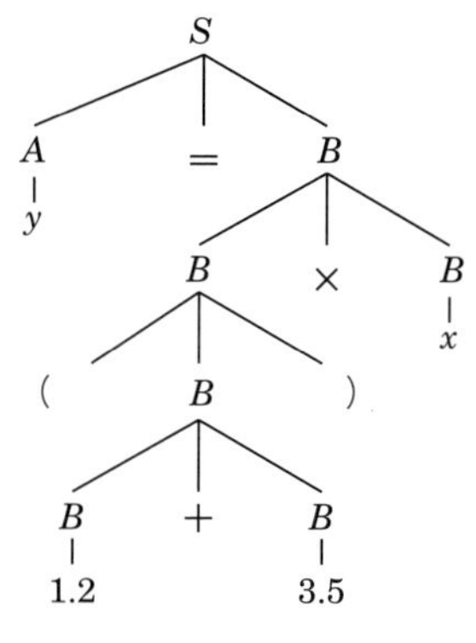

図 5.12 構文木

の文がつくられる．

例題 5.8 上記の文法において，文 $a = a + 1$ を導出する手順を構文木として表せ．ただし，$a \in \mathrm{Var}$ とする．

（解答例）

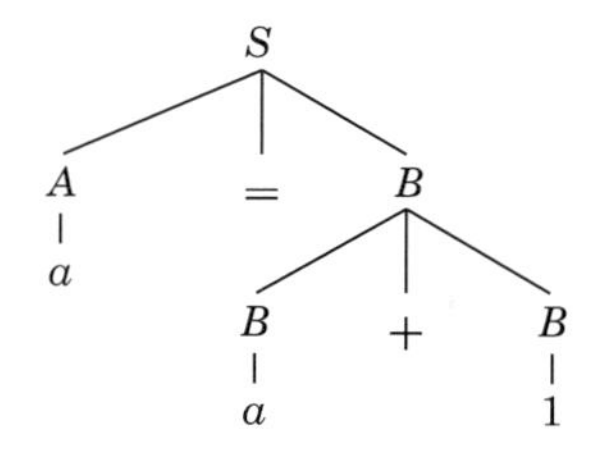

問題 5.9 上記の文法において，文 $m = (a + b)/2$ を導出する手順を構文木として表せ．ただし，$m, a, b \in \mathrm{Var}$ とする．

構文木を用いた導出手順は一通りには決まらない．例えば，次の手順では木の左側の枝から優先的に選択して導出を行っている．

$$S \Rightarrow A = B \Rightarrow y = B \Rightarrow y = B \times B \Rightarrow y = (B) \times B \Rightarrow y = (B + B) \times B \Rightarrow y = (1.2 + B) \times B \Rightarrow y = (1.2 + 3.5) \times B \Rightarrow y = (1.2 + 3.5) \times x$$

このように，木の左側から優先的に導出を行うことを**最左導**

出 (leftmost derivation) という．また，構文木自体も一通りには決まらない場合がある．文脈自由言語 $L(G)$ において，ある語 $w \in L(G)$ に対して二つ以上の構文木が存在するとき，G は**曖昧** (ambiguous) であるという．

例 **曖昧な言語**　$V = \{S, A, B\}$, $T = \{a\}$, $R = \{S \to A|B, A \to a, B \to a\}$ とする．このとき，語 a について $S \Rightarrow A \Rightarrow a$, $S \Rightarrow B \Rightarrow a$ という異なる構文木に対応する導出が可能である．よって，この文法は曖昧である．

チョムスキー標準形

一つの文脈自由言語 L に対して，L を生成する文脈自由文法 G は一通りには決まらない．対象となる言語の性質を調べるためには，書換え規則が簡潔である文法を選ぶほうが便利である．

文脈自由文法 G において，G のどの書換え規則も次の二つの形のいずれかで表されるとき，G はチョムスキー標準形 (Chomsky normal form) であるという．

$$A \to BC,\ A \to a$$

ここで，A, B, C は互いに異なる非終端記号，a は終端記号である．

空列を含まないどのような文脈自由言語 L に対しても，L を生成するチョムスキー標準形の文脈自由文法 G が存在することが知られている．

3. プッシュダウンオートマトン

文脈自由文法で生成できる言語には，$\{a^k b^k \mid k = 0, 1, 2, \cdots\}$ のように非正規言語，つまり，有限オートマトンでは受理できない言語が含まれている．

ここでは，有限オートマトンの機能を拡張して，文脈自由言語を受理できる装置を考えよう．有限オートマトンでは，各状態における入力記号により遷移が決まり，いったん読み取った記号を，後から再度読むことはできなかった．そこで読み込んだ記号を後から利用することができるように，**スタック** (stack)*1 というデータ構造を使う．スタックは記号の書込み，読出しができる簡単な記憶装置である．

*1 スタックの原義は，本やカードなどを積み重ねた山のこと．

図 5.13 では，まずデータのない空のスタックに a という記号を書き込んでいる．これを記号 a の**プッシュ** (push) または**プッシュダウン** (pushdown) といい，$\downarrow a$ と表している．続いて b を書き込んだ後，b を読み出して削除している．これを記号 b の**ポップ** (pop) または**ポップアップ** (popup) といい，$\uparrow b$ と表している．スタックへのアクセスで注意すべき点は，書込み，読出しの対象は，その時点におけるスタックの最も上位に位置する記号，つまり最後に書き込んだ記号であることである．これを**後入れ先出し** (LIFO: Last In First Out) という*2．

*2 スタックと類似のデータ構造としてキュー (que) がある．キューは，スタックと同様に記号の書込み，読出しが可能である．スタックとの相違点は最初に書き込んだ記号から先に読み出すことにある．これを先入れ先出し (FIFO: First In First Out) という．

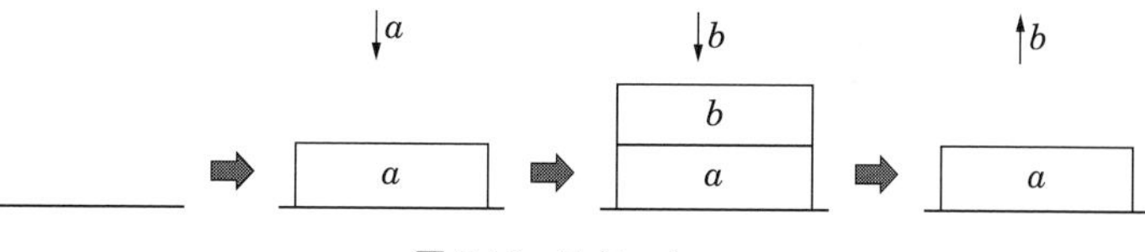

図 5.13 スタック

プッシュダウンオートマトン (pushdown automaton) とは，前節で定義した有限オートマトンの機能に加えて，一つのスタックを備えた装置である．プッシュダウンオートマトン M に入力列 w を入力するとき，w の遷移の最終的な状態が M のある受理状態であり，かつ，そのときのスタックが空である場合に限り，w は M によって受理されたとみなす．処理途中でスタックが空になった場合には，その時点でポップすることは許されない．なお，プッシュダウンオートマトンを考える場合には遷移は常に非決定性を仮定する．

例として，$L = \{a^k b^k \mid k = 0, 1, 2, \cdots\}$ を受理するプッシュダウンオートマトンを考える．方針としては，入力列に a が現れるたびに 1 をスタックにプッシュして記号 a の個数を記録する．また，b が現れるたびに 1 をポップする（図 5.14）．a でプッシュされた 1 の個数と b でポップされた 1 の個数が等しいときスタックが空となり，入力列は受理される．

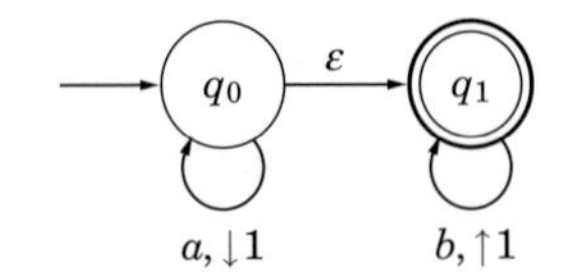

図 5.14　$a^n b^n$ を受理するプッシュダウンオートマトン

例題 5.9　図 5.14 のプッシュダウンオートマトンに入力列 $x = aaabbb$, $y = aaabb$, $z = aabbb$ を与えたとする．それぞれの入力列が受理されるかどうかを示せ．

(**解答例**)　まず，$x = aaabbb$ を入力列として与えたとする．このとき，状態 q_0 において a が出現するごとにスタックに 1 を書き込むので，aaa まで読み込んだところでスタックには 111 が入っていることになる．ここで非決定性を利用して，状態 q_1 に移る．状態 q_1 においては，入力として b が出現するごとに 1 を読み出す．ちょうど $aaabbb$ と読んだところでスタックは空になり，かつ，状態は受理状態の q_1 であるので，x は受理される．次に $y = aaabb$ を入力列として与えた場合には，最終状態は q_1 であるが，その時点でのスタックに 1 が残っている．このため y は受理されない．また，$z = aabbb$ を入力列として与えた場合には，$aabb$ を読み終わったときの状態を q_1 とすることは可能であるが，その時点のスタックは空であるために最後の入力記号 b を処理することができない．このため z も受理されない．

問題 5.10　次のプッシュダウンオートマトン M を考える．

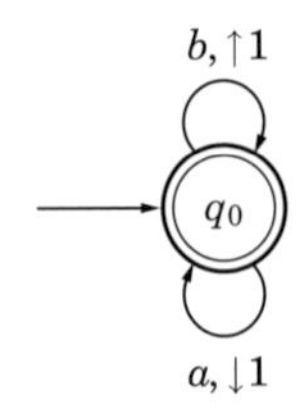

(1) $abab$, $aabb$, $baba$, $abba$ のうち受理される入力列を示せ．
(2) M によって受理される言語を求めよ．

次の定理が成り立つ．

定理 5.3 言語 L が文脈自由言語であるための必要十分条件は，L があるプッシュダウンオートマトンにより受理できることである．

有限オートマトンで受理できる言語は正規言語であった．プッシュダウンオートマトンはスタックをもたない通常の有限オートマトンに比べて受理できる言語の範囲はより広い*1．よって，定理 5.3 から次の定理が得られる．

*1 キューを備えた有限オートマトンはプッシュダウンオートマトンよりもさらに広いクラスの言語を受理できることが知られている．

定理 5.4 言語 L が正規言語ならば L は文脈自由言語である．

言語の中には，プッシュダウンオートマトンでは受理できないもの，つまり文脈自由言語ではないものもたくさんある．例えば，$L = \{a^n \mid n = k^2, k = 0, 1, 2, \cdots\}$ は文脈自由言語ではない．

【問題の解答例】

問題 5.8 $L(G) = \{$ 私は私である, 私は雲である, 雲は私である, 雲は雲である, 私は美しい, 雲は美しい $\}$

問題 5.9

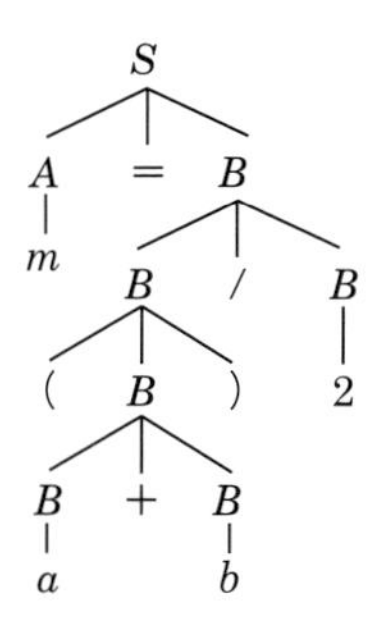

問題 5.10 (1) $abab$ と $aabb$ が受理される．

(2) 列全体として a と b が同数であり，列の先頭から途中までの a の個数が常に b の個数以上であるような列の全体．

演習問題

問1　次の文脈自由文法 $G = (V, T, R, S)$ によって生成される言語を示せ．

(1)　$V = \{S\}$, $T = \{a, b\}$, $R = \{S \to aSbb \mid \varepsilon\}$

(2)　$V = \{S, A, B\}$, $T = \{a, b\}$,
$R = \{S \to AB,\ A \to Aa \mid \varepsilon,\ B \to Bb \mid \varepsilon\}$

(3)　$V = \{S, A\}$, $T = \{a, b\}$, $R = \{S \to AA,\ A \to aAb \mid \varepsilon\}$

(4)　$V = \{S, A, B\}$, $T = \{a, b\}$,
$R = \{S \to A \mid B,\ A \to aS \mid \varepsilon,\ B \to bA\}$

問2　$V = \{S, A, B\}$, $T = \{=, +, -, \times, /, (,), a, b, c, x, y, z\}$, $R = \{S \to A = B,\ A \to a \mid b \mid c \mid x \mid y \mid z, B \to (B) \mid B + B \mid B - B \mid B \times B \mid B/B \mid a \mid b \mid c \mid x \mid y \mid z\}$ により定義された文脈自由文法 $G = (V, T, R, S)$ について，次の語の構文木を示せ．

(1)　$x = a + b$

(2)　$y = a \times (b + c)$

(3)　$z = (x - a)/(y - b)$

問3　次のプッシュダウンオートマトン M について，次の問に答えよ．

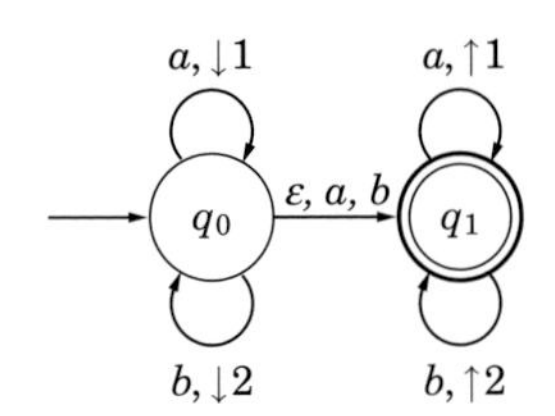

(1)　次の入力列のうち M によって受理されるものをすべて選べ．

aab, $abba$, $abab$, $aabaa$, $aabaab$

(2)　$L(M)$ を示せ．

第6章

アルゴリズムと計算量

本章では，はじめに「計算手続き」という概念に対する，数学としての自然な定義を与える．この定義に基づき，問題を計算できるとは，すなわち問題を解くアルゴリズムがあるとはどういうことか（計算可能性の理論），および計算の効率性をどのようにして計るべきか（計算の複雑さの理論）について考察する．

6.1 計算可能性の理論

1. 計算とは何か―チャーチ・チューリングの提唱

「計算手続き」という言葉は日常的によく使われるが，その数学的な意味が厳密に規定されたのはそう古いことではない．1936 年，アロンゾ・チャーチ (Alonzo Church) およびアラン・チューリング (Alan Turing) は，互いに独立に，「人間が行う機械的な計算手続き (effective procedure)」についての数学的に厳密な概念モデルを提案する論文を発表した．チャーチはいわゆる「λ 計算」と呼ばれるモデルを提案し，チューリングのほうは，彼の定義する「チューリング機械」にできることのすべて，という形で「計算手続き」を規定した．これらのモデルは一見すると互いに似ても似つかないものであったが，結果的に等価な定式化であることが証明された．同時期にはほかにも，見掛け上は異なるさまざまな「計算手続き」のモデル化が提案されたスティーブン・クリーネ（S.C. Kleene）による「帰納的関数の理論」，クルト・ゲーデル（K. Gödel）による「算定可能性」，エミール・ポスト（E.L. Post）による「双正規性」など）が，いずれも互いに等価な概念であることが証明されるに至った．

こうした状況を受け，チャーチやチューリング，クリーネといった人々により「これら一連の等価な概念を，『計算手続き』の数学的定式化（定義）として採用しよう」という提言が掲げられた．いわゆる**「チャーチ・チューリングの提唱」**（Church-Turing thesis）*1 と呼ばれる宣言であり，現在この提案を否定する人はほとんどいない．

*1　節末のコラム参照.

ここではまず，「チャーチ・チューリングの提唱」に基づく「計算手続き」のモデル化（の一つ）である「チューリング機械」を紹介する（図 6.1）．

定義 6.1 [**チューリング機械**]　チューリング機械 M は，有限個の内部状態のいずれかをとる**有限制御部**（finite control），および**セル**（cell）が右方向に無限個連なっている形状をした，**テープ**（tape）と呼ばれる着脱可能なデータ領域を備えている．テープの各セルには，テープ記号と呼ばれる有限個の記号のいずれか一つが書かれている．M の有限制御部からは，**テープヘッド**（tape head）という装置がテープに接触するように伸びている．テープヘッドは，テープの各セル上に書かれたテープ記号を読み取ったり，上書きしたりする目的で使用される．M にセットされる直前の状態のテープには，その最左端のセルから左詰めで入力文字列が記述されており，それ以外のすべてのセルには，そのセルが未使用状態であることを示す特別な記号（空白記号）が記入されている．テープが M に装着されると，M のテープヘッドは，そのテープの最左端のセルの上にセットされる．それ以降 M のテープヘッドは，セットされたテープの上を順次 1 セルずつ，左右（最左端セルの場合には右のみ）どちらかの隣接するセルへと移動していく．ここでは，テープヘッドの動作に以下の制限を加えよう．

- テープヘッドは，移動したセル上に書かれているテープ記号を読み取り，そのセルをいったん初期化したうえで，改めて何らかのテープ記号（もとの記号と同一の記号でも構わない）を書き込まなければならない．

チューリング機械 M の厳密な定義には，次の七つ組 $(Q, \Sigma, \Gamma, \delta, s, \sqcup, F)$ を用いる．ここに

Q ： M の有限制御部がとり得る**内部状態**（state）を表すすべての記号からなる有限集合．M の**状態集合**（state set）と呼ばれる．

Σ ： 入力文字列の記述に用いられる記号，すなわち**入力記号**（input symbol）の有限集合．**入力アルファベット**（input alphabet）とも呼ばれる．

Γ ： テープのセル上に現れるすべての記号，すなわち**テープ記号**（tape symbol）からなる有限集合．**テープアルファベット**（tape alphabet）とも呼ばれる．任意の入力記号はテープ記号でもあるが，入力記号ではないテープ記号（例えば，空白記号）も存在する．

δ ： M の遷移規則を規定する関数であり，**遷移関数**（transition function），もしくは**次動作関数**（next move function）と呼ばれる．M の現在の内部状態を $p(\in Q)$，M が参照しているセルのテープ記号を $a(\in \Gamma)$ とする．このとき，関数値 $\delta(p, a) = (q, b, D)$ $(D \in \{\leftarrow, \rightarrow\})$ が定義されているならば，M は自らを新しい内部状態 $q(\in Q)$ に遷移させ，現在のセルに新たなテープ記号 $b(\in \Gamma)$ を書き込み，テープヘッドを D 方向に1セルだけ移動させる．ここで，関数 δ は $Q \times \Gamma$ 全体を定義域にもつ必要はない．つまり，一般には $Q \times \Gamma$ から $Q \times \Gamma \times \{\leftarrow, \rightarrow\}$ への部分写像に過ぎないことに注意する．なお，現在のテープヘッドがテープ最左端のセル上に位置するとき，その左隣りのセルにテープヘッドを移動させるような遷移関数が適用されると，チューリング機械は暴走し，永久に停止しないものとする．

s ： M が始動する直前には，M の有限制御部の内部状態が必ずこの特定の状態 $s(\in Q)$ にセットされる．この内部状態 s を M の**初期状態**（initial state）と呼ぶ．

␣：M に装着した直後のテープにおいて，入力文字列の記述に使われていないすべてのセル上に書き込まれている記号．**空白記号**（blank symbol）と呼ばれる．空白記号は入力記号ではないので，$␣ \in \Gamma \setminus \Sigma$ となることに注意する．

F：M が停止して，その直後の M の内部状態 q が F に属する（$q \in F \subseteq Q$）場合に限り，M は入力文字列 ω を受理する．F に属する状態のことを**受理状態**（accept state）と呼び，それ以外の状態を**拒否状態**（reject state）という．

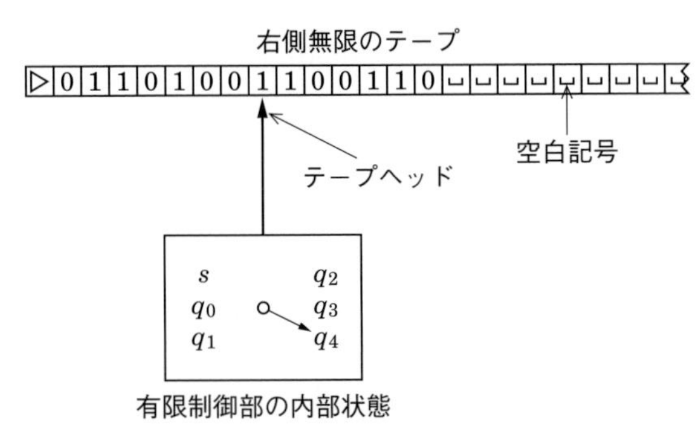

図 6.1　チューリング機械の概念図

ここでは，片側無限テープを 1 本だけもつようなチューリング機械を定義したが，実はほかにもさまざまな拡張機能をもつチューリング機械のモデルが提案されている．

- 両側無限テープをもつチューリング機械
- 複数本のテープおよびテープヘッドをもつチューリング機械
- 複数種類の遷移関数を有するチューリング機械

しかしながら，こうした拡張機能のすべてを付け加えたとしても（あるいは，現在一般に用いられているノイマン型コンピュータに容量無限大のハードディスクを装着したモデル〈RAM マシン〉を用いたとしても），いわゆる「チューリング機械により計算できる世界」は広がらない（もとのままである）ことが知られている．なお，上で 3 番目に挙げた「複数種類の遷移関数を有するチューリング機械」のことを**非決定性チューリング機械**（non-deterministic Turing machine）と呼び，遷移関数を一つしかもたない通常のチューリング機械のことは**決定性チューリング機械**（deterministic Turing machine）と呼んで両者を区別する．なお，非決定性チューリング機械の正確な定義やそのさまざまな性質については，6.2 節で改めて詳しく扱う．

2. 計算できない問題—決定不可能性

我々はこれから，チューリング機械のもつ問題解決能力についての検証を試みる．特に「世の中のどんな問題 P に対しても，その問題 P に正解するチューリング機械 M_P が存在するのか」という問について考える．

まずは，「問題」という言葉を定義するところから始める．

定義 6.2 [**問題**] 入力アルファベット Σ とテープアルファベット Γ があらかじめ定められているとする．このとき**問題** ϕ (problem) とは，入力文字列の全体集合 Σ^* から，特定の出力記号列の集合 L_{out}^{ϕ} ($\subseteq \Gamma^*$) の上への写像のことである．個々の入力文字列 ω のことを，問題 ϕ の**インスタンス**（instance）と呼び，その像 $\phi(\omega)$ ($\in L_{\mathrm{out}}^{\phi}$) を問題 ϕ における ω の**解**（solution）という．さらに，Σ^* を問題 ϕ の**定義域**（domain），L_{out}^{ϕ} を問題 ϕ の**値域**（range）という．

つまるところ「問題」とは，「写像」の言換えである．ここではさらに，「決定問題」と呼ばれるその特別な部分クラスに注目する．

定義 6.3 [**決定問題**] 任意のインスタンスに対して「はい」もしくは「いいえ」のいずれかを答えなければならないような問題のことを，**決定問題**（decision problem）という．すなわち，決定問題 ψ とは，その値域 L_{out}^{ψ} が $\{\mathrm{YES}, \mathrm{NO}\}$ となるような問題のことである．なお，このとき ψ の定義域 Σ^* は，正解となる入力文字列の集合 $\psi^{-1}(\mathrm{YES})$ と，不正解となる入力文字列の集合 $\psi^{-1}(\mathrm{NO})$ とに 2 分される．ここでは，この前者の集合 $\psi^{-1}(\mathrm{YES})$ のことを決定問題 ψ の **YES-set**，後者の集合 $\psi^{-1}(\mathrm{NO})$ を決定問題 ψ の **NO-set**

と呼ぶことにする.

決定問題が大変重要であるのは，チューリング機械が扱うことのできる問題の形式としては，これが一番単純なものだからである．では実際に，チューリング機械に決定問題を扱わせるための仕組みについて説明していくことにしよう.

チューリング機械 M に，新たな入力文字列 ω が左詰めで書かれたテープが装着されると，M は遷移関数 δ の定めるところに従って，いわば決定論的に，内部状態を変化させ，セルのテープ記号を書き換え，テープヘッドを 1 セル分移動させる一連の操作を繰り返す．そして，遷移関数 δ の値が未定義の様相に陥ったときに限り，その動きを停止して，入力文字列 ω の受理または拒否を確定する．この事実は以下の定義を喚起する.

定義 6.4 [チューリング機械の受理言語]　チューリング機械 M が受理する入力文字列すべてからなる集合を M の**受理言語**（language accepted by M）と呼び，$L(M)$ という記号で表す.

ちなみに，チューリング機械 M は必ずしも任意の入力文字列に対して停止する必要はない（無限ループに入っても暴走しても構わない）ので，M の受理言語 $L(M)$ の補集合 $\Sigma^* \setminus L(M)$ は「M が拒否するすべての入力文字列からなる集合」に一致しないこともある.

受理言語という機能を利用すれば，チューリング機械に決定問題を扱わせることが可能になる.

定義 6.5 [半決定可能性]　決定問題 ϕ について，その YES-set を受理言語とするチューリング機械 M が存在するとき，この問題 ϕ は**半決定可能**（partially decidable）であるといい，問題 ϕ の YES-set に相当する言語 L は，**帰納的可算**（recursively enumerable）であるという．また，このときチューリング機械 M は問題 ϕ を**半決定する**（partially decide）という.

チューリング機械 M が決定問題 ϕ を半決定する場合には，M の機能を利用することにより，問題 ϕ の YES-set に属するすべての入力文字列を重複なく列挙し続けるようなチューリング機械 X を構成することが可能である．「帰納的可算」という言葉はこの事実に由来している．なお，問題 ϕ の NO-set に属する入力文字列 ω に対しては，M は必ずしも停止して ω を拒否する必要はなく，永久に動き続けることも許される．仮に，入力文字列 ω に対して M が停止しない場合に，そのことを M の動作から直接判定することは不可能である．したがって，結局任意の入力文字列に対して M が停止する保証がない限り，M は問題 ϕ を正しく解く装置としては利用できないことがわかる．

定義 6.6 [決定可能性] 決定問題 ϕ を半決定し，かつ任意の入力文字列に対して停止するようなチューリング機械 T が存在するとき，この問題 ϕ は**決定可能**（decidable）であるという．さらに，問題 ϕ の YES-set に相当する言語は，**帰納的**（recursive）であるという．また，このときチューリング機械 T は問題 ϕ を**決定する**（decide），あるいは単に，**解く**（solve）という．決定可能でない決定問題は，**決定不可能**（undecidable）であるといわれる．

すべての決定問題が決定可能であればよいのだが，現実はそんなに甘くはない．それどころか，この世にはいかなるチューリング機械をもってしても半決定すらできないような決定問題が存在する．このことを説明するために，まず次の概念を定義する．

定義 6.7 [チューリング機械の算術化] 任意のチューリング機械は，七つ組 $(Q, \Sigma, \Gamma, \delta, s, \sqcup, F)$ により決定される．ここで，集合 Q（$|Q| = n$）は，$\{q[0], q[1], \cdots,\}$ という無限集合の最初の n 個の記号からなる集合であると考えて差し支えない．同様にして，集合 Γ（$|\Gamma| = m$）は，$\{\sqcup, a[0], a[1], \cdots,\}$ という無限集合の最初の m 個の記号からなる集合であると考えてよい．遷移関数 δ は，チューリング機械のヘッドの動きを表す記号 $\{\leftarrow, \rightarrow\}$ を用いて，$\delta(q[i], a[j]) = (q[k], a[l], \leftarrow)$ のように書ける．このよ

うに考えると，いかなるチューリング機械の仕様であっても，
$Q, \Sigma, \Gamma, \delta, s, ␣, F, a, q, [, 0, 1, 2, 3, 4, 5, 6, 7, 8, 9,], =, (,), \leftarrow, \rightarrow, \{, \}$
とコンマ “,” の高々 29 個の記号を用意すれば記述できる．

例えば

$$
\begin{aligned}
&(Q = \{q[0], q[1]\}, \Sigma = \{a[0], a[1]\}, \Gamma = \{␣, a[0], a[1]\},\\
&\ \delta(q[0], ␣) = (q[0], a[1], \leftarrow), \delta(q[0], a[0]) = (q[1], a[0], \rightarrow),\\
&\ \delta(q[1], a[0]) = (q[0], a[1], \rightarrow), s = q[0], F = \{q[1]\})
\end{aligned}
$$

は，一つのチューリング機械の仕様を与える．こうした表記は特定の 29 進数とみなせる（ただし，この表記は先頭の文字が必ず “(” から始まるので，対応する 29 進数のゼロには “(” 以外の記号を割り当てておく必要がある）．すべての 29 進数がチューリング機械の仕様に対応するわけではないが，チューリング機械の仕様が異なれば，それらに対応する 29 進数どうしも異なる．このようにしてチューリング機械の仕様を数により表現することを，**チューリング機械の算術化**，あるいは**ゲーデル数化**（Gödel numbering）といい，そのとき個々のチューリング機械 M に割り当てられた数を M の**ゲーデル数**（Gödel number）と呼ぶ．

定義 6.8 [対角線言語 L_d]　ここでは $\{0, 1\}$ を入力アルファベットとするチューリング機械のみを考える．こうしたチューリング機械 M に対して，自身のゲーデル数の 2 進数表記 $G_2(M)$ を入力文字列として与える．このとき

$$L_d := \{G_2(M) \mid M \text{ は，} G_2(M) \text{ を受理しない.}\}$$

とすると，$L_d \subset \{0, 1\}^*$ である．この L_d のことを**対角線言語**（diagonalization language）という．

定理 6.1　対角線言語 L_d を YES-set とする問題は，半決定不可能である．すなわち，L_d を受理言語とするチューリング機械は存在しない．

（証明）　L_d を受理言語とするチューリング機械 M_{L_d} が存在すると仮定して矛盾を導く．なお，そのような M_{L_d} の入力アルファ

ベットは $\{0,1\}$ であるとしても一般性を失わない．ここで M_{L_d} のゲーデル数の 2 進数表記 $G_2(M_{L_d})$ を M_{L_d} が受理するとすれば，$G_2(M_{L_d}) \in L_d$ であるが，一方 L_d の定義により $G_2(M_{L_d}) \notin L_d$ であり，矛盾を生ずる．逆に M_{L_d} が $G_2(M_{L_d})$ を受理しないとすれば $G_2(M_{L_d}) \notin L_d$ であるが，L_d の定義により $G_2(M_{L_d}) \in L_d$ となり，再び矛盾を生ずる．すなわち L_d を受理言語とするチューリング機械は存在しない． □

定理 6.1 からは，さまざま決定問題の半決定不可能性や決定不可能性が導かれる．それらの証明に共通するのは，新しい問題 P' を解くことにより，難しいことがすでにわかっている問題 P も解けてしまうことを示すこと，すなわち問題 P を問題 P' に「還元する」ことである．

定義 6.9 [**還元**]　f と g を二つの決定問題とする．f の YES-set に属する任意の文字列を g の YES-set に属する文字列に変換し，かつ f の NO-set に属する任意の文字列を g の NO-set に属する文字列に変換するようなチューリング機械 M が存在するとき，M は問題 f を問題 g に**還元する**（reduce）という（図 6.2）．問題 f が問題 g に還元されるとき，f が半決定不可能であれば，g もそうであり，f が決定不可能であれば，g もそうである．すなわち，計算可能性の尺度で測ったときの問題 g の難しさは，問題 f の難しさに等しいかそれ以上である．

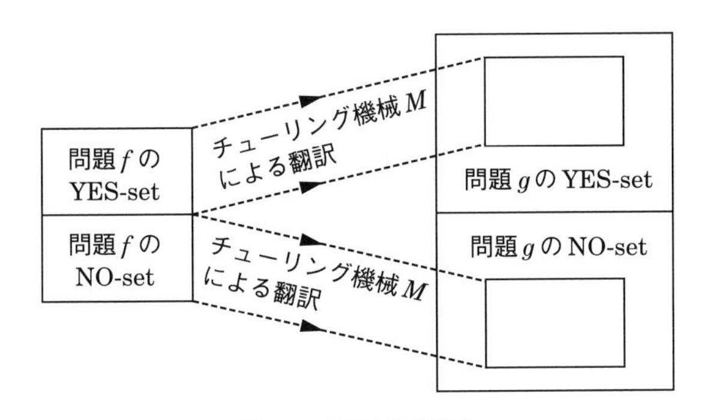

図 6.2　還元の仕組み

定理 6.2　チューリング機械 M とその入力文字列 ω の対 (M,ω) を任意に与えたときに，M が ω によって停止するときに限り YES と答えさせる問題（チューリング機械の停止問題）は，半決定可能ではあるが，決定不可能である．

（証明）　この問題を半決定するチューリング機械 U を構成しよう．この U は，チューリング機械 M のコード $[M]$ と，M に入力する文字列 ω のコード $[\omega]$ の対 $([M],[\omega])$ を入力文字列として受け取ると，入力文字列 ω についての M の振舞いをシミュレートする．M が ω に対して停止すれば，U は，YES と答えて停止する．そうでなければ U は永久に動き続ける．U がこの問題を半決定しているのは明らかである．このようにして，任意のチューリング機械の振舞いをシミュレートするチューリング機械 U のことを，**万能チューリング機械**（universal Turing machine）と呼ぶ．

では次に，この問題を決定するチューリング機械 X が存在したと仮定して矛盾を導こう．X を用いれば，入力アルファベットが $\{0,1\}$ であるような任意のチューリング機械 B について，B のゲーデル数の 2 進表現 $G_2(B)$ を入力文字列として与えたときに，B が停止するか否かがあらかじめわかる．この仕組みを利用すると，対角線言語 L_d を YES-set とする問題を決定するチューリング機械 Y がつくれてしまう．Y はまず X を用いて，B が $G_2(B)$ に対して停止するか否かを判断する．ここで，B が $G_2(B)$ に対して停止しないことがわかれば，$G_2(B) \in L_d$ を結論し，逆に，B が $G_2(B)$ に対して停止することがわかれば，Y は $G_2(B)$ に対する B の振舞いをシミュレートする．この場合にも B が $G_2(B)$ を受理するか拒否するかは有限時間にわかるので，Y は $G_2(B) \in L_d$ であるか否かを有限時間に決定できる．すなわち，Y は対角線言語 L_d を決定する．このことは定理 6.1 に矛盾するので，X は存在し得ず，題意の問題は決定不可能であることがわかった．　□

次の定理 6.3 の証明は定理 6.2 の証明と同様であるため，読者への練習問題とする（演習問題 問 3）．

定理 6.3　対角線言語 L_d を NO-set とする問題は，半決定可能ではあるが，決定不可能である．

ところで，定理 6.2 や定理 6.3 に登場する問題はあまりに現実離れしていて，我々が通常扱うレベルの問題からは縁遠いと思われるかもしれない．しかしながら，我々が素朴に知りたいと思うような身近な問のなかにも，決定不可能な問題はたくさん存在する．そのことを端的に示す定理をこれから証明抜きで二つ紹介する．一つ目は，ライス（H. G. Rice）が 1953 年に証明した定理である．

定義 6.10 [プログラムの関数型]　チューリング機械のもつ**非自明な関数型** $\mathscr{P}$（non-trivial property of partial function）とは，以下の二つの条件を満たすようなチューリング機械の性質のことである．

1. 性質 $\mathscr{P}$ をもつ任意のチューリング機械 M について，M と同一の受理言語をもつようなすべてのチューリング機械も性質 $\mathscr{P}$ をもつ（関数型であることの定義），
2. 性質 $\mathscr{P}$ をもつチューリング機械 M_1 と，性質 $\mathscr{P}$ をもたないチューリング機械 N_1 が，それぞれ少なくとも一つずつ存在する（非自明であることの定義）．

なお，$\mathscr{P}$ がチューリング機械の非自明な関数型 $\mathscr{P}$ であれば，「性質 $\mathscr{P}$ をもたない」という性質 $\overline{\mathscr{P}}$ もまた，チューリング機械の非自明な関数型となることに注意する．

定理 6.4 [ライスの定理]　チューリング機械のすべての非自明な関数型 $\mathscr{P}$ について，以下のことが成り立つ．

- 任意に与えたチューリング機械 M について，M が性質 $\mathscr{P}$ をもつときに YES と答えさせる問題は，決定不可能である（半決定可能性については，$\mathscr{P}$ によって，可能である場合も不可能である場合も起こり得る）．

定理 6.4 によれば，チューリング機械の性質に関する多くの本質的な問題が，決定不可能となってしまう．例えば，任意に与えられたチューリング機械 M に対して，M の受理言語 $L(M)$ は空集合 $\emptyset$

であるか，特定の文字列 ω を含むか，無限集合であるか，正規言語であるか，文脈自由言語であるか等々はすべて，決定不可能な問題である．

さて，これまでに登場した決定不可能な問題は，すべてチューリング機械に関する問の形をしていたが，次に紹介するのは，チューリング機械とは何の関係もないように見える「離散数学の問題」である．この問題は，提案したエミール・ポストの名前を冠して，ポストの対応問題と呼ばれる．

定義 6.11 [ポストの対応問題]　アルファベット Σ と，その上の文字列の対が k 組 $\{(x_1, y_1), (x_2, y_2), \cdots, (x_k, y_k)\}$ 任意に与えられたときに，この k 組の対を使って

$$x_{i_1}x_{i_2}\cdots x_{i_{n-1}}x_{i_n} = y_{i_1}y_{i_2}\cdots y_{i_{n-1}}y_{i_n}$$

となるようにできるか (ただし，同じ対を繰り返し使用してよい) について問う問題のことを，**ポストの対応問題** (Post correspondence problem) という．

例ポストの対応問題　$\Sigma = \{a, b, c\}$ 上の 3 組の文字列の対 $\{(a, ab), (bc, ca), (abc, c)\}$ について考えると

$$a \cdot bc \cdot a \cdot abc = ab \cdot ca \cdot ab \cdot c$$

が成り立つので，このインスタンスに対する答えは YES である．

ポストの対応問題に以下の制限を加えた，

- $x_{i_1}x_{i_2}\cdots x_{i_{n-1}}x_{i_n} = y_{i_1}y_{i_2}\cdots y_{i_{n-1}}y_{i_n}$ となるような長さ l の文字列があるか．

という部分問題については，高々有限通りの組合せの可能性をチェックするだけで，正解があるか否かを決定できる．したがって，ポストの対応問題に正解が存在するときには，こうした部分問題を長さ $l = 0, 1, 2, \cdots,$ の順に解いていくことにより，有限時間内に正解に辿り着くことができる．すなわち，ポストの対応問題は半

決定可能である．一方，ポストはこの問題の決定不可能性を証明した．それが二つ目の定理（定理 6.5）である．

チャーチ・チューリングの提唱

チャーチ・チューリングの提唱（Church-Turing thesis）とは，人間が手で行う「機械的な計算手続き（effective procedure）」についての数学的定式化を与えようとするものである．ここに，「機械的な計算手続き」の直感的な定義は以下のように記述される．

1. 「有限長の文字列からなる的確な命令（instruction）」の有限個の集まりとして記述されていること．
2. 高々有限個の命令の系列を順次誤りなく遂行した後に，所望の結果が得られるべきこと．
3. 紙と鉛筆をもつだけの人間が，ほかのいかなる補助装置の助けも借りずに，単独で（少なくとも理論的には）実行可能であること．
4. その実行に際して，人間の洞察力や工夫を一切必要としないこと．

チューリングはこの問題に対する自らの立場について，繰り返し次のように述べている．「いかなる機械的な計算手続きも，チューリング機械として実装できる」．チューリングは 1936 年の論文において，この自らの立場を前提とすれば，ヒルベルト（Hilbert）とアッカーマン（Ackermann）が 1928 年に提起した「1 階述語論理に関する決定問題（与えられた 1 階述語論理が恒真であるか否かを決定する問題）」は決定不可能となることを示したのである．なお同年には，チャーチも実質的に同等の結果を得ていたが，その際にチャーチが前提とした立場は次のようなものである．「$\mathbb{N}$ から $\mathbb{N}$ 自身への写像 f の値を計算する機械的手続きが存在するのは，f が帰納的（recursive）であるときに限られる」．ここでチャーチが主張している言明は，先ほどのチューリングの提唱に比べればその適用範囲はいささか狭いが，$\mathbb{N}$ から $\mathbb{N}$ 自身への写像における計算可能性に議論を制限するならば，両者の主張は完全に一致する．なお，「チャーチ・チューリングの提唱」という名称は，クリーネが 1967 年の論文で初めて用いたとされる．

ところで，巷の文献における「チャーチ・チューリングの提唱」についての記述には，ときに本質的とも思われる誤りが散見される．

よくある誤解の一つは，「この世に物理的に存在し得る，いかなる計算機の振舞いも，チューリング機械によって模倣することができる」とするものである．チャーチやチューリングが意図したのは，あくまでも「人間による手計算」についての数学的モデルであり，計算装置の物理的能力について，その実現可能性や限界を論じたものではないことを，我々は正しく理解する必要があるだろう．

定理 6.5 [ポスト (1946)]　ポストの対応問題は決定不可能である．

ポストの対応問題は非常に単純な構造をもつため，その応用範囲が広い．実際，ポストの対応問題を還元させることによって，数多くの決定問題の決定不可能性が証明される．

演習問題

問 1　右側無限テープをもつチューリング機械 M の仕様が以下のように与えられるとき，M が入力文字列 01001 を受理するか否かを判定せよ．

$$
\begin{aligned}
&(Q = \{p, q, r\}, \Sigma = \{0, 1\}, \Gamma = \{\sqcup, 0, 1\},\\
&\quad \delta(p, \sqcup) = (p, 1, \leftarrow), \delta(p, 0) = (q, 0, \rightarrow),\\
&\quad \delta(q, 0) = (p, 1, \rightarrow), \delta(q, 1) = (r, 0, \leftarrow),\\
&\quad \delta(r, 0) = (p, 1, \rightarrow), \delta(r, \sqcup) = (r, 1, \leftarrow),\\
&\quad s = p, F = \{q, r\})
\end{aligned}
$$

問 2　定義 6.1 によれば，チューリング機械 M のテープヘッドがテープ最左端のセル上に位置するとき，さらにその左隣のセルにテープヘッドを移動させるような遷移関数を適用すると，M は暴走し永久に停止しない．この現象を仮に「最左端エラー」と呼ぶことにする．M の受理言語を変更することなく「最左端エラー」を回避するためには，M の遷移関数にどのような工夫を施せばよいか．

問 3　定理 6.3 を証明せよ．

6.2 計算の複雑さの理論

1. 計算の効率を測る—計算量の概念

決定不可能な問題を「解く」術は原理的に存在し得ない，というのが前節までの結論であった．一方，決定可能な問題については，我々はいつかは答えに辿り着くことができることになっている．しかし，人間には寿命というものがあり，そして（悲しいことではあるが）地球も銀河系も永久に存在するわけではない．例えば，チューリング機械 M，自然数 k，および長さ k の入力文字列 ω の三つ組 $\langle M, k, \omega \rangle$（ただし，$|\omega| = k$）が任意に与えられたとき，$M$ が ω に対して k^{k^k} ステップ以内に停止するか否かを決定することも，原理的には可能である．この問題を一般的に解く唯一の方法は，ω に対する M の遷移を万能チューリング機械 U にシミュレートさせることである．「k^{k^k} ステップ以内」と書くのはたやすいが，現実には $k = 10$ の場合であっても，この問題の決定は不可能である．仮に U が M の 1 ステップを 10^{-10} 秒でシミュレートできるとしても，U が「M の $10^{10^{10}}$ ステップまで」のシミュレーションを終了する前に，銀河系を構成するすべての星が銀河の中心にある大質量ブラックホールにのみ込まれ，さらにはそのブラックホール自体も蒸発して，銀河系はあとかたもなく消え失せているだろう．

つまり「実際的な意味で」解くことが可能な問題は，決定可能な問題のうちのごく一部分でしかないのである．また，同じ問題の解き方（チューリング機械の仕様）についても，より効率的な（早く正解に辿り着く）解法が望ましい．ここではまず，問題 D を解くチューリング機械 M が与えられた際に M の計算効率を計る尺度となるような概念を導入しよう．

定義 6.12 [**ビッグオー（O）記法**] 自然数 $\mathbb{N}$ から非負の実数 $\mathbb{R}_+$ への二つの写像 f, g について，正定数 $c(> 0)$ と自然数 $N(\in \mathbb{N})$ が見つかって，N 以上のすべての自然数 n に対して $g(n) \leq c \cdot f(n)$ となるとき $g \in O(f)$ と書き，f は g の**漸近的上界**（asymptotic upper bound）であるという．g は $\boldsymbol{O(f)}$ **のオーダ**であるというこ

ともある．なお，集合としての $O(f)$ は次のように定義される．

$$O(f) := \{g \mid \exists c > 0,\ \exists N \in \mathbb{N},\ \forall n \geq N,\ 0 \leq g(n) \leq c \cdot f(n)\}$$

定義 6.13 [**リトルオー（o）記法**]　自然数 $\mathbb{N}$ から非負の実数 $\mathbb{R}_+$ への二つの写像 f, g について，どんなに小さな正定数 $c(> 0)$ に対しても，自然数 $N(\in \mathbb{N})$ を十分に大きく取れば，N 以上のすべての自然数 n に対して $g(n) < c \cdot f(n)$ となるようにできるとき，$g \in o(f)$ と書き，f は g の**タイトでない漸近的上界**であるという．なお，集合としての $o(f)$ は次のように定義される．

$$o(f) := \{g \mid \forall c > 0,\ \exists N \in \mathbb{N},\ \forall n \geq N,\ 0 \leq g(n) < c \cdot f(n)\}$$

例 漸近的上界-1　$f(x) = x^3 - x^2$ と $g(x) = 10x^3 + x^2$ に対しては，$n \geq 12$ を満たす任意の自然数 n について $g(n) \leq 11 \cdot f(n)$ が成り立つので，$g \in O(f)$ である．また，上の不等式を $(1/11) \cdot g(n) \leq f(n)$ と書き換えると，$f \notin o(g)$ がわかる．なお，すべての自然数 m で $f(m) \leq 1 \cdot g(m)$ なので，$f \in O(g)$ も明らかに成り立つ．さらに，この不等式を $1 \cdot f(m) \leq g(m)$ と書き換えて，$g \notin o(f)$ を得る．

例 漸近的上界-2　$f(x) = (1/3)x$ と $g(x) = \log(x + 1)$ に対しては，すべての自然数 n について，$g(n) \leq 3 \cdot f(n)$ が成り立つので，$g \in O(f)$ である．他方，正定数 $c\,(> 0)$ をどんなに大きくとったとしても十分に大きい自然数 $N \in \mathbb{N}$ を用意すれば，$m \geq N$ を満たすすべての自然数 m に対して $f(m) > c \cdot g(m)$ となるので，$f \notin O(g)$ である．ここで，上の不等式を $g(m) < (1/c) \cdot f(m)$ と書き換えて $g \in o(f)$ を得る．

定義 6.14 [**ビッグシータ（Θ）記法**]　自然数 $\mathbb{N}$ から非負の実数 $\mathbb{R}_+$ への二つの写像 f, g について，正定数の組 (c_1, c_2) と自然数 $N(\in \mathbb{N})$ が見つかって，N 以上のすべての自然数 n に対して，$c_1 \cdot f(n) \leq g(n) \leq c_2 \cdot f(n)$ となるとき $g \in \Theta(f)$ と書き，$\Theta(f)$ は g の**漸近的にタイトな限界**（asymptotic tight bound）であるという．なお，$g \in \Theta(f) \Leftrightarrow f \in \Theta(g)$ であることに注意する．集合

$\Theta(f)$ の定義は次のとおりである.

$$\Theta(f) := \{g \mid \exists c_1 > 0,\ \exists c_2 > 0,\ \exists N \in \mathbb{N},\ \forall n \geq N,\\ 0 \leq c_1 \cdot f(n) \leq g(n) \leq c_2 \cdot f(n)\}$$

例 漸近的にタイトな限界 $f(x) = x^2 - \log(x+1)$ と $g(x) = 3x^2 + x$ に対しては,$n \geq 4$ を満たす任意の自然数 n について $1 \cdot f(n) \leq g(n) \leq 4 \cdot f(n)$ なので,$g \in \Theta(f)$ である.上の不等式を,$(1/4) \cdot g(n) \leq f(n) \leq 1 \cdot g(n)$ と書き換えて,$f \in \Theta(g)$ を得る.

このようにして $n \to \infty$ における関数の漸近的な挙動を表す記法が用意されると,チューリング機械の計算時間についての漸近的な評価ができるようになる.次項以降では,そうした評価に基づいて「問題の複雑さ」を階層に類別し,いくつかの階層に相当する問題のクラスを取り上げて,それらの性質や相互の関係について,基本的な結果を概説する.

2. 効率的な解法がある問題—クラス $\mathscr{P}$

原理的には解くことが可能であっても,実際的な意味においては解くことが不可能であるように思われる問題は存在する.ただ,何をもって「実際的な意味において解くことができる」問題とみなすのかについては,あくまでも比較の問題に過ぎず,状況に依存して可能にも不可能にもなり得るので,一般的な意味での線引きは難しい.こうした場合には,個々の問題について細かい分析をする前に,難しさのレベルを階層化しておくと見通しが良くなる.

定義 6.15 [**最悪時間計算量**] 長さ n の任意の入力文字列に対してチューリング機械 M が停止するまでに掛かるステップ数の上限値を表す関数 $T_M(n)$ のことを,M の**最悪時間計算量**(worst-case time complexity)と呼ぶ.

本章では最悪時間計算量しか扱わないので,しばしば最悪時間計算量を**計算量**と略記する.

定義 6.16 [多項式時間とクラス $\mathscr{P}$]　問題 ψ に対して，ψ を解く決定性チューリング機械 M と自然数 k の組 (M,k) が存在して，M の最悪時間計算量 $T_M(n)$ が $O(n^k)$ のオーダとなるとき，この問題 ψ は**多項式時間で解ける**（solvable in polynomial time）という．ここでさらに，ψ が決定問題である場合には，この決定問題 ψ は**クラス $\mathscr{P}$ に属する**（$\psi \in \mathscr{P}$）という．すなわち，$\mathscr{P}$ は多項式時間で解ける決定問題のクラスである．

読者は，現実的な計算時間を計量するための尺度が，原始的で非効率的な計算モデルであるチューリング機械のステップ数をもとに算定されていることに疑問を感じるかもしれない．しかし，現在広く普及しているノイマン型コンピュータモデルでステップ数を算定した場合と，我々のチューリング機械を用いて算定した場合とでは，そのステップ数に入力データサイズの多項式倍の違いしか生じないことが知られている．ノイマン型コンピュータが多項式時間で解く問題は，チューリング機械を用いても多項式時間で解けるのである．そういう意味では，上のような（おおざっぱな）分類の尺度は，計算モデルの差異に対して極めて頑強である，といえる．

もとよりクラス $\mathscr{P}$ に属する問題なら簡単に計算できると言っているわけではない．実際 $\Theta(n^{10})$ ともなれば，多項式時間といえども現実的なコンピュータプログラムの計算時間とはなり得ない．入力データのサイズが 2 倍になると計算時間が 1000 倍に膨れあがるようなソフトウェアは，シビアな現場ではとうてい使い物にならないであろう．もちろんクラス $\mathscr{P}$ に属さない問題を厳密に解くことは非常に難しい．そのような問題では，入力サイズの増加に伴って計算の終了に要する時間は指数関数的に増大し，あっという間に非現実的なタイムスケールに到達してしまうからである．他方，実用性にかんがみて重要な問題について多項式時間で解けることが判明した場合に，最初はそれが純粋に理論的な（実際的とはいえないほど高い計算量をもつ）結果に過ぎなかったとしても，順次アルゴリズムの改良が重ねられ，最終的には現実的な意味で十分に効率的な計算時間に収められるようになることも多い．そうした意味では，「多項式時間で解ける問題」のことを，「理論的に保証された効率的な計算量の上限をもち，現実的に解くことが可能な範疇の問題」であると考えることも，さほど不自然な捉え方ではない．

さて，それでは実際に，どのような問題が多項式時間で解けるのだろうか．ここでは，その典型的な例をいくつか挙げるにとどめる．より詳しい解説については，参考文献 [19] などの専門書をお読みいただきたい．

なお前にも述べたことであるが，与えられた問題が多項式時間で解けるか否かを決定するためには，チューリング機械での実装を考察する必要はなく，通常用いられているようなコンピュータ上でのアルゴリズムを考えれば十分である．その際，我々が 1 ステップとして数える初等的操作は，例えば整数の加減乗除や大小比較，変数の値の代入やアドレス参照などの基本操作であるが，考える問題の種類に応じて，定数時間で実行可能な操作を，適宜，初等的操作として扱うことがある．特に本項では，グラフアルゴリズムをいくつか紹介するので，その実装についてある程度具体的に触れておく．

例えば，グラフの隣接行列や接続行列*1 は通常のプログラミング言語が備える配列型データ構造を用いて簡単に実装することができる．さらにこの形式でグラフを表現すると，グラフの内部構造をすばやく参照できるという利点があるが，一方，グラフのサイズに比べ，実装上のデータサイズが大きく膨らみがち（頂点数を n，辺数を m とすると，隣接行列の場合は $O(n^2)$，接続行列の場合は $O(mn)$）である．そのため，十分に位数が大きく，かつ**スパースな**（sparse：辺数が少ない）グラフにおいては，次の隣接リストという構造が利用されることが多い．

*1 隣接行列，接続行列については，4 章 4.1 節 4 項を参照のこと．

定義 6.17 [**隣接リスト**]　有向グラフ D の各頂点 u に，u を始点とする出力辺の集合 $\delta^+(u)$ と u を終点とする入力辺の集合 $\delta^-(u)$ の二つのリストを付随させたデータ構造を D の**隣接リスト**（adjacency list）という（図 6.3）．同様にして，無向グラフ G の各頂点 v に，その接続辺集合 $\delta(v)$ をリストとして付随させた構造を G の**隣接リスト**という（図 6.4）．隣接リストは普通のコンピュータ言語に備わる配列型や連結リストなどのデータ構造を利用して実装できる．グラフの頂点数を n，辺数を m とすると，隣接リストのデータサイ

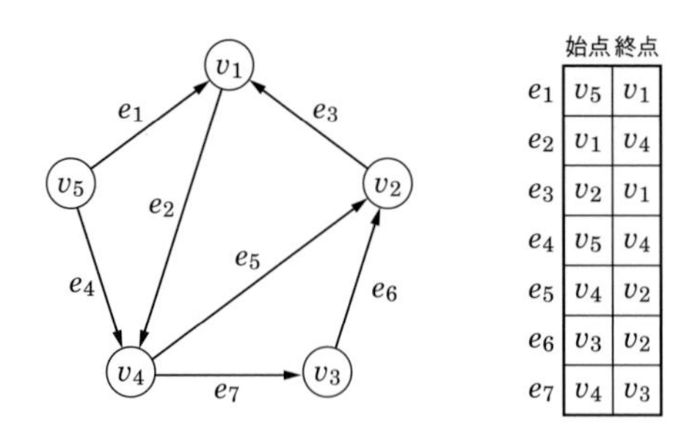

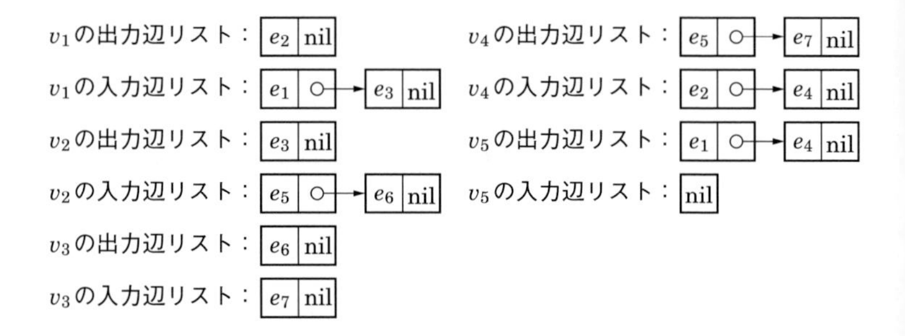

図 6.3　有向グラフにおける隣接リストの例

ズは $O(m+n)$ となる．

なお，本章におけるグラフの入力データは，すべて隣接リストとして与えられるものとし，今後はそのことを断らない．

例 グラフの連結性判定問題　与えられた無向グラフ G に対して，G が連結であれば YES，非連結であれば NO と返答させる問題である．この問題を解くには，G の適当な 1 頂点から深さ優先探索や幅優先探索を行い，G のすべての頂点に行き着けるかどうかを調べればよい[*1]．これには，すべての辺を順向きと逆向きの高々 2 回たどるだけでよく，その計算量は $O(|V(G)|+|E(G)|)$ である．よって，この問題はクラス $\mathscr{P}$ に属する．

*1　グラフの探索については4章4.2節2項を参照のこと．

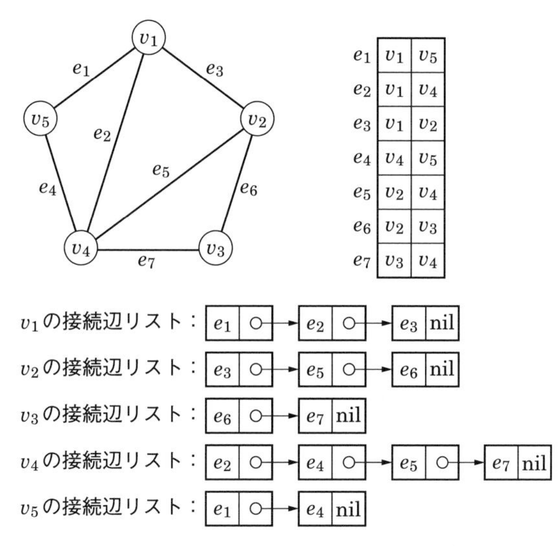

図 6.4　無向グラフにおける隣接リストの例

例 最小全域木問題とクルスカル（**Kruskal**）のアルゴリズム　連結な単純無向グラフ $G = (V, E)$ と，辺に対する重み関数 $c : E \to \mathbb{R}$ が与えられたとき，重み和が最小となる全域木（最小重み全域木）を見つける問題[*1] のことを**最小全域木問題**（minimum spanning tree problem）という．この問題を多項式時間で解く解法には，例えば次のようなものがある．

*1　このように，最適な解を見つける問題のことを，**最適化問題**（optimization problem）と呼ぶ．

アルゴリズム **6.1** [**クルスカルのアルゴリズム**]

1. 辺を重みの小さい順 $(c(e_1) \leq \cdots \leq c(e_m))$ にソートする．
2. $T := \emptyset$ とする．
3. **For** $i := 1$ **to** m **do:**
   $T \cup \{e_i\}$ に閉路がない **then** $T := T \cup \{e_i\}$ に更新する．

定理 6.6　クルスカルのアルゴリズムは，頂点数 n，辺数 m のグラフ G における最小全域木問題を $O(m \log n)$ の計算量で正しく解く．

（**証明**）　上記のアルゴリズムのステップ 1 は，マージソート法などのソートアルゴリズムを用いて，$O(m \log m)$ の手間で解ける．さ

らに $m \le n^2$ なので，$O(m\log m) \subseteq O(m\log(n^2)) = O(m\log n)$ である．また，$T \cup \{e_i\}$ に閉路があるか否かは，e の両端点が T の同一の連結成分に属しているか否かを確認すればよい．そのためには，T の各連結成分に対応する点集合に，それぞれ個別の色を割り当てておくとよい．なお，T の辺の端点でない G の頂点は，色をもたないこととする．このとき T に新しく付け加えることが可能であるのは，端点の一つが彩色されていない辺か，両端点の色が異なる辺である．この判定は $O(1)$ でできる．既に彩色されている頂点の色の更新は，両端点の色が異なる辺 e_i を T に追加したときに生じる．ここで，辺 e_i によって連結される T の二つの連結成分のうちで，位数の少ない方の連結成分を位数の多い方の連結成分の色に合わせて塗り替えることにすれば，G の一つの点の塗り替え総数は高々 $\lceil \log_2 n \rceil$ 回以下であり，G の全点の塗り替え総数は $n \lceil \log_2 n \rceil$ 回以下である．すなわち，ステップ 3 に掛かる計算量は全体で $O(n\log n)$ である．よってこのアルゴリズムは，$O(m\log m + n\log n) = O(m\log n)$ の計算量で終了する．

次に，アルゴリズムの正当性を示す．初めに，以下の観察 1 を証明する．

（観察 1）　G の二つの部分森 T_1, T_2 において，T_2 の辺数が T_1 の辺数より真に多い（$|E(T_1)|+1 \le |E(T_2)|$）ならば，T_2 に属し，T_1 に属さないような G の辺 e が存在して，$T_1 \cup \{e\}$ も再び G の部分森になる．

実際，T_2 のどの辺を T_1 に追加しても T_1 に閉路ができるならば，T_2 の各辺の両端点は T_1 の同じ連結成分に属していることになる．よって，T_2 のどの連結成分を構成する点集合についても，T_1 のいずれかの連結成分を構成する点集合に含まれる．このとき，明らかに $|E(T_2)| \le |E(T_1)|$ となり，観察 1 の仮定（$|E(T_1)|+1 \le |E(T_2)|$）に矛盾する．よって，観察 1 は常に成り立つ．

ここで，X をアルゴリズム 6.1 の出力した G の全域木であるとする．ここで X の辺を $c(x_1) \le \cdots \le c(x_{n-1})$ となるように番号付け（$E(X) = \{x_1, \cdots, x_{n-1}\}$）する．また，$Y$ を G の一つの最小重み全域木とし，Y の辺集合 $E(Y)$ についても $c(y_1) \le \cdots \le c(y_{n-1})$

となるように番号付け（$E(Y) = \{y_1, \cdots, y_{n-1}\}$）する．このとき，$X$ が G の最小重み全域木でないとするならば

$$c(x_1) + \cdots + c(x_{k-1}) \leq c(y_1) + \cdots + c(y_{k-1})$$
$$c(x_1) + \cdots + c(x_{k-1}) + c(x_k) > c(y_1) + \cdots + c(y_{k-1}) + c(y_k)$$

となるような $k \in \{1, 2, \cdots, m\}$ が存在する．ここで，$X_{k-1} := \bigcup_{i=1}^{k-1}\{x_i\}$，$Y_k := \bigcup_{i=1}^{k}\{y_i\}$ とすると，X_{k-1} と Y_k はともに G の森であり，かつ $|E(X_{k-1})| + 1 = |E(Y_k)|$ が成立する．したがって，観察1より，Y_k の辺 e で，$X_{k-1} \cup \{e\}$ が森になるものがある．一方 $c(e) < c(x_k)$ なので，アルゴリズムでは x_k ではなく e を X_{k-1} に付け加えることになり，矛盾が生じる．よって，X は G の最小重み全域木であり，ここにアルゴリズムの正当性が示された．

□

具体例上での実行結果については，図6.5を参照のこと．

例 最短路問題とダイキストラ（**Dijkstra**）のアルゴリズム　有向グラフ D と，辺の長さを与える非負の重み関数 $c : E \to \mathbb{R}_+$，および始点 $s \in V(D)$ が与えられたとき，D のすべての点 $u \in V(D)$ に対して，s からの**距離** $l(u)$（すなわち，s から u に至る最短有向道 P_u の長さ）を計算する問題のことを，**最短路問題**（shortest path problem）という．

ここでは，この問題を多項式時間で解くアルゴリズムを紹介する．

アルゴリズム **6.2** [**ダイキストラのアルゴリズム**]

1. s 以外のすべての点 u で $l(u) := \infty$ とし，$l(s) := 0$ とする．
2. $R := \emptyset$ とする（R には距離が確定した点を順次保管する）．
3. $V(G) \setminus R$ に属するすべての点のうち，関数 $l(\cdot)$ の値が最小となるものを u とする．$R := R \cup \{u\}$ に更新する．
4. ステップ3で定義した u に隣接し，かつ $V(G) \setminus R$ に属するようなすべての点 v に対して，もし $l(v) \gneq l(u) + c(uv)$ であれば，$l(v) := l(u) + c(uv)$ かつ $\mathrm{prev}(v) := u$ とする．
5. $R = V(G)$ なら終了する．さもなくば，ステップ3に戻る．

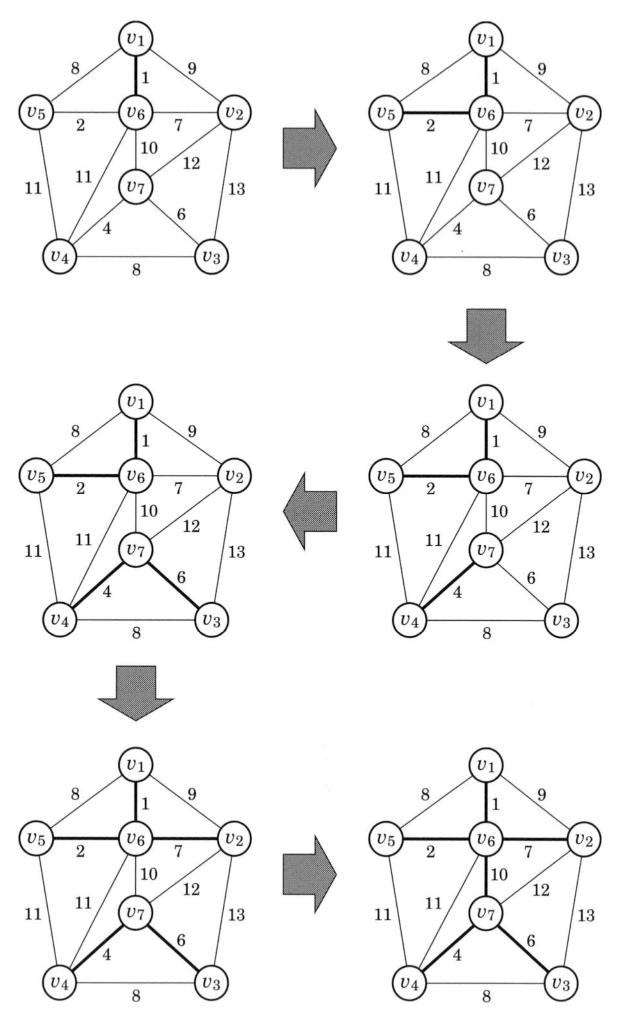

図 6.5　クルスカルのアルゴリズムを適用した例

定理 6.7　ダイキストラのアルゴリズムは，非負の重み関数 $c(\cdot)$ のもとでの最短路問題を $O(n^2)$ の計算量で正しく解く．

(証明)　このアルゴリズムでは，距離の確定している点から，その出力辺集合に属する各辺を一度だけ走査して，その終点の（点 s からの）距離関数を書き換える．したがって関数値の書換えは，アル

ゴリズム全体として，辺の本数の線形時間 $O(m) \subseteq O(n^2)$ の手間で終了する．次にステップ 3 における更新についてであるが，これを行うには，$V(G) \setminus R$ に属するすべての点を走査して，最小距離をもつ点を選び出す必要がある．このステップを 1 回行うごとに，$O(|V(G) \setminus R|) \subseteq O(n)$ の手間が発生し，R のサイズが一つずつ大きくなる．この事実と $|R| \leq n$ を考え合わせると，アルゴリズムの各ステップは，高々 n 回しか呼ばれないことがわかる．よって，ステップ 3 に掛かる総計算量は $O(n^2)$ を超えない．ほかのステップは 1 回当たり単位時間 $O(1)$ の手間で達成できるので，このアルゴリズムは全体として $O(n^2)$ の計算量で終了する．

次にこのアルゴリズムの正当性について示す．証明は数学的帰納法と背理法による．なお，R に追加された各点 v の関数値 $l(v)$ は，その後変更されないことに注意する．さて，初めに $R := \emptyset$ が $R := \{s\}$ に更新されるが，$l(s) = 0$ は明らかに正しい距離である．次に，集合 R に属するすべての点において $l(\cdot)$ が正しい距離を与えているとき，ステップ 3 で R に新しく加えられる点 u の関数値 $l(u)$ も，s から u に至る最短有向道の長さに等しく，正しい距離になっていることを示す．s から u への最短有向道の一つを P_u と置き，その長さを $\|P_u\|$ と表そう．アルゴリズムのステップ 1 における $l(\cdot)$ の初期化設定と，ステップ 4 における $l(\cdot)$ の書換え規則により，$\|P_u\| \leq l(u)$ は常に成り立つことに注意する．ここで仮に $\|P_u\| \lneq l(u)$ であったとしよう．P_u は s から u への有向道であるから，$s(\in R)$ を始点とする P_u の先頭の何点かは R に属している．R から初めてはみ出す P_u の辺を $xy \in E(G)(x \in R, y \notin R)$ とする．このとき，ステップ 4 における $l(\cdot)$ の書換え規則と u の選び方により $l(u) \leq l(y) \leq l(x) + c(xy)$ が成り立つが，一方 $l(x) + c(xy) \leq \|P_u\| < l(u)$ でもあるので $l(u) \leq \|P_u\| < l(u)$ となり矛盾が生じる．したがって $\|P_u\| = l(u)$ であり，$l(u)$ は正しい距離である．よって，このアルゴリズムは正しく機能する． □

グラフ G の任意の点 v に対して s からの有向経路が存在するとは限らないが，そうした有向路が存在するときには $l(v)$ の値は有限になり，このとき $\mathrm{prev}(v)$ は s から v に至る最短有向経路（の一つ）における，v の直前の点を指している．したがって，$\mathrm{prev}(\cdot)$ 関

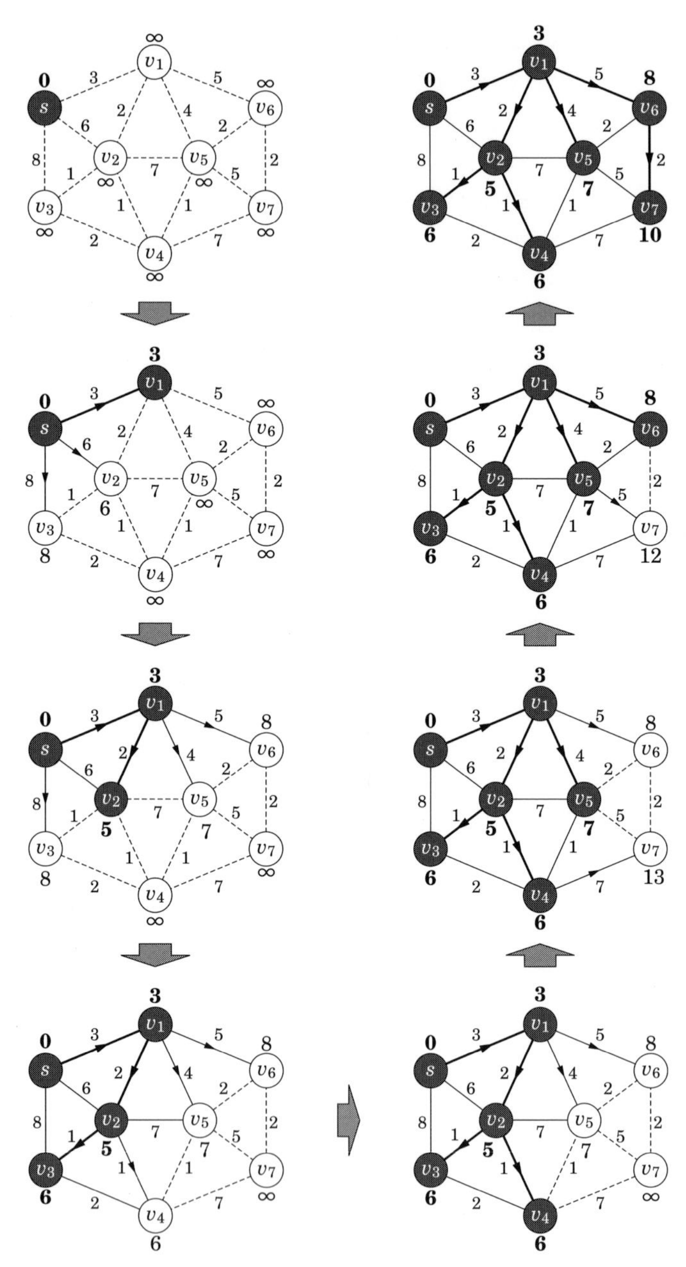

図 6.6　ダイキストラのアルゴリズムを適用した例．図中の各有向辺 u →— v は，$\mathrm{prev}(v) := u$ であることを表す

数を繰り返し適用してさかのぼっていくことにより，s から v に至る最短有向経路（の一つ）を見つけ出すことができる．具体例上での実行結果については，図 6.6 を参照のこと．

例 正規言語の判定問題 任意の正規言語について，その正規言語を YES-set とする決定問題は，ある決定性有限オートマトンにより，入力文字列の長さ n に相当するステップ数で決定できる[*1]．決定性有限オートマトンは（機能を制限された）決定性チューリング機械なので，正規言語の判定はクラス $\mathscr{P}$ に属する．

*1 正規言語については5章5.3節を参照のこと．

なお，**文脈自由言語の判定問題**を $O(n^3)$ で解くアルゴリズム（Cocke-Younger-Kasami algorithm）も存在するが，証明に準備を要するため，ここでは省略する．

3. 最大フロー問題

ここでは，多項式時間アルゴリズムをもつ組合せ最適化問題として，理論および応用の双方の観点において，とりわけ重要な意味をもつ，最大フロー問題について説明する．

ネットワーク（network）とは．頂点数 n，辺数 m の有向グラフ D 上に，**湧き出し口**（source）s と**吸い込み口**（sink）t という，特別な 2 頂点が指定され，かつ D の有向辺集合 $A(D)$ から非負の実数への写像として，**容量関数**（capacity function）$c : A(D) \to \mathbb{R}_+$ を付随させた概念 (D, s, t, c) のことである．D の各有向辺 $a \in A(D)$ を，単位時間当たり $c(a)$ という量を上限として流すことができる一方通行の配管とみなして，s から t への物流をあつかう数理モデルである，と考えればよい．応用上は，複数の湧き出し口や吸い込み口がある状況も考える必要があるが，実はそうした場合も，高々 $O(n)$ 程度の手間により，上記のモデルに変形した上で取り扱うことができる[*2]ので，問題は生じない．さらに，始点と終点がそれぞれ一致するような複数の有向辺（並列辺）については，あらかじめ 1 本の有向辺に併合できるので，一般性を失うことなく D に並列辺はない（単純である），と仮定できる．余談であるが，このとき $O(n) \subset O(m) \subset O(n^2)$ である．$O(n) \subset O(m)$ なのは，D の辺

*2 後述するコラムを参照のこと．

の向きを無視することにより得られる無向グラフの連結性を仮定しているからである．$O(m) \subset O(n^2)$ なのは，n 頂点からなる完全グラフの辺数が $\dfrac{(n-1)n}{2}$ であることによる．

定義 6.18 [ネットワークフロー] ネットワーク (D, s, t, c) 上に定義された非負関数 $f: A(D) \to \mathbb{R}_+$ は，D のすべての有向辺 a に対して $0 \le f(a) \le c(a)$ を満たすとき，**ネットワークフロー**（network flow）（略して**フロー**（flow））と呼ばれる．フロー f の頂点 v での**吸い込み量**（excess）$\mathrm{ex}_f(v)$ を，

$$\mathrm{ex}_f(v) := \sum_{a \in \delta_D^-(v)} f(a) - \sum_{a \in \delta_D^+(v)} f(a)$$

と定義する．なお，ここで $\delta_D^-(v)$ は頂点 v を終点とする D の有向辺の集合を表す記号であり，$\delta_D^+(v)$ は頂点 v を始点とする D の有向辺の集合を表す記号である．このとき，ネットワーク (D, s, t, c) 上の任意のフロー f について，

$$\sum_{p \in V(D)} \mathrm{ex}_f(p) = 0$$

が成り立つことは容易に確認できる．実際，上記の和においては，D の各有向辺 uv ごとにみたときに，$f(uv)$ が $\mathrm{ex}_f(v)$ 中に丁度 1 回登場し，$-f(uv)$ が $\mathrm{ex}_f(u)$ 中に丁度 1 回登場して，互いの値をキャンセルし合う．

頂点 v において $\mathrm{ex}_f(v) = 0$ を満たすとき，f は v で**フロー保存則**（flow conservation rule）を満たす，という．

ネットワーク (D, s, t, c) のフロー f は，以下に挙げる二つの条件のすべてを満たすとき，***s*-*t*-フロー**（s-t-flow）と呼ばれる．

1. 吸い込み口 t の吸い込み量が非負，すなわち $\mathrm{ex}_f(t) \ge 0$,
2. s と t 以外のすべての頂点 v でフロー保存則を満たす，すなわち $\forall v \in V(D) \setminus \{s, t\}, \mathrm{ex}_f(v) = 0$.

任意の s-t-フローにおいて，湧き出し口 s の吸い込み量は，吸い込み口 t の吸い込み量の -1 倍となる，すなわち $\mathrm{ex}_f(s) = -\mathrm{ex}_f(t)$ が成り立つ．このことは，s と t 以外のすべての頂点でフロー保存

則が成立するという条件 2 と，先に述べた $\sum_{p \in V(D)} \mathrm{ex}_f(p) = 0$ という事実から直ちに導かれる帰結である．

s-t-フロー f の**流量**（value）を，$\mathrm{value}(f) := \mathrm{ex}_f(t)$ と定義する．

ネットワーク (D, s, t, c) の二つの s-t-フロー f, g において，D の任意の辺 a で $g(a) \leq f(a)$ が成立するとき，$g \leq f$ と書く．D の任意の辺 a に対して，$f - g(a) := f(a) - g(a)$ と定義する．このとき，$g \leq f$ であることから，$f - g$ もネットワーク (D, s, t, c) の s-t-フローとなることに注意する．以下の命題は，フローの流量の定義から直ちに得られる．

補題 6.1 ネットワーク (D, s, t, c) の二つの s-t-フロー f, g が $g \leq f$ を満たすとき，$\mathrm{value}(f - g) = \mathrm{value}(f) - \mathrm{value}(g)$ である．

ネットワーク (D, s, t, c) のフローは，D のすべての頂点においてフロー保存則を満たすとき，**循環フロー**（circulation）と呼ばれる．任意の循環フローは，定義により，s-t-フローである．以下の言明は，補題 6.1 の特別な場合に過ぎないが，s-t-フローがもつ重要な性質であるため，あえて記載しておく．

命題 6.1 ネットワーク (D, s, t, c) の s-t-フロー f と $g \leq f$ を満たす循環フロー g について，f と $f - g$ は同一の流量をもつ．

有向グラフ D の任意の点部分集合 $U \subseteq V(D)$ に対して，

$$\delta_D^+(U) := \{uv \in A(D) \mid u \in U, v \notin U\}$$

$$\delta_D^-(U) := \{vu \in A(D) \mid u \in U, v \notin U\}$$

という記法を用いる．

任意の s-t-フローは次の性質を満たす．

補題 6.2 ネットワーク (D, s, t, c) の s-t-フロー f と，s を含み t を含まない D の点部分集合 $V_s (s \in V_s, t \notin V_s)$ について，以下の等

式が成り立つ．

$$\mathrm{value}(f) = \sum_{a \in \delta_D^+(V_s)} f(a) - \sum_{a \in \delta_D^-(V_s)} f(a)$$

（証明）

$$\begin{aligned}
\mathrm{value}(f) &= \mathrm{ex}_f(t) = -\mathrm{ex}_f(s) = -\sum_{v \in V_s} \mathrm{ex}_f(v) \\
&= \sum_{vw \in A(D): v \in V_s} f(vw) - \sum_{uv \in A(D): v \in V_s} f(uv) \\
&= \left(\sum_{vw \in A(D): v \in V_s, w \notin V_s} f(vw) + \sum_{vw \in A(D): v, w \in V_s} f(vw) \right) \\
&\quad - \left(\sum_{uv \in A(D): v \in V_s, u \notin V_s} f(uv) + \sum_{uv \in A(D): u, v \in V_s} f(uv) \right) \\
&= \sum_{vw \in A(D): v \in V_s, w \notin V_s} f(vw) - \sum_{uv \in A(D): v \in V_s, u \notin V_s} f(uv) \\
&= \sum_{a \in \delta_D^+(V_s)} f(a) - \sum_{a \in \delta_D^-(V_s)} f(a)
\end{aligned}$$

□

ネットワーク (D, s, t, c) の有向辺集合 X が **s-t-カット**（s-t-cut）であるとは，s を含み t を含まない D の点部分集合 $V_s (s \in V_s, t \notin V_s)$ が存在して，$X := \delta_D^+(V_s)$ と表せるときをいう．s-t-カット X の**容量**（capacity）とは，X を構成する有向辺の容量の総和 $\sum_{a \in X} c(a)$ のことである．次の命題は，補題 6.2 から直接導かれる重要な帰結である．

補題 6.3　ネットワーク (D, s, t, c) の s-t-フローの流量は，任意の s-t-カットの容量を超えない．

（証明）

$$\begin{aligned}
\mathrm{value}(f) &= \sum_{a \in \delta_D^+(V_s)} f(a) - \sum_{a \in \delta_D^-(V_s)} f(a) \\
&\leq \sum_{a \in \delta_D^+(V_s)} f(a) \leq \sum_{a \in \delta_D^+(V_s)} c(a)
\end{aligned}$$

□

任意に与えられたネットワーク (D, s, t, c) に対して，流量最大の s-t-フロー（の一つ）を求める最適化問題のことを，**最大フロー問題**（maximum flow problem）という．最大フロー問題は，物流，ジョブの割り当て，マッチング，画像処理など，実社会の多岐にわたる問題に豊富な応用をもつことが知られている．

最大フロー問題に対する初めてのアルゴリズムは，フォードとファルカーソン（Ford and Fulkerson (1957) [21]）により与えられた．彼らのアルゴリズムについて説明する前に，用語の準備をしておこう．

定義 6.19 [残容量グラフ] 与えられたネットワーク (D, s, t, c) における，始点を p 終点を q とする D の有向辺 $a \in A(D)$ に対して，頂点 q を始点，頂点 p を終点とする新たな有向辺 $\overleftarrow{a}$ を付随させる．この $\overleftarrow{a}$ のことを，有向辺 a の**逆辺**（reverse edge）と呼ぶ．D の有向辺 a の逆辺 $\overleftarrow{a}$ は D の辺ではないこと $(a \in A(D) \Leftrightarrow \overleftarrow{a} \notin A(D))$ に注意する．また，D の有向辺 a の逆辺 $\overleftarrow{a}$ の逆辺 $\overleftarrow{\overleftarrow{a}}$ を a と定義する（$\overleftarrow{\overleftarrow{a}} := a$）．ここで，

$$\overleftrightarrow{D} := (V(D), A(D) \dot{\cup} \{\overleftarrow{a} \mid a \in A(D)\})$$

という新たな有向グラフ $\overleftrightarrow{D}$ を定義する．なお，$\dot{\cup}$ は集合の**直和**（disjoint union）を表す演算子である．したがって，もし D が頂点 p を始点，頂点 q を終点とする有向辺 $a \in A(D)$ と，頂点 q を始点，頂点 p を終点とする有向辺 $b \in A(D)$ の双方をもつ場合には，$\overleftrightarrow{D}$ は p を始点，q を終点とする 2 本の並列辺 $a, \overleftarrow{b}$，および q を始点，p を終点とする 2 本の並列辺 $b, \overleftarrow{a}$ をそれぞれもつことになる．ここで (D, s, t, c) の任意の s-t-フロー f に対して，以下のように，**残容量**（residual capacity）関数 $c_f : A(\overleftrightarrow{D}) \to \mathbb{R}_+$ を定義する．

$$c_f(a) := \begin{cases} c(a) - f(a) & (a \in A(G)) \\ f(a) & (\overleftarrow{a} \in A(G)) \end{cases}$$

このとき，$\overleftrightarrow{D}$ の残容量が正である辺集合により誘導される部分グラフ

$$D_f := (V(D), \{a \in A(\overleftrightarrow{D}) \mid c_f(a) > 0\})$$

のことを，**残容量グラフ**（residual graph）と呼ぶ．

ネットワーク (D,s,t,c) の s-t-フロー f に対する $\overleftrightarrow{D}$ の辺の残容量の定義について，どう捉えたらよいだろうか？ D の各辺 a において，現在のフローの値 $f(a)$ を超過してさらに余分に流すことができる上限は $c(a)-f(a)$ で与えられるから，こちらの方は文字通り，「残容量」としての意味が明確である．ここで問題となるのは，D の辺 a の逆辺 $\overleftarrow{a}$ についての定義 $c_f(\overleftarrow{a}) := f(a)$ の方であるが，これについては次のように考えるとわかりやすい．現在 a に流れているフローの量 $f(a)$ を少し絞って $f(a)-\epsilon$ にすることは，相対的にみれば $\overleftarrow{a}$ に沿ってフローを ϵ だけ逆流させることに等しい．この相対的な立場で考えれば，$\overleftarrow{a}$ の向きに流すことのできる量の上限 $c_f(\overleftarrow{a})$ が a を流れるフローの量 $f(a)$ と一致していることに，納得されるのではないだろうか．

ひとたび残容量の概念についてこのように理解されると，残容量グラフ D_f における，s を始点として t を終点とするパス，すなわち，**s-t-パス**（s-t-path）の意味について考えることができるようになる．D_f に s-t-パス P がみつかれば，P 上の辺の残容量の最小値 $\min_{a\in A(P)} c_f(a)$ に相当する追加フローを，P に沿って s から t に余分に流すことができる．この D_f は，$\overleftrightarrow{D}$ の正の残容量をもつ辺のみで構成される部分グラフだから $\min_{a\in A(P)} c_f(a) > 0$ は常に成り立つので，この操作は s-t-フロー f の流量を真に増加させる．このことから，残容量グラフ D_f の s-t-パス P を **f-増加パス**（f-augmenting path）と呼び，P に γ の量の追加フローを流すことを，P に沿って f を γ だけ**増加する**（augment）という．

アルゴリズム **6.3** [**フォード-ファルカーソンのアルゴリズム**]

1. すべての辺 a で $f(a) := 0$ とする．
2. f-増加パスが存在しないならば，終了する．
3. f-増加パス P を一つ見つける．
4. $c_{\min}[P] := \min_{a\in E(P)} c_f(a)$ を計算し，P に沿って $c_{\min}[P]$ だけフロー f を増加し，ステップ 2 に戻る．

このアルゴリズムは，容量関数の値域を有理数に制限した場合には有限時間で停止する正しいアルゴリズムとなるが，容量関数が無理数に値を取る入力に対しては，停止しないことがある（Ford and Fulkerson (1962) [22]）.

定理 6.8 フォード-ファルカーソンのアルゴリズムは，有理数容量関数 $c_Q : A(D) \to \mathbb{Q}_+$ をもつネットワーク (D, s, t, c_Q) における最大フロー問題を有限時間で正しく解く.

(証明) ネットワーク (D, s, t, c_Q) における各辺の有理数容量を既約分数として表し，それらすべての分母の最小公倍数を c_Q に乗じることで，自然数容量関数 c_N をもつネットワーク (D, s, t, c_N) を作り，その最大フロー問題を解けばよい．(D, s, t, c_N) におけるフローの最大値の自明な上界として，すべての辺の容量の和 $S := \sum_{a \in A(D)} c_N(a)$ が考えられるが，フォード-ファルカーソンのアルゴリズムのステップ 4 では，P に沿って少なくとも 1 以上フロー f が増加するから，このステップ 4 は高々 S 回しか繰り返されることはなく，アルゴリズムの有限停止性は明らかに成立する．アルゴリズムが停止した直後の残容量グラフ D_f において s から到達可能なすべての頂点の集合 V_s を考える．仮定により，$s \in V_s$ であり，$t \notin V_s$ である．もし，$\delta^+_D(V_s)$ に属する有向辺 a で $f(a) < c_N(a)$ となるものがあれば，D_f は a を含むはずであり，s は V_s の外にある a の終点に到達可能であるから，V_s の定義と矛盾する．よって，$\delta^+_D(V_s)$ に属するすべての有向辺 a に対して $f(a) = c_N(a)$ が成り立つ．同様にして，$\delta^-_D(V_s)$ に属する有向辺 a' で $f(a') > 0$ を満たすものがあれば，D_f は $\overleftarrow{a'}$ を含むので，s は V_s の外にある $\overleftarrow{a'}$ の終点に到達可能となり，再び V_s の定義と矛盾する．したがって，$\delta^-_D(V_s)$ に属するすべての有向辺 a' に対して $f(a') = 0$ が成立する．よって，このフロー f の流量は，補題 6.2 より，V_s に付随する有向カット $\delta^+_D(V_s)$ の容量 $\sum_{a \in \delta^+_D(V_s)} c(a)$ と一致する．さらに，補題 6.3 より，この値 $\sum_{a \in \delta^+_D(V_s)} c(a)$ は任意の s-t-フローの流量の上限値であるから，この f は当該ネットワークの最大フローである． □

定理 6.8 の上記の証明から，s-t-フローと s-t-カットの間に成り立つ有名な定理が導かれる．

定理 6.9 [最大フロー最小カットの定理]　ネットワーク (D, s, t, c) の s-t-フローの流量の最大値は，その s-t-カットの容量の最小値に等しい．

4 章でも紹介されているように，最大フロー最小カットの定理からは，その系として，グラフ理論の礎の一つである**メンガーの定理**（Menger's Theorem）が，そのさまざまなバリエーションと共に，導かれる[*1]．そうした意味において，最大フロー最小カットの定理は，理論的にも極めて重要な結果である．

*1　本節の演習問題 問2および問3を参照のこと．

容量関数 c_N の値域を非負整数に制限すれば，アルゴリズム 6.3 のステップ 4 は高々 $\sum_{a \in A(D)} c_N(a)$ 回しか繰り返されないことは上の証明に述べたとおりである．しかしながら，この事実はフォード-ファルカーソンのアルゴリズムが多項式時間内に停止することを保証するものでは全くない．なぜならば，最大フロー問題のインスタンスにおける D の各辺 a の容量 $c_N(a)$ の記述には，高々 $O(\log(c_N(a)))$ ビットしか要さないからである．逆に言えば，容量関数の値の記述に要するサイズを k とすると，容量関数の値そのものは $\Omega(2^k)$ のサイズに膨れ上がる．実際，容量関数の値域を非負整数に制限しても，f-増加パスの選び方次第では，アルゴリズムが停止するまでに入力サイズの指数関数回のステップ数が必要となる例[*2]が存在する．もっとも，$\sum_{a \in A(D)} c_N(a)$ の値が十分に小さい (例えば $O(n)$) 場合には，$\sum_{a \in A(D)} c_N(a)$ の記述に要するサイズではなく，$\sum_{a \in A(D)} c_N(a)$ の値そのものを入力サイズに加えても問題は生じない．そうした場合には，このアルゴリズムは入力サイズの多項式時間で終了すると言えなくもない．このように，各インスタンスが非負整数のリストをもつ問題に対して，そのリスト中の最大整数値そのものを入力サイズに繰り込んだときに，入力サイズの多項式時間で終了することが保証されているアルゴリズムのことを，**擬似多項式時間アルゴリズム**（pseudopolynomial-time algorithm）という．

*2　本節の演習問題 問4を参照のこと．

一方，容量関数の値域を非負実数 $\mathbb{R}_+$ に取る本来の最大フロー問題に対して，初めて多項式時間アルゴリズムを与えたのは，エドモンズとカープ（Edmonds and Karp (1972) [23]）である．彼らは，

最短の f-増加パスを都度選択する，というシンプルな戦略を用いて成功した．

アルゴリズム 6.4 [エドモンズ-カープのアルゴリズム]

1. すべての辺 a で $f(a) := 0$ とする．
2. f-増加パスが存在しないならば，終了する．
3. 辺数最小の f-増加パス P を一つ見つける．
4. $c_{\min}[P] := \min_{a \in E(P)} c_f(a)$ を計算し，P に沿って $c_{\min}[P]$ だけフロー f を増加し，ステップ 2 に戻る．

定理 6.10 エドモンズ-カープのアルゴリズムは，頂点数 n，辺数 m のネットワーク (D, s, t, c) における最大フロー問題を $O(m^2 n)$ の計算量で正しく解く．

(証明) はじめに，この証明に用いる用語について定義しておく．アルゴリズムにおける第 i-番目の s-t-フローを $f(i)$ とし，$f(i)$ により規定される残容量グラフを $D_{f(i)}$ と書く．当該アルゴリズムが $D_{f(i)}$ 上で選択した f-増加パスを $P(i)$ と表す．この有向パス $P(i)$ の始点は常に s であり，終点は常に t である．二つの自然数 j, k $(j < k)$ に対して，f-増加パス $P(j)$ と $P(k)$ が順辺逆辺の関係にあるとは，$\overleftrightarrow{D}$ のある有向辺 a に対して $a \in P(j)$ かつ $\overleftarrow{a} \in P(k)$ が成り立つときをいう．このときさらに，$j+1$ 以上 $k-1$ 以下の如何なる自然数 ℓ に対しても $P(\ell)$ と $P(k)$ が順辺逆辺の関係にないならば，二つの f-増加パス $P(j)$ と $P(k)$ は真の意味で順辺逆辺の関係にあるという．

このとき，以下の二つの主張を証明する．

(主張 1) 二つの自然数 j, k $(j < k)$ に対して，f-増加パス $P(j)$ と $P(k)$ が真の意味で逆辺逆辺の関係にあるならば，$|P(j)| + 2 \leq |P(k)|$ である．

$P(j)$ が有向辺 $a_1 = p_1 q_1$ を，$P(k)$ がその逆辺 $\overleftarrow{a_1}$ をもつとしよう．このとき，これらの f-増加パスは，$P(j) = sP_1(j)p_1 a_1 q_1 P_2(j)t$ および $P(k) = sP_1(k)q_1 \overleftarrow{a_1} p_1 P_2(k)t$ のように分解される．こ

の分解を用いれば，$P^1(j) = sP_1(j)p_1P_2(k)t$ および $P^1(k) = sP_1(k)q_1P_2(j)t$ という，a_1 も $\overleftarrow{a_1}$ も含まない 2 本の s-t-パスが得られる．以下再帰的に，$P^i(j)$ が有向辺 $a_i = p_iq_i$ を，$P^i(k)$ がその逆辺 $\overleftarrow{a_i}$ をもつときにも同様の処理を繰り返すと，いずれは，$P(j)$ と $P(k)$ のもつ順辺逆辺のペアを一切含まない 2 本の s-t-パス $P^\ell(j)$ および $P^\ell(k)$ が得られる．これら二つの s-t-パスを構成する任意の有向辺は，$P(j)$ の辺であるか，さもなければ，$P(k)$ の辺であってかつその逆辺が $P(j), P(j+1), \ldots, P(k-1)$ のいずれにも含まれないか，のどちらかである．よって，$P^\ell(j)$ および $P^\ell(k)$ は $D_{f(j)}$ 上の f-増加パスとなり，$|P(j)|$ の最小性から $|P(j)| \leq |P^\ell(j)|$ かつ $|P(j)| \leq |P^\ell(k)|$ が成り立つ．一方，$|P^\ell(j)|+|P^\ell(k)| \leq |P(j)|+|P(k)|-|\{a_1, \overleftarrow{a_1}\}| = |P(j)|+|P(k)|-2$ も成立するので，$2|P(j)| \leq |P(j)| + |P(k)| - 2$ となり，主張 1 の言明が得られる．

（主張 2）　f-増加パスの長さはアルゴリズムの更新に対して単調非減少である．すなわち，f-増加パス $P(i)$ と $P(i+1)$ について，$|P(i)| \leq |P(i+1)|$ が成り立つ．

実際，$P(i)$ と $P(i+1)$ が順辺逆辺の関係になければ，双方共に $D_{f(i)}$ 上の f-増加パスであるのは明らかだから $|P(i)| \leq |P(i+1)|$ であるし，逆に $P(i)$ と $P(i+1)$ が順辺逆辺の関係ならば，それは真の意味で順辺逆辺の関係にあるから，主張 1 により $|P(i)|+2 \leq |P(i+1)|$ となって，いずれの場合にも主張 2 が成立する．

さて，アルゴリズムのステップ 4 は，ステップ 3 で得られた f-増加パス $P(i)$ の少なくとも一つの有向辺の残容量を 0 にするので，その辺は残容量グラフから取り除かれ，かつその逆辺が（なければ）追加される．したがって，連続する任意の $m+1$ 本の f-増加パスの系列 $P(i), P(i+1), \ldots, P(i+m)$ には，真の意味で順辺逆辺の関係にある二つの f-増加パスが必ず含まれる．この事実と主張 1，および主張 2 を合わせて考えると，f-増加パスの長さは，アルゴリズムの高々 m 回の更新の後に 2 以上増加することがわかる．その一方において，f-増加パスの長さの上限は $n-1$ なので，結局このアルゴリズムの更新は高々 $\lfloor m \cdot n/2 \rfloor$ 回しか繰り返されない．ステップ 1 は単位時間 $O(1)$ の手間で達成され，ステップ 2 とステップ 3 はグラフの幅優先探索を用いることで $O(m)$ の手間で達成される．ステップ 4 の手間は $O(n)$ である．したがって，このアルゴリズムの計算量は $O(m^2n)$ であり，特にその有限停止性が保証される．このアルゴリズムの正当性の証明は，定理 6.8 における証明と同一であり，省略する． □

エドモンズ-カープのアルゴリズムの具体例上での実行結果については，図 6.7 を参照のこと．

ネットワークフローに関する問題は理論上も応用上も極めて重要であるため，盛んに研究されている．この問題に関連する主要な成果やその後の進展については，当該分野のバイブルともいえるオーリン（Orlin）等の大書，“Network Flows – Theory, Algorithms, and Applications –” にまとめられているので，ご興味をおもちになった読者の皆さんは，適切な機会に是非，手に取って眺めてみられることをお薦めする．

複数の湧き出し口や吸い込み口があるネットワーク

同じ商品を作っている複数の工場（生産拠点）s_i $(i = 1, \dots, k)$ から，複数の販売店（消費拠点）t_j $(j = 1, \dots, \ell)$ に向けて，この物品を定常的に配送したい．各生産拠点 s_i には単位時間当たりの生産量の上限 $\mathrm{prod}(s_i)$ が，また各消費拠点 t_j には単位時間当たりの消費量 $\mathrm{cons}(t_j)$ が与えられている．これらの状況を素直にモデル化すると，k 個の湧き出し口（生産拠点）と，ℓ 個の吸い込み口（消費拠点）をもつネットワークとなるだろう．このように，複数の湧き出し口や吸い込み口をもつネットワークを扱うときには，このネットワークの外に，仮想的な湧き出し口の代表点 v_S と，同じく仮想的な吸い込み口の代表点 v_T の 2 点を用意して，v_S から各 s_i に向かって有向辺 $a(v_S, s_i)$ を，各 t_j から各 v_T に向かって有向辺 $a(t_j, v_T)$ をそれぞれ接続させる．新しく付け加えた辺の容量については，例えば，有向辺 $a(v_S, s_i)$ の容量を $c(a(v_S, s_i)) := \mathrm{prod}(s_i)$，有向辺 $a(t_j, v_T)$ の容量を $c(a(t_j, v_T)) := \mathrm{cons}(t_j)$ としてやればよい．こうして得られた新しいネットワークにおいて，湧き出し口 v_S から吸い込み口 v_T へ流す流量 $\sum_{j=1}^{\ell} \mathrm{cons}(t_j)$ の最大フローを求めればよいのである．

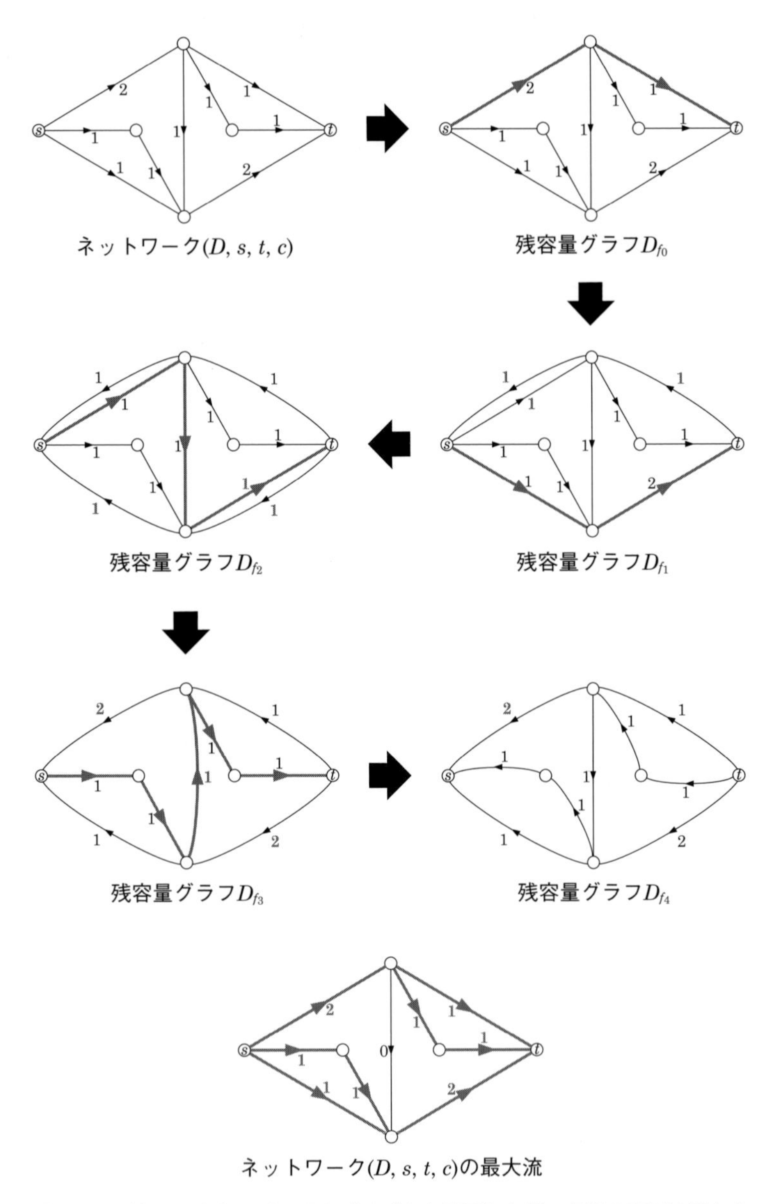

図6.7　エドモンズ-カープのアルゴリズムを適用した例．各辺の容量は最左上の図に記載．各残容量グラフ上で選択した f-増加パスを太線で表記．

4. 効率的に解くことが難しい問題—$\mathscr{NP}$ 困難性

もちろん，多項式時間では解けないことが証明されている問題も数多く存在する．「プログラムが入力サイズの指数時間で停止するかどうかを判定する問題」などはその典型である．

定義 6.20 [指数時間とクラス EXPTIME] 問題 ψ に対して，ψ を解く決定性チューリング機械 M と定数 k の組 (M, k) が存在して，M の最悪時間計算量 $\mathrm{T}_M(n)$ が $O(2^{n^k})$ のオーダとなるとき，この問題 ψ は**指数時間で解ける**（solvable in exponential time）という．ここでさらに，ψ が決定問題である場合には，この決定問題 ψ は**クラス EXPTIME に属する**（$\psi \in \mathrm{EXPTIME}$）という．すなわち，EXPTIME は指数時間で解ける決定問題のクラスである．

例 指数時間で停止するか否かを判定する問題　チューリング機械 M と，その入力文字列 ω の対 $\langle M, \omega \rangle$ を任意に与えたとき，M が入力 ω に対して $2^{|\omega|}$ ステップ以内に停止するならば YES，そうでなければ NO と答えさせる問題を考える．この問題を解くためには，M の ω に対する遷移をシミュレートすればよいので，この問題がクラス EXPTIME に属することは明らかである．実際この問題は，少なくとも $\Theta(2^{|\omega|})$ 以上の手間が掛かる（このことを，$\boldsymbol{\Omega(2^{|\omega|})}$ **のオーダである**と表現する）ことが知られており，クラス $\mathscr{P}$ には含まれないが，そのことを示すには多少の工夫が必要であるので，ここでは省略する．

定理 6.11　上記の問題の計算量は $\Omega(2^{|\omega|})$ である．

定理 6.11 からは，以下の重要な帰結が導かれる．

定理 6.12　$\mathscr{P} \subsetneq \mathrm{EXPTIME}$ である．

一方，効率的に解くのは難しそうだ（クラス $\mathscr{P}$ には入らないのではないか）という推測はついているものの，現段階でそのことを証明することが著しく困難である，と考えられているような問題群も存在する．

これから説明する「非決定性チューリング機械を用いて，多項式時間で計算が可能な問題」のクラスは，そうした問題群を含む重要な概念であると考えられている．とりわけ，上記のクラスを決定問題に制限した概念であるクラス $\mathscr{NP}$ が，クラス $\mathscr{P}$ に含まれない「真に難しい」問題を含むかどうか，この基本的ともいえる重要な問に対する答えはいまだに見つかっていない．通称「$\mathscr{P} \neq \mathscr{NP}$?問題」の名で呼ばれるこの問いかけについては，狭い意味での計算理論の範疇をはるかに超えて，いわば現代数学が直面する本質的な未解決問題の一つであると考えられており，現在もその解決に向けて，多くの数学者の真剣な取組みが続けられている．

定義 6.21 [**非決定性チューリング機械**]　**非決定性チューリング機械** (non-deterministic Turing machine) とは，決定性チューリング機械における遷移関数（次動作関数）の定義を，一価関数から多価関数へ変更したモデルである．すなわち，非決定性チューリング機械 M の現在の内部状態を $p(\in Q)$，M が参照しているセルのテープ記号を $a(\in \Gamma)$ とするとき，遷移関数の値の候補 $\delta_i(p,a) = (q,b,D)$ $(D \in \{\leftarrow, \rightarrow\})$ が複数 $(i = 1,2,\cdots,m)$ 存在し得る．このとき，M は自ら m 個に分裂し，m 種類ある遷移のバリエーションをそれぞれ分担して解く．こうして，状態遷移の各段階で遷移可能性の分岐が生じる度に，M の分裂が繰り返される．入力文字列 ω に対して M の様相に遷移の分岐が生じていく様子を**計算の根付き木** $\mathrm{Tr}(M,\omega)$ (computational tree) として記述することができる．$\mathrm{Tr}(M,\omega)$ の根 (root) は M の初期様相であり，その他の各ノードは，（遷移の結果生じる）M の様相（テープ上に書かれた文字列とヘッドの位置，および機械の内部状態）を表している．$\mathrm{Tr}(M,\omega)$ の根を始点とするパスが，それぞれ M の一つの遷移系列を表す．個々の遷移系列は無限に続く（暴走する）こともあり得るため，$\mathrm{Tr}(M,\omega)$ は一般に無限グラフとなる．

定義 6.22 [**非決定性チューリング機械における受理と拒否**]　非決定性チューリング機械 M が入力文字列 ω を**受理する**ことの定義は，遷移計算の根付き木 $\mathrm{Tr}(M,\omega)$ において，その根を始点とし，そのいずれかの葉（leaf）を終点とするような有限長のパス P が存在して，パス P に対応する M の遷移系列が ω を受理すること，とする．すなわち，ω が M によって受理されるためには，分裂を繰り返した先に存在する M のコピーの少なくとも一つが ω を受理して停止すればよい．一方，M が ω を**拒否する**ことの定義は，$\mathrm{Tr}(M,\omega)$ が有限グラフであり，そのすべての遷移系列が ω を拒否して終了すること，とする．M が ω を受理せず，かつ $\mathrm{Tr}(M,\omega)$ が無限グラフの場合には，M は停止せず，ω の拒否も確定しない．

定義 6.23 [**非決定性チューリング機械による問題の半決定と決定**]
非決定性チューリング機械 M が決定問題 ψ を**半決定する**，とは，M の受理言語 $L(M)$ が ψ の YES-set（$\psi^{-1}(\mathrm{YES})$）と一致する（$L(M) = \psi^{-1}(\mathrm{YES})$）ときを指す．非決定性チューリング機械 M が決定問題 ψ を**決定する**（**解く**）とは，M が問題 ψ を半決定し，かつ，任意の入力文字列 ω に対して，M の遷移計算の根付き木 $\mathrm{Tr}(M,\omega)$ が有限グラフとなること，と定義する．

定義 6.24 [**非決定性チューリング機械の最悪時間計算量**]　長さ n の任意の入力文字列 ω ($|\omega| = n$) に対する非決定性チューリング機械 M の遷移計算の根付き木 $\mathrm{Tr}(M,\omega)$ の高さ（根を始点とする $\mathrm{Tr}(M,\omega)$ の最長パスの長さ）の上限値を表す関数 $T_M(n)$ のことを，M の**最悪時間計算量**と呼ぶ．すなわち，$T_M(n)$ とは，長さ n の任意の入力に対する M の任意の遷移系列が終了するまでにかかるステップ数の上限を表す．

定義 6.25 [**非決定性多項式時間とクラス $\mathscr{NP}$**]　問題 ψ に対して，ψ を解く非決定性チューリング機械 M と自然数 k の組 (M,k) が存在して，M の最悪時間計算量 $T_M(n)$ が $O(n^k)$ のオーダとなるとき，この問題 ψ は**非決定性多項式時間で解ける**（solvable in non-deterministic polynomial time）という．ここでさらに，ψ が決定問題である場合には，この決定問題 ψ は**クラス $\mathscr{NP}$ に属する**（$\psi \in \mathscr{NP}$）という．すなわち，$\mathscr{NP}$ は非決定性チューリング機械を用いて多項式時間で解ける決定問題のクラスである．

決定性チューリング機械は，非決定性チューリング機械の特殊な場合であると考えられるので，クラス $\mathscr{P}$ がクラス $\mathscr{NP}$ に含まれる（$\mathscr{P} \subseteq \mathscr{NP}$）のは明らかである．一方，「$\mathscr{NP}$ に含まれ，かつ $\mathscr{P}$ には含まれないような決定問題は存在するか（$\mathscr{NP} \setminus \mathscr{P} \neq \emptyset$?）」という問については，依然としてその真偽が判明していない状況である．しかしながら，現在，以下の予想の正しさを疑う研究者はほとんどいない．

予想 6.1 [**$\mathscr{P} \neq \mathscr{NP}$ 予想**]　$\mathscr{P} \neq \mathscr{NP}$ である．すなわち，$\mathscr{NP}$ に含まれ，かつ $\mathscr{P}$ には含まれないような決定問題が存在する．

ちなみに，非決定性チューリング機械 M の入力文字列 ω に対する遷移プロセスは，その遷移計算の根付き木 $\mathrm{Tr}(M, \omega)$ の上を幅優先探索することにより，決定性チューリング機械として逐次的に計算することが可能である．したがって

定理 6.13　任意の非決定性チューリング機械 M について，M と同じ受理言語をもつ決定性チューリング機械 M' が存在する．

ただし上記の方法では，M をシミュレートする決定性チューリング機械の計算量は $\mathrm{Tr}(M, \omega)$ の辺数の多項式のオーダとなり，M の計算スピードに比べて指数関数的に計算時間が増大する．だからといって $\mathscr{P} \neq \mathscr{NP}$ であると早合点してはいけない．ほかにうまい方法がないとは言い切れないからである（おそらくないだろうけれども）．

ところでもし $\mathscr{P} \neq \mathscr{NP}$ であるならば，「クラス $\mathscr{NP}$ の中で『最も計算が困難な』問題」は，あからさまに $\mathscr{NP} \setminus \mathscr{P}$ に属するであろう．予想 6.1 の解決には，そのような問題についての考察が不可欠であるが，そのためにはまず，『最も計算が困難な』という部分を正確に定義しておく必要がある．

定義 6.26 [**多項式時間還元**]　決定問題 f を決定問題 g に還元する決定性チューリング機械 M と自然数 k の組 (M, k) が存在して，M

の最悪時間計算量 $T_M(n)$ が $O(n^k)$ のオーダとなるとき，M は問題 f を問題 g に**多項式時間還元する**（reduce in polynomial time）という．

なお，定義 6.26 の決定問題 g がクラス $\mathscr{P}$ に属する場合には，まず上記の M を用いて問題 f のインスタンスを多項式時間以内に問題 g のインスタンスに翻訳し，その後に問題 g を多項式時間で解く（別の）決定性チューリング機械を利用することができるので，結局，問題 f も $\mathscr{P}$ に属することになる（$g \in \mathscr{P} \Rightarrow f \in \mathscr{P}$）．この事実の対偶をとると，問題 f がクラス $\mathscr{P}$ に属さない場合には，問題 g もクラス $\mathscr{P}$ には属さない（$f \notin \mathscr{P} \Rightarrow g \notin \mathscr{P}$）ことがわかる．

定義 6.27 [$\mathscr{NP}$ **完全性**]　問題 X について，クラス $\mathscr{NP}$ に属する任意の決定問題 Y が X に多項式時間還元されるとき，この問題 X は $\mathscr{NP}$ **困難**（$\mathscr{NP}$-hard）であるという．ここでさらに X 自身がクラス $\mathscr{NP}$ に属する決定問題ならば，X は $\mathscr{NP}$ **完全**（$\mathscr{NP}$-complete）であるという．

$\mathscr{NP}$ 完全問題の具体例については，スティーブン・クック（Stephen A. Cook）による 1971 年の記念碑的な論文の中で，「$\mathscr{NP}$ 完全性」という概念（ただし，彼自身の定式化は上記の定義とは若干異なる）とともに，初めてもたらされた．彼はこの論文の中で，いわゆる「充足可能性問題（Satisfiability Problem; SAT）」が $\mathscr{NP}$ 完全であることを証明し，さらにこの問題がクラス $\mathscr{NP}$ に属するほかのいくつかの問題にも多項式時間還元できる（すなわち，それらの問題も再び $\mathscr{NP}$ 完全である）ことを示したのである．

ではこれから，充足可能性問題について説明する．そのためにはまず命題論理式について説明しなければならない．

定義 6.28 [**命題論理式**]　**命題論理式**（propositional formula）は，以下の条件を満たすものとして再帰的に定義される．

1. **論理変数** $x(\in \{0,1\})$ は命題論理式である．
2. 命題論理式 F_i $(i=1,\cdots,n)$ の**論理和** $F_1 \vee \cdots \vee F_n$ と**論理積** $F_1 \wedge \cdots \wedge F_n$ は，それぞれ命題論理式である．
3. 命題論理式 F の**否定** $\neg F$ は命題論理式である．

この定義によれば，結局すべての命題論理式は，論理和 $\vee$，論理積 $\wedge$，否定 $\neg$，および各演算の及ぶ範囲を限定するための括弧 “(” と “)” を用いて，いくつかの論理変数 $x_1,\cdots,x_n$ を連結した形になる．命題論理式 ψ に対して，そのすべての論理変数に**真理値**（truth value）として 1(= true) または 0(= false) のいずれかを代入する操作を，ψ に対する**真理値割当て** $\mathscr{A}$（truth assignment）という．なお，ψ のすべての論理変数の真理値が決まると，以下に示す計算規則を ψ の各項に対して再帰的に適用することにより，ψ 自体の真理値も 1 もしくは 0 のいずれかに定まる．

1. 真理値割当て $\mathscr{A}$ における命題論理式 F_i $(i=1,\cdots,n)$ の真理値を，$F_i(\mathscr{A})$ $(i=1,\cdots,n)$ とするとき，論理和 $F_1 \vee \cdots \vee F_n$ の真理値を
   $$(F_1 \vee \cdots \vee F_n)(\mathscr{A}) := \max\{F_1(\mathscr{A}),\cdots,F_n(\mathscr{A})\}$$
   と定義する．
2. 真理値割当て $\mathscr{A}$ における命題論理式 F_i $(i=1,\cdots,n)$ の真理値を，$F_i(\mathscr{A})$ $(i=1,\cdots,n)$ とするとき，論理積 $F_1 \wedge \cdots \wedge F_n$ の真理値を
   $$(F_1 \wedge \cdots \wedge F_n)(\mathscr{A}) := \min\{F_1(\mathscr{A}),\cdots,F_n(\mathscr{A})\}$$
   と定義する．
3. 真理値割当て $\mathscr{A}$ における命題論理式 F の真理値を $F(\mathscr{A})$ とするとき，F の否定 $\neg F$ の真理値を
   $$(\neg F)(\mathscr{A}) := 1 - F(\mathscr{A})$$
   と定義する．

例 命題論理式と真理値割当て　三つの論理変数 x,y,z からなる命題論理式

$$\psi(x,y,z) = ((\neg(x \vee (\neg y))) \wedge (y \vee z)) \vee ((\neg z) \wedge x)$$

に対して，真理値割当て $\mathscr{A}(x,y,z)=(1,1,0)$ を行うと

$$\begin{aligned}
\psi(\mathscr{A}) &= ((\neg(1 \vee (\neg 1))) \wedge (1 \vee 0)) \vee ((\neg 0) \wedge 1) \\
&= ((\neg(1 \vee 0)) \wedge 1) \vee (1 \wedge 1) \\
&= ((\neg 1) \wedge 1) \vee 1 \\
&= (0 \wedge 1) \vee 1 \\
&= 0 \vee 1 \\
&= 1
\end{aligned}$$

となる．

定義 6.29 [充足可能性問題]　充足可能性問題 (Satisfiability Problem：SAT) とは，論理変数の組 $\{x_1,\cdots,x_n\}$ と，その上の命題論理式 $\psi(x_1,\cdots,x_n)$ が任意に一つ与えられたとき，$\psi(\mathscr{A})=1$ となるような真理値割当て $\mathscr{A}$ が存在すれば YES，さもなければ NO と答えさせる問題である．n 個の論理変数の組に対する，互いに異なる真理値割当ての場合の数は 2^n であり，これらおのおのの可能性についてそれぞれ ψ の真理値を計算することにより，充足可能性問題は決定可能である．したがって，充足可能性問題はクラス EXPTIME に属するが，実はさらに強く，以下の言明も成立する．

定理 6.14　充足可能性問題はクラス $\mathscr{NP}$ に属する．

(証明)　充足可能性問題を多項式時間で解く非決定性チューリング機械 M の存在を示す．論理変数の組 $\{x_1,\cdots,x_n\}$ と，その上の命題論理式 $\psi(x_1,\cdots,x_n)$ が任意に一つ与えられたとき，M はまず，おのおのの論理変数 x_i $(i=1,\cdots,n)$ の値を推測して，$x_i=1$ の場合と $x_i=0$ の場合に遷移の可能性を 2 分岐させる．こうした分岐を n 回 $(i=1,\cdots,n)$ 行えば，n 個すべての論理変数の真理値が確定するが，この作業は M にとって $O(n)$ 回のステップ数を要するに過ぎない．こうして各分岐における ψ の真理値割当てが確定すれば，ψ 自体の真理値は ψ の記述の長さ（$\leq$ 入力サイズ）の多項式時間で計算できる．よって，$\psi(\mathscr{A})=1$ となる真理値割当て $\mathscr{A}$ がある場合には，入力サイズの多項式時間以内に，分岐した遷移系列のどこかで，その事実が判明する．すなわち，この決定問題はクラ

ス $\mathscr{NP}$ に属する. □

定義 6.30 [命題論理式の乗法標準形] 命題論理式における論理変数 x, もしくはその否定 $\neg x$ のことを**リテラル** (literal) という. 単独のリテラルからなる式か, もしくは複数のリテラルを論理和 $\vee$ でつなげた式のことを, **和句** (disjunctive clause) という. 和句を単に**節** (clause) と呼ぶこともある. また, 和句を構成するリテラルの数を, その和句の**長さ** (length) という. 単独の和句からなる式か, もしくは複数の和句を論理積 $\wedge$ でつなげた式の形を, **乗法標準形** (Conjunctive Normal Form; CNF)[*1] であるという. 乗法標準形は和積標準形と呼ばれることもある. なお, 任意の命題論理式は乗法標準形で書き表せることが知られている[*2].

*1　論理積標準形ともいう.

*2　2章2.1節5項を参照のこと.

例 命題論理式を乗法標準形へ式変形する　先述の命題論理式は

$$\begin{aligned}\psi(x,y,z) &= ((\neg(x \vee (\neg y))) \wedge (y \vee z)) \vee ((\neg z) \wedge x)\\ &= (((\neg x) \wedge y) \wedge (y \vee z)) \vee ((\neg z) \wedge x)\\ &= ((\neg x) \wedge y \wedge (y \vee z)) \vee ((\neg z) \wedge x)\\ &= ((\neg x) \wedge y) \vee ((\neg z) \wedge x)\\ &= ((\neg x) \vee ((\neg z) \wedge x)) \wedge (y \vee ((\neg z) \wedge x))\\ &= ((\neg x) \vee (\neg z)) \wedge ((\neg x) \vee x) \wedge (y \vee (\neg z)) \wedge (y \vee x)\\ &= ((\neg x) \vee (\neg z)) \wedge (y \vee (\neg z)) \wedge (y \vee x)\end{aligned}$$

という一連の式変形により, 乗法標準形に書き換えることができる.

定義 6.31 [CNF 充足可能性問題] 充足可能性問題における入力の命題論理式を乗法標準形の式に制限した問題のことを **CNF 充足可能性問題** (CNF satisfiability problem) と呼ぶ.

CNF 充足可能性問題は充足可能性問題の特別な場合であるから, 定理 6.14 により再びクラス $\mathscr{NP}$ に属するが, Cook は先述の記念碑的な論文の中で, この問題の $\mathscr{NP}$ 完全性を証明した.

定理 6.15 [クックの定理] CNF 充足可能性問題は $\mathscr{NP}$ 完全で

ある．

クックの定理の証明は紙数の制限もあり省略する．興味のある方は参考文献 [11],[12],[16],[17],[19] などをお読みいただきたい．

さて，次に紹介する問題は CNF 充足可能性問題のさらなる特殊ケースに過ぎないが，実はこの問題自体も $\mathscr{NP}$ 完全である．

定義 6.32 [3-CNF-SAT 問題] CNF 充足可能性問題の入力を，長さ 3 の和句の論理積の形に制限したバリエーションのことを，**3-CNF-SAT 問題**（3-CNF-SAT problem）あるいは略して **3-SAT** という．

定理 6.16 CNF 充足可能性問題は 3-CNF-SAT 問題に多項式時間還元できる．よって，3-CNF-SAT 問題も再び $\mathscr{NP}$ 完全である．

（証明） 証明は簡単な注意による．長さが k (≥ 4) 以上である和句

$$\alpha_1 \vee \alpha_2 \vee \cdots \vee \alpha_{k-1} \vee \alpha_k$$

は，$k-3$ 個のダミー論理変数 $\beta_1, \cdots, \beta_{k-3}$ を用意することにより，長さ 3 の和句のみから構成される論理積の形

$$(\alpha_1 \vee \alpha_2 \vee \beta_1) \wedge ((\neg\beta_1) \vee \alpha_3 \vee \beta_2) \wedge \cdots$$
$$\cdots \wedge ((\neg\beta_{k-4}) \vee \alpha_{k-2} \vee \beta_{k-3}) \wedge ((\neg\beta_{k-3}) \vee \alpha_{k-1} \vee \alpha_k)$$

に書き直すことができるが，その手間は明らかに k の多項式時間である．また，長さが 2 以下の和句については，同じリテラルを繰り返すことにより，単位時間の手間で長さ 3 の等価な和句に書き直すことができる． □

定理 6.15 や定理 6.16 からは，多くの重要な決定問題の $\mathscr{NP}$ 完全性が導かれる．

定義 6.33 [独立集合問題] 無向グラフ G と自然数 k の組が任意に与えられたとき，G に k 点からなる独立集合が存在するならば YES，存在しないならば NO と答えさせる問題のことを**独立集合**

問題（independent set decision problem）という．

定理 6.17 [**カープ**（1972）]　独立集合問題は $\mathscr{NP}$ 完全である．

（**証明**）　最初に，CNF 充足可能性問題を独立集合問題に多項式時間還元することにより，独立集合問題の $\mathscr{NP}$ 困難性を証明しよう．そのためには以下の手順に従って，CNF 充足可能性問題の入力である乗法標準形の命題論理式 ψ から，対応する独立集合問題の入力となるグラフのインスタンス G_ψ を構成する必要がある．

1. ψ のすべての和句 $X = (x_i \vee \cdots \vee x_k)$ について，X を構成するおのおののリテラル x_i $(i = 1, \cdots, k)$ に 1 対 1 対応する点 $v(X, x_i)$ $(i = 1, \cdots, k)$ を用意して，これら k 個の点集合のどの 2 点の間にも辺 $(v(X, x_i), v(X, x_j))$ $(i \neq j)$ を引いて，k 点からなる完全グラフ K_X をつくる．
2. ψ の互いに異なる任意の二つの和句 $X = (x_i \vee \cdots \vee x_k)$ と $Y = (y_i \vee \cdots \vee y_l)$ について，X がある論理変数 a をリテラルとしてもち，同時に Y が同じ論理変数 a の否定 $(\neg a)$ をリテラルとしてもつ場合に，X の a に対応する K_X の点 $v(X, a)$ と，Y の $(\neg a)$ に対応する K_Y の点 $v(Y, \neg a)$ の間に辺 $(v(X, a), v(Y, \neg a))$ を引く．

ψ はちょうど m 個の和句 $X_1, \cdots, X_m$ により構成される（$\psi = X_1 \wedge \cdots \wedge X_m$）とする．このとき，上記の構成法により生成されたグラフ G_ψ に，ちょうど m 点からなる独立集合が存在することと，$\psi(\mathscr{A}) = 1$ となる真理値割当て $\mathscr{A}$ が存在することとが等価になる．また，命題論理式 ψ からグラフ G_ψ を構成するためにかかる手間は，明らかに ψ のすべての和句の長さの総和 n についての多項式時間である．よって，CNF 充足可能性問題は独立集合問題に多項式時間還元される．したがって定理 6.15 により，独立集合問題は $\mathscr{NP}$ 困難である．

なお，独立集合問題がクラス $\mathscr{NP}$ に属することの証明は簡単である．実際，定理 6.14 の証明と同様にして，非決定性チューリング機械 M がもつ遷移系列の分岐の仕組みを使えば，入力グラフ G に対して高々 $O(|V(G)|)$ ステップの後に，M の $2^{|V(G)|}$ 個のコピー

に $V(G)$ のすべての部分集合を一つずつ割り当てることができる．その後，M の各コピーは，自らに割り振られた点集合 X のサイズが k であるか否かを $O(k)$ ステップで確かめ，$|X| = k$ であれば，X が G の独立集合がどうかを高々 $O(k^2)$ ステップ内に判定することが可能である．したがって，入力グラフ G に位数 k の独立集合が存在する場合には，入力サイズの多項式時間内に，M の分岐した遷移系列のどこかで，必ずその事実が判明する．

以上により，独立集合問題の $\mathscr{NP}$ 完全性が証明された． □

次に紹介する決定問題は，独立集合問題を多項式時間還元する．さらにこの問題自身もクラス $\mathscr{NP}$ に属するので，$\mathscr{NP}$ 完全であることがわかる．

定義 6.34 [**点被覆問題**] グラフの任意の辺に対してその端点の一つを必ず含むような点集合のことを，グラフの**点被覆**（vertex-cover）という．有限無向グラフ G と自然数 k の組が任意に与えられたとき，G に k 点からなる点被覆が存在するならば YES，存在しないならば NO と答えさせる問題のことを**点被覆問題**（vertex-cover decision problem）という．

次の定理の証明は読者への練習問題とする（演習問題 問 6）．

定理 6.18 点被覆問題は $\mathscr{NP}$ 完全である．

ほかにも重要な $\mathscr{NP}$ 完全問題は数多くある．とりわけよく使われるものに，次に挙げる「ハミルトン閉路問題」がある．

定義 6.35 [**ハミルトン閉路問題**] 任意に与えられた有限グラフ G に対して，G にハミルトン閉路が存在するならば YES，存在しないならば NO と答えさせる問題のことを**ハミルトン閉路問題**（Hamiltonian cycle problem）という．G が有向グラフである場合を**有向ハミルトン閉路問題**（directed Hamiltonian cycle problem），G が無向グラフである場合を**無向ハミルトン閉路問題**（undirected Hamiltonian cycle problem）と呼び，両者を区別する．

以下の定理も CNF 充足可能性問題を多項式時間還元することにより得られるが，その証明は省略する．

定理 6.19 [カープ（1972）]　（有向/無向）ハミルトン閉路問題は，いずれも $\mathscr{NP}$ 完全である．

$\mathscr{NP}$ 完全性の証明においては，定理 6.15 を直接適用するよりも，定理 6.16 を用いることのほうが効果的である場合も多い．

定義 6.36 [3-彩色問題]　任意に与えられた有限無向グラフ G に対して，G の染色数が 3 以下ならば YES，4 以上であれば NO と答えさせる問題のことを **3-彩色問題**（3-coloring problem）という[*1]．

*1　グラフの彩色については 4 章 4.4 節を参照のこと．

与えられたグラフが 2-彩色可能であることは，そのグラフが二部グラフであることと同値であり，このことは幅優先探索を用いてすばやく判定できる．

一方，次の定理は 3-彩色問題が難しい問題であることを示している．

定理 6.20 [ストックマイヤー（Stockmeyer）（1973）]　3-彩色問題は，入力するグラフを平面的グラフの族に制限したとしても，$\mathscr{NP}$ 完全である．

この定理は 3-CNF-SAT 問題を 3-彩色問題に多項式時間還元することにより得られるが，証明は省略する．

ここで改めて，チューリング機械 M が決定問題 ψ を多項式時間で解く，とはどういう意味であるのかについて，再検討してみる．それは M が ψ を半決定し，かつ M が ψ の任意のインスタンスについて，入力サイズの多項式のオーダの制限時間以内に必ず停止すること，であった．このとき M は当然 ψ の NO-set という言語を多項式時間で拒否する仕組みも有している．しかしながら，非決定性チューリング機械が問題の YES-set を受理する仕組みと，NO-set を拒否する仕組みとの間には，あからさまな構造上の違いが存在する．

非決定性チューリング機械 M が入力文字列 ω を受理するためには，少なくとも一つの遷移系列が ω を受理すればよい．一方，M が入力文字列 ϖ を拒否するためには，すべての遷移系列において，ことごとく M が ϖ を拒否する必要がある．

こうして考えると，問題 ψ がクラス $\mathscr{NP}$ に属しているからといって，ψ の NO-set を受理言語にもつ非決定性チューリング機械が存在する保証はどこにもない．それゆえ，次のような問題のクラスを考えることは意味のあることである．

定義 6.37 [クラス co-$\mathscr{NP}$] 決定問題 ψ に対して，ψ の NO-set である $\psi^{-1}(\mathrm{NO})$ を受理言語とする非決定性チューリング機械 M と，自然数 k の組 (M, k) が存在して，M の最悪時間計算量 $T_M(n)$ が $O(n^k)$ のオーダとなるとき，この決定問題 ψ は**クラス co-$\mathscr{NP}$ に属する**（$\psi \in$ co-$\mathscr{NP}$）という．

クラス $\mathscr{NP}$ とクラス co-$\mathscr{NP}$ の間の関係については，$\mathscr{P} \neq \mathscr{NP}$ 予想と並んで重要な次の予想が知られる．

予想 6.2 $\mathscr{NP} \cap$ co-$\mathscr{NP} = \mathscr{P}$ である．

最後に，クラス $\mathscr{P}$ とクラス $\mathscr{NP}$，および $\mathscr{NP}$ 完全性についてのしかるべき包含関係を示唆している，次の定理を紹介しておこう．

定理 6.21 [ラドナー（Ladner）(1975)] もし $\mathscr{P} \neq \mathscr{NP}$ ならば，クラス $\mathscr{P}$ に属さず，クラス $\mathscr{NP}$ に属し，しかも $\mathscr{NP}$ 完全ではないような決定問題が存在する．

演習問題

問 1 単純無向グラフ $G = (V, E)$ と，辺に対する重み関数 $c : E \to \mathbb{R}$ が与えられたとき，辺の重み和が最大となる森（最大重み森）を見つける最適化問題のことを**最大森問題**と呼ぼう．最小全域木問題を解くクルスカルのアルゴリズムを利用して最大森問題を解く多項式時間のアルゴリズムをつくれ．

問2　単純無向グラフ G のすべての辺 $\{u,v\} \in E(G)$ を，互いに逆向きとなる有向辺の対 $\{uv, vu\}$ に交換することにより得られる有向グラフ D_G を考える．D_G の任意の2点 $s,t \in V(D_G)$ に対して，D_G の各辺の容量を1としたネットワークを考え，最大フロー最小カットの定理を用いて，辺版のメンガーの定理（定理4.27）を導け．

問3　問2の有向グラフ D_G の s と t を除くすべての頂点 v について，

1. 新しく v_- と v_+ という2点を用意する
2. $\delta^-(\{v\})$ のすべての有向辺の終点を v から v_- に変更する
3. $\delta^+(\{v\})$ のすべての有向辺の始点を v から v_+ に変更する
4. v_- を始点，v_+ を終点とする有向辺 v_-v_+ を付け加える
5. v を削除する

という一連の操作を一斉に施すことにより得られる，新たな有向グラフ $D_G{}'$ を考える．問2と同様に，$s,t \in V(D_G{}')$ に対して，$D_G{}'$ の各辺の容量を1としたネットワークを考え，最大フロー最小カットの定理を用いて，メンガーの定理（定理4.26）を導け．

問4　頂点集合 $V = \{s,u,v,t\}$ と有向辺集合 $A = \{su, sv, uv, ut, vt\}$ をもつ有向グラフ $D := (V,A)$ と，正の整数 $N(\in \mathbb{N})$，および D の各辺に対する容量 $c(su) := N, c(sv) := N, c(uv) := 1, c(ut) := N, c(vt) := N$ が与えられている．このネットワーク (D,c,s,t) にフォード-ファルカーソンのアルゴリズムを適用する際，各反復で必ず長さ3の f-増加パスを選ぶようにすると，入力サイズの指数関数回の増加操作が必要となることを説明せよ．

問5　A,B,C を任意の三つの命題論理式とするとき

$$\neg(A \wedge B) = (\neg A) \vee (\neg B),$$
$$A \vee (B \wedge C) = (A \vee B) \wedge (A \vee C)$$

は恒等的に成り立つ．この事実と定理6.16の証明に書かれている方法を組み合わせることにより，次の命題論理式

$$\psi(p,q,r,s,t) = (\neg(p \wedge q \wedge (\neg r))) \vee (s \wedge t)$$

と等価な3-CNF（長さ3の和句の論理積）を構成せよ．

問6　定理6.18を証明せよ（ヒント：独立集合問題を点被覆問題に多項式時間還元し，定理6.17を用いよ）．

第7章

数　論

本章では数論の初歩的な事柄を紹介する．数論とは整数の性質を調べる数学の一分野で，近年，情報通信の発展に伴いその応用が盛んになっている．特に，暗号，符号の構成において，数論的な技法が使用されているのはよく知られていることである．本章では，これらの技法を実際に使いこなす準備として，基礎的な事柄の解説に重点を置く．

7.1　整数の性質

本節では，整数の基本的な性質を紹介していく．

1.　素数，素因数分解

1とその数自身以外に正の約数がない1より大きな自然数を**素数**（prime number）という（例：$2, 3, 5, 7, 11, 13$）．任意の自然数は素数の積で表せることが知られており，素数の積で表すことを**素因数分解**（prime factorization）という[*1]．その表し方は掛け算の順序の入換えを除き一通りしかない[*2]．桁数の大きな数の素因数分解は難しく，この性質はRSA暗号などの暗号生成に応用されている．また，素数は無限に存在することが知られている．

＊1　2章2.3節4項の数学的帰納法を参照．

＊2　素因数分解の一意性．

定理 7.1　素数は無限に存在する．

(証明)　p を素数とし $a = 2 \times 3 \times 5 \times \cdots \times p + 1$（$p$ 以下のすべての素数の積 $+1$）とする．このとき a は p 以下のすべての素数で割り切れない．よって，a の任意の素因数は p より大きい．このことから，任意に与えられた素数に対してその素数よりも大きな素数があることがわかるので，素数が無限にあることがわかる．　□

素数であるかどうかの判定法として，次の**エラトステネスのふるい**（Eratosthenes' sieve）と呼ばれる判定法がよく知られている．

エラトステネスのふるい

次の手順で指定した整数以下のすべての素数を得ることができる．

手順 1：2 から指定した整数までの整数のリストを用意する．

手順 2：リスト中の最小の数を記録する（この数が素数）．

手順 3：記録された数の倍数を消したリストを新たに用意する．

以下，手順 2 と 3 を繰り返し行うことで，指定した整数以下の素数を得ることができる．

素数性の判定は暗号生成など，応用上重要であり，多くの判定法が知られている．また，近年考案された AKS 素数判定法[*1] は，素数判定は多項式時間で可能であることを示している[*2]．

*1　M. Agrawal, N. Kayal and N. Saxena：Primes in P, Aug. 6, 2002

*2　計算量については6章6.2節2項を参照．

2.　最大公約数，最小公倍数

0 ではない整数 $a_1, a_2, \cdots, a_n$ に対し，これらをすべて割り切る整数を $a_1, a_2, \cdots, a_n$ の**公約数**（common divisor），これらのすべての倍数となる整数を $a_1, a_2, \cdots, a_n$ の**公倍数**（common multiple）という．最大の公約数を**最大公約数**（greatest common divisor），正の最小の公倍数を**最小公倍数**（least common multiple）という．$\mathrm{GCD}(a_1, a_2, \cdots, a_n)$，$\mathrm{LCM}(a_1, a_2, \cdots, a_n)$ で最大公約数，最小公倍数をそれぞれ表す．最大公約数に関しては $(a_1, a_2, \cdots, a_n)$ と略記することが多い．本書においても $(a_1, a_2, \cdots, a_n)$ で最大公約数を表すこととする．整数 m, n に対して，$(m, n) = 1$ となるとき m

と n は**互いに素**(relatively prime)であるという．m が n で割り切れるときは $n \mid m$, 割り切れないときは $n \nmid m$ と書くこととする．

次の定理は整数のもつ重要な性質の一つ[*1] を表している（証明は省略するが，直感的には自明であろう）．

*1 本章 7.4 節 3 項のユークリッド整域の定義を参照.

定理 7.2 整数 a と 0 以外の整数 b に対し，$a = bq + r$, $0 \leq r < |b|$ を満たす整数 q, r が存在する[*2].

*2 q を a を b で割った商 (quotient), r を a を b で割った余り (residue) と呼ぶ. a または b が負の場合のときにも余りが定義されていることに注意.

ユークリッドの互除法（Euclidean algorithm）と呼ばれる次の手法を用いると，2 数の最大公約数を再帰的に求めることができる．

ユークリッドの互除法

m, n を整数とし，$0 < m \leq n$ とする．このとき，$n = qm + r$ $(0 \leq r < m)$ ならば，$(n,m)=(m,r)$ となる（ただし，$(m, 0) = m$ とする)．

(証明) $n = qm + r$ とする．このとき，$(m, r) \mid n$ かつ $(m, r) \mid m$ となり，$(m, r) \leq (n, m)$ がわかる．また，$r = n - qm$ と書けるので，$(n, m) \mid r$ となり，$(n, m) \leq (m, r)$ がわかる．よって $(n,m)=(m,r)$ となる． □

例：$(429, 102)$ を求める．$429 = 102 \times 4 + 21$, $102 = 21 \times 4 + 18$, $21 = 18 \times 1 + 3$, $18 = 3 \times 6$ より，$(429, 102) = (102, 21) = (21, 18) = (18, 3) = (3, 0) = 3$.

次の定理も整数の重要な性質[*3] を表している．

*3 定理 7.24 参照.

定理 7.3 0 以外の整数 m, n に対し，$J = \{xm + yn : x, y \in \mathbb{Z}\}$ とし，J に含まれる最小の正の元を d と置く．このとき，$d = (m, n)$ となる．また，$J = \{xd : x \in \mathbb{Z}\}$ となる．

(証明) $d = xm + yn$ $(x, y \in \mathbb{Z})$ と置く．また，$z \in J$ に対し，$z = um + vn$ $(u, v \in \mathbb{Z})$ と置く．定理 7.2 より，$z = dq + r$ $(0 \leq r < d)$ と書ける．このとき，$um + vn = (xm + yn)q + r$，すなわち $r = (u - xq)m + (v - yq)n$ となる．よって，d の最小性よ

り，$r=0$ となるので，$J=\{xd : x \in \mathbb{Z}\}$ となることがわかる．特に，d が m と n の公約数であることがわかる．また，$d=xm+yn$ と書けることから，d が m と n の任意の公約数で割り切れる．ゆえに，$d=(m,n)$ であることがわかる．□

定理 7.3 より，次の定理が導かれる．

定理 7.4　0 以外の整数 m,n に対し，$(m,n)=xm+yn$ となる整数 x,y が存在する．

次に，**拡張ユークリッドの互除法**（extended Euclidean algorithm）と呼ばれる，定理 7.4 における x,y を実際に計算する方法を具体例で紹介する．ユークリッドの互除法による計算を逆向きにたどることにより，定理 7.4 における x,y を求めることができる．この方法は，次節で紹介する合同式の計算において役に立つ．

拡張ユークリッドの互除法

目標：$429x+102y=(429,102)=3$ となる x,y を求める．

方法：$(429,102)=3$ をユークリッドの互除法を用いて求める際に行った計算式を書く．

$$429=102\times 4+21, \quad 102=21\times 4+18,$$
$$21=18\times 1+3$$

これら三つの式を書き換えると

$$21=429-102\times 4 \qquad \cdots ①$$
$$18=102-21\times 4 \qquad \cdots ②$$
$$3=21-18\times 1 \qquad \cdots ③$$

となる．数式②を③に代入し，続けて数式①を代入する．

$$\begin{aligned}3&=21-18\times 1=21-(102-21\times 4)\times 1\\&=-102+21\times 5\\&=-102+(429-102\times 4)\times 5\\&=429\times 5+102\times(-21)\end{aligned}$$

この式から $x=5, y=-21$ が得られる．

また，以上の計算は次の手順で表をつくることにより形式的に行うことができる．

手順 1：最初の行に 空白，0，1 を入れる．

手順 2：第 1 列に互除法で得られた商を逆順に入れる.
手順 3：$x_i = y_{i-1}$，$y_i = x_{i-1} - a_i \times x_i$ を順次計算する.

a_i	x_i	y_i	対応する式
	0	1	$18x+3y=3$
1	1	-1	$21x+18y=3$
4	-1	5	$102x+21y=3$
4	5	-21	$429x+102y=3$

もう一つユークリッドの互除法の応用を紹介する．分母の中に分子が 1 の分数が入れ子状に入っている分数を**連分数**（continued fraction）という．例えば

$$\frac{7}{4} = 1 + \cfrac{1}{1 + \cfrac{1}{3}}$$

のような数である．与えられた数を連分数の形で表すことを**連分数展開**（continued fraction representation）という．ユークリッドの互除法による計算を逆向きにたどることにより，有理数を（有限回で）連分数展開することができる.

有理数の連分数展開

目標：$\dfrac{429}{102}$ を連分数展開する.

方法：$(429, 102) = 3$ をユークリッドの互除法を用いて求める際に行った計算式を書く.

$429 = 102 \times 4 + 21$, $102 = 21 \times 4 + 18$,
$21 = 18 \times 1 + 3$, $18 = 3 \times 6$

これら四つの式を次のように書き換える.

$$\frac{429}{102} = 4 + \frac{21}{102} \quad \cdots ① \qquad \frac{102}{21} = 4 + \frac{18}{21} \quad \cdots ②$$

$$\frac{21}{18} = 1 + \frac{3}{18} \quad \cdots ③ \qquad \frac{18}{3} = 6 \quad \cdots ④$$

④を③に代入し，続けて②，①に順に代入していくことにより

$$\frac{429}{102} = 4 + \cfrac{1}{4 + \cfrac{1}{1 + \cfrac{1}{6}}}$$ が得られる．

無理数に対しても連分数展開ができることが知られている[*1]．例えば $\sqrt{2}$ を連分数展開するには，$\sqrt{2} = 1 + (\sqrt{2} - 1)$ と整数部分と小数部分に分け，小数部分の逆数を求める．さらに逆数の分母を整数部分と小数部分に分けるという作業を繰り返し行えばよい．

*1　無理数なので，有限回で展開できない．また，ユークリッドの互除法を使って展開することはできない．

例

$$\sqrt{2} = 1 + (\sqrt{2} - 1) = 1 + \frac{1}{\sqrt{2} + 1} = 1 + \frac{1}{2 + (\sqrt{2} - 1)}$$

$$= 1 + \cfrac{1}{2 + \cfrac{1}{\sqrt{2} + 1}} = 1 + \cfrac{1}{2 + \cfrac{1}{2 + (\sqrt{2} - 1)}}$$

$$= 1 + \cfrac{1}{2 + \cfrac{1}{2 + \cfrac{1}{2 + \cfrac{1}{\cdots}}}}$$

素因数分解とユークリッドの互除法

おそらく読者の多くが，今まで最大公約数を求めるのに，素因数分解をしてから共通因子を探す方法を利用していたと思われるが，この方法には大きな欠点がある．例えば，9409 と 9991 の最大公約数を求めようとしても因数分解が難しく，なかなか最大公約数を求めることができないであろう[*2]．ところが，ユークリッドの互除法を用いると簡単に，しかも確実に，最大公約数を求めることができる．ユークリッドの互除法を用いて最大公約数を求めるには，小さいほうの数を n とすると，必要な計算量は $O(\log n)$ であることが知られている．このことから，最大公約数を求める問題は非常にすばやく解けることがわかる．

*2　答えは97.

演習問題

問 1　次の 2 数の最大公約数を求めよ．

(1)　123，321　　(2)　456，654　　(3)　987，789

問 2　$11x + 17y = 1$ を満たす整数 x, y を 1 組求めよ．

問 3　次の数を連分数展開せよ．

(1) $\dfrac{987}{789}$　　(2) $\sqrt{3}$

問 4　$(a, n) = 1$ かつ $n \mid ab$ ならば，$n \mid b$ となることを示せ．

問 5　p を素数，r を $1 \leq r \leq p - 1$ である整数とする．このとき，$p \mid {}_p\mathrm{C}_r$ であることを示せ．

問 6　$97 = 9409x + 9991y$ を満たすすべての整数 x, y を求めよ．

7.2　合同式

本節では合同式に関する基本的な性質を紹介していく．合同式の理論とは，ある数で割ったときの余りに注目し，その性質を調べるものである．近年では，暗号理論などに使われ，情報理論を学ぶうえでの基礎的な知識の一つとなっている．

1.　合同の定義

整数 a と b の，正の整数 n で割ったときの余り*1 が等しいとき，$a \equiv b \pmod{n}$ と書き，a と b は **n を法として合同**（congruent modulo n）であるという．$n|(a-b)$ のときに，$a \equiv b \pmod{n}$ とすることで合同を定義することもできる．

*1　余りの定義は定理 7.2 における注釈を参照．

例 合同　$-30 \equiv -23 \equiv -16 \equiv -9 \equiv -2 \equiv 5 \equiv 12 \pmod{7}$

n を法とする合同の関係は整数における同値関係になっている．この場合の同値類を法 n に関する**剰余類**（coset）といい，代表系を法 n に関する**完全剰余系**（transversal）という．余りによって類別していることから，法 n に関する完全剰余系に含まれる数の個数は n 個であることがわかる．例えば $0, 1, \cdots, n-1$ や $-n/2+1, \cdots, -2, -1, 0, \cdots, n/2$（ただし，$n$ が偶数の場合）が法 n に関する完全剰余系となる．

例 完全剰余系　$x_1, x_2, \cdots, x_n$ を法 n に関する完全剰余系とする．

このとき，$(a, n) = 1$ ならば，$ax_1, ax_2, \cdots, ax_n$ も法 n に関する完全剰余系となる．なぜならば，$ax_i \equiv ax_j \pmod{n}$ とすると，$n \mid a(x_i - x_j)$ となるので，$(a, n) = 1$ であることから，$n \mid (x_i - x_j)$ となり，$x_i = x_j$ となるからである[*1]．

*1　本章7.1節 演習問題 問4参照．また，$x_1, x_2, \cdots, x_n$ は完全剰余系なので $x_i \equiv x_j \pmod{n}$ ならば $x_i = x_j$ となる．

2.　加減乗除について

足し算，引き算，掛け算については次の定理より，普通の数と同じように扱うことができる．証明は簡単なので省略する．

定理 7.5　$a \equiv a' \pmod{n}$, $b \equiv b' \pmod{n}$ のとき，次が成り立つ．

(1)　$a + b \equiv a' + b' \pmod{n}$

(2)　$a - b \equiv a' - b' \pmod{n}$

(3)　$ab \equiv a'b' \pmod{n}$

例 **法 n に関する剰余演算**　定理 7.5 (3) より，法 n に関する剰余演算における積の表をつくるには，ある完全剰余系内の数の積の表をつくれば十分であることがわかる．完全剰余系として，$0, 1, \cdots, n-1$ を採用することが多い．

法 8 に関する剰余演算の積

	0	1	2	3	4	5	6	7
0	0	0	0	0	0	0	0	0
1	0	1	2	3	4	5	6	7
2	0	2	4	6	0	2	4	6
3	0	3	6	1	4	7	2	5
4	0	4	0	4	0	4	0	4
5	0	5	2	7	4	1	6	3
6	0	6	4	2	0	6	4	2
7	0	7	6	5	4	3	2	1

例 **割り算の余り**　123^{11} を 19 で割った余りを求める．

解：　$123 \equiv 9$, $123^2 \equiv 9 \times 9 = 81 \equiv 5$, $123^4 \equiv 5 \times 5 = 25 \equiv 6$, $123^8 \equiv 6 \times 6 = 36 \equiv 17$ より（いずれも 19 を法とする），

法 7 に関する剰余演算の積

	0	1	2	3	4	5	6
0	0	0	0	0	0	0	0
1	0	1	2	3	4	5	6
2	0	2	4	6	1	3	5
3	0	3	6	2	5	1	4
4	0	4	1	5	2	6	3
5	0	5	3	1	6	4	2
6	0	6	5	4	3	2	1

$$
\begin{aligned}
123^{11} &\equiv (123^8 \times 123^2) \times 123 \equiv (17 \times 5) \times 9 \\
&\equiv 9 \times 9 \equiv 5 \pmod{19}.
\end{aligned}
$$

以上より 123^{11} を 19 で割った余りは 5 であることがわかる．

一般に，正の整数 b の e 乗を正の整数 m で割った余りを，m を法とした b の **e べき剰余**（modular exponentiation）という．特に，$e = 2, 3$ のとき，**平方剰余**（quadratic residue），**立方剰余**（cubic residue）と呼ばれる．上記の例からわかるように，べき剰余を求める計算はそれほど難しくないが，逆に c, b, m が与えられたときに，$c \equiv b^e \pmod{m}$ となる e を求めること[*1] は難しい．この性質は ElGamal 暗号[*2]，楕円曲線暗号[*3] などの暗号生成に応用されている．

*1 この問題は**離散対数問題**(discrete logarithm problem) と呼ばれている．

*2 エルガマル (Elgamal) により 1982 年に開発された公開鍵暗号．

*3 楕円曲線を利用した暗号方式の総称．公開鍵暗号が多い．

割り算については，普通の数と同じようには扱えない場合がある．例えば，$7 \times 2 \equiv 4 \times 2 \pmod{6}$ だが，$7 \not\equiv 4 \pmod{6}$ である．しかし，この例において法である 6 を，割りたい数である 2 との最大公約数 $(2, 6) = 2$ で割り，法を 3 に直し両辺を 2 で割った $7 \equiv 4 \pmod{3}$ は正しい．一般には次の定理が知られている．

定理 7.6　$ac \equiv bc \pmod{n}$ のとき，$a \equiv b \pmod{n/(c, n)}$[*4]．

*4 逆も成立することが簡単にわかる．

特に $(c, n) = 1$ ならば，$ac \equiv bc \pmod{n}$ のとき $a \equiv b \pmod{n}$．

（**証明**）　$ac \equiv bc \pmod{n}$ とすると，$(a - b)c = xn$ となる整数 x

が存在する．$n' = n/(c,n), c' = c/(c,n)$ と置くと，c' と n' は互いに素で，$(a-b)c' = xn'$．よって，定理 7.6 が成り立つ*1．　□

*1　本章 7.1 節演習問題 問4参照．

定理 7.6 より，n が素数ならば，割り算についても普通の数と同じように扱うことができることがわかる．

3. 逆　数

整数 a と正の整数 n に対し，$ab \equiv 1 \pmod{n}$ となるとき（ただし，$0 \leq b \leq n-1$），b を法 n における a の**逆数**（reciprocal）といい，$b = a^{-1}$ と書く．逆数は常に存在するとは限らないが，a と n が互いに素ならば，法 n における a の逆数が存在する．

定理 7.7　整数 a と正の整数 n に対し，$(a,n)=1$ であることと，$ab \equiv 1 \pmod{n}$ となる自然数 b（$1 \leq b \leq n-1$）が存在することは同値である．

（**証明**）$(a,n)=1$ とする．このとき，定理 7.4 より，$xa + yn = 1$ となる整数 x, y が存在する．特に x は $1 \leq x \leq n-1$ としてもよく*2，$x = b$ と置くことにより，$ab \equiv 1 \pmod{n}$ となる．

逆に，ある b に対し，$ab \equiv 1 \pmod{n}$ とすると，$ba - xn = 1$ と書けるので，定理 7.3 より，$(a,n)=1$ となる．　□

*2　$x = nx_1 + x_2$ $(0 \leq x_2 \leq n-1)$ と表せるので $ax + ny = ax_2 + n(ax_1 + y)$ となることに注意．

定理 7.7 より，n が素数のとき，$a \not\equiv 0 \pmod{n}$ である任意の整数 a に対し，法 n における逆数が存在することがわかる．

定理 7.8　素数 n と，$a \not\equiv 0 \pmod{n}$ である任意の整数 a に対し，$ab \equiv 1 \pmod{n}$ となる自然数 b（$1 \leq b \leq n-1$）が存在する．

定理 7.7 の証明より，逆数は拡張ユークリッドの互除法で求めることができることがわかる．例えば，法 7 における 3 の逆数を求めるには，$3x + 7y = 1$ となる整数 x を拡張ユークリッドの互除法で求めればよい*3．

*3　ただし，法 7 のように法が小さい数ならば，総当たり式で逆数を探したほうが早い．

例 逆数　法 7 における x の逆数 x^{-1}．

x	0	1	2	3	4	5	6
x^{-1}	なし	1	4	5	2	3	6

法と互いに素な数を代表元としてもつ剰余類を**既約剰余類**（reduced residue class）という．すべての既約剰余類から代表元を一つずつとってつくった組を**既約剰余系**（reduced residue system）という．定理 7.7 は既約剰余系に含まれる数は逆数をもつと言い換えることができる．$\varphi(n)$ で法 n に関する既約剰余系に含まれる数の個数を表すものとする[*1]．

*1　オイラーの関数（Euler's totient function）と呼ばれる．1〜n までの数で n と互いに素なものの個数に等しい．

例 既約剰余系　法 8 に関する既約剰余系に含まれる数の個数は，$\varphi(8) = 4$ 個で，例えば，$1, 3, 5, 7$ が既約剰余系になる．また，法 8 に関する $1, 3, 5, 7$ の逆数はそれぞれ $1, 3, 5, 7$ となる．

次の定理は**オイラーの定理**（Euler's theorem）と呼ばれている．法 n に関する既約剰余系に含まれる数は，$\varphi(n)$ 乗すると，n を法として 1 と合同になる．

定理 7.9　正の整数 n に対し，$(a, n) = 1$ ならば，$a^{\varphi(n)} \equiv 1 \pmod{n}$ となる．

（証明）　$x_1, x_2, \cdots, x_{\varphi(n)}$ を法 n に関する既約剰余系とする．このとき，$(a, n) = 1$ ならば，$ax_1, ax_2, \cdots, ax_{\varphi(n)}$ も法 n に関する既約剰余系となる[*2]．よって，$ax_1ax_2 \cdots ax_{\varphi(n)} \equiv x_1x_2 \cdots x_{\varphi(n)} \pmod{n}$，すなわち，$a^{\varphi(n)}x_1x_2 \cdots x_{\varphi(n)} \equiv x_1x_2 \cdots x_{\varphi(n)} \pmod{n}$ となる．よって，$(x_1x_2 \cdots x_{\varphi(n)}, n) = 1$ なので，定理 7.6 より，$a^{\varphi(n)} \equiv 1 \pmod{n}$ となる．　□

*2　本章 7.2 節 1 項の完全剰余系の例を参照．

例 オイラーの定理　$3^{\varphi(8)} \equiv 1$, $5^{\varphi(8)} \equiv 1$, $7^{\varphi(8)} \equiv 1 \pmod{8}$ となる．

次の定理は**フェルマーの小定理**（Fermat's little theorem）と呼ばれている．この定理は，定理 7.9 の特別な場合として導くことができるが，ここではよく知られている別の証明法を紹介する．

定理 7.10　p を素数とすると，任意の自然数 a に対して $a^p \equiv a \pmod{p}$ となる．
（証明）　a に関する帰納法で証明する．$a = 1$ のときは自明．$a = k$ で成立すると仮定する．このとき，$(k+1)^p = k^p + {}_p\mathrm{C}_1 k^{p-1} + {}_p\mathrm{C}_2 k^{p-2} + \cdots + {}_p\mathrm{C}_{p-1} k + 1 \equiv k^p + 1 \equiv k + 1 \pmod{p}$，すなわち $(k+1)^p \equiv k+1 \pmod{p}$ となるので，帰納法より，定理が成立する[*1]．□

*1　本章7.1節 演習問題 問5参照.

$x^e \equiv 1 \pmod{n}$ となる最小の正の整数 e を法 n に関する x の**指数**（index）という．定理 7.9 より，既約剰余系に含まれる数の指数 e は $\varphi(n)$ 以下になることがわかるが，さらに次の定理から e は $\varphi(n)$ の約数であることがわかる．

定理 7.11　a の法 n に関する指数を e とする．このとき，$a^k \equiv 1 \pmod{n}$ ならば，$e \mid k$ となる．
（証明）　$k = eq + r$ $(0 \leq r < e)$ と置くと，$1 \equiv a^k = a^{eq+r} \equiv a^r \pmod{n}$．よって，$e$ の最小性より $r = 0$，すなわち $e \mid k$ となる．□

例 指数　法 8 に関する既約剰余系 $1, 3, 5, 7$ に対し，1 の指数は 1 で，$3, 5, 7$ の指数は 2 であり，$\varphi(8) = 4$ の約数となっている．

素数 p に対し，法 p に関する r の指数が $\varphi(p) = p - 1$ であるとき，r を法 p に関する**原始根**（primitive root）という．原始根は必ず存在する．

例 原始根　3 は法 7 に関する原始根．実際に，$3^1 \equiv 3,\ 3^2 \equiv 2,\ 3^3 \equiv 6,\ 3^4 \equiv 4,\ 3^5 \equiv 5,\ 3^6 \equiv 1 \pmod{7}$．

以下，原始根の存在に関する定理，およびその証明を紹介するが，多少難易度が高いので飛ばして先に進んでもよい．原始根の存在を証明するために次の二つの定理を用意する．

定理 7.12 a, b の法 n に関する指数をそれぞれ e, f とする．このとき，$(e, f) = 1$ ならば，法 n に関する ab の指数は ef となる．

（証明） $(ab)^l \equiv 1 \pmod{n}$ とする．このとき，$1 \equiv (ab)^{el} \equiv b^{el} \pmod{n}$ となり，定理 7.11 より，$f \mid el$ がわかる．よって，$(e, f) = 1$ より，$f \mid l$ となる．同様にして $e \mid l$ がわかり，$(e, f) = 1$ より，$ef \mid l$ となる．よって，$(ab)^{ef} \equiv 1 \pmod{n}$ であることから，指数の定義より，ab の指数は ef となることがわかる． □

定理 7.13 a, b の法 n に関する指数をそれぞれ e, f とする．このとき，法 n に関する指数が e と f の最小公倍数 l となる数が存在する．

（証明） $l = e_1 f_1, e = e_1 e_2, f = f_1 f_2, (e_1, f_1) = 1$ と置くことができる[*1]．このとき，a^{e_2}, b^{f_2} の指数はそれぞれ e_1, f_1 となり[*2]，定理 7.12 より，$a^{e_2} b^{f_2}$ の指数は l となる． □

*1　e, f を素因数分解すればわかる．

*2　a の指数が $m = m_1 m_2$ のとき，a^{m_1} の指数は m_2 となる．

定理 7.14 素数 p に対し，法 p に関する原始根 r が存在し，$1, r, r^2, \cdots, r^{p-2}$ は既約剰余系となる．

（証明） $a \not\equiv 0 \pmod{p}$ に対し，法 p に関する a の指数を m とする．$m < p - 1$ としてよい．原始根の存在を示すには，指数が m より大きな数があることを示せばよい．$a^m \equiv 1 \pmod{p}$ より，$1, a, a^2, \cdots, a^{m-1}$ はいずれも m 乗すると，p を法として 1 と合同になる．また，指数の定義と定理 7.6 より，$1, a, a^2, \cdots, a^{m-1}$ はいずれも同じ剰余類に属さないことがわかる．$m < p - 1$ なので $1, a, a^2, \cdots, a^{m-1}$ に含まれる数を代表元としない剰余類がある．この剰余類の代表元を b とし，指数を n とする．このとき，b は m 乗しても p を法として 1 と合同にならないことが知られている[*3]．よって $n \nmid m$ となるので，定理 7.13 より，指数が m より大きな数があることがわかる．

*3　ここで，$1, a, a^2, \cdots, a^{m-1}$ はいずれも同じ剰余類に属さないことを用いる（定理 7.17）．

原始根 r に対し，$1, r, r^2, \cdots, r^{p-2}$ が既約剰余系になることは，指数の定義と定理 7.6 よりわかる． □

次の定理を用いることにより，原始根の判定を行うことができる．

定理 7.15 素数 p に対し，$p-1 = q_0^{e_0} q_1^{e_1} \cdots q_t^{e_t}$ を $p-1$ の素因数分

解とする．このとき，任意の i $(0 \le i \le t)$ に対して，$r^{(p-1)/q_i} \not\equiv 1 \pmod{p}$ であることは，r が法 p に関する原始根であるための必要十分条件である．

(証明)　必要性は原始根の定義から明らか．十分性を証明する．r が法 p に関する原始根ではないとし，r の指数を e と置く．定理 7.11 と r が原始根でないことより，ある i $(0 \le i \le t)$ に対して，$p-1 = eq_ih$ と書ける．このとき，$r^{\frac{p-1}{q_i}} = r^{eh} \equiv 1 \pmod{p}$ となり十分性もわかる．□

例 原始根の判定　定理 7.15 を用いて，3 が法 7 に関する原始根であるかを調べる．$7-1=6=2\times 3$, $3^{(7-1)/2} \equiv 6 \not\equiv 1 \pmod{7}$, $3^{(7-1)/3} \equiv 2 \not\equiv 1 \pmod{7}$ より，3 は法 7 に関する原始根であることがわかる．

定理 7.15 により，原始根の判定をし，生成を行うことができるのだが，計算機上でこの定理を直接利用することは有効ではない．なぜなら，$p-1$ の因数分解が困難だからである． しかし，原始根を生成する問題は多項式時間で解けることが知られている．

4.　合同方程式

合同式を用いて書かれた方程式を**合同方程式**（congruence equation）という．

(a)　一次合同方程式

一次合同方程式 $ax \equiv b \pmod{n}$ の解は，a と n が互いに素の場合は，定理 7.7 より，$x \equiv a^{-1}b \pmod{n}$ であり，ただ一つの解であることもわかる．一般の場合の解の個数は次の定理からわかる．

定理 7.16　a, b を整数, n を正の整数とし, $d=(a,n)$ とする．このとき，一次合同方程式 $ax \equiv b \pmod{n}$ が解をもつための必要十分条件は，$d \mid b$ である．またこのとき，解の一つを α とし，$n = n'd$ とすると，方程式の解は，$x \equiv \alpha, \alpha+n', \alpha+2n', \cdots, \alpha+(d-1)n' \pmod{n}$ の d 個である．

(証明)　「$ax \equiv b \pmod{n}$ が解をもつ $\Leftrightarrow$ $ax+ny=b$ が整数解

x, y をもつ」に注意すると，必要性は明らかであり，十分性は定理7.4 よりわかる．

また，$ax \equiv b, a\alpha \equiv b \pmod{n}$ とすると，$a(x-\alpha) \equiv 0 \pmod{n}$．よって，定理 7.6 より，$x - \alpha \equiv 0 \pmod{n'}$．すなわち $x \equiv \alpha, \alpha + n', \alpha + 2n', \cdots, \alpha + (d-1)n' \pmod{n}$ となる[*1]． □

*1 これだけでは解の候補を挙げたにすぎず，実際に方程式にこれらの値を代入することで，解であることがわかる．

例 一次合同方程式-1 $2x \equiv 3 \pmod{7}$ を満たす整数 x $(0 \leq x \leq 6)$ を求める．

解：$2x \equiv 3 \Leftrightarrow 4 \times 2x \equiv 4 \times 3 \Leftrightarrow x \equiv 12 \equiv 5 \pmod{7}$，すなわち $x = 5$[*2]．

*2 法の数が小さいので，x に $0 \leq x \leq 6$ を順次代入して調べることもできる．

例 一次合同方程式-2 $18x \equiv 8 \pmod{14}$ を満たす整数 x $(0 \leq x \leq 13)$ を求める．

解：$(18, 14) = 2$ より，$9x \equiv 4 \pmod{7}$，すなわち $x \equiv 2 \pmod{7}$．よって定理 7.16 より[*3]，$x \equiv 2, 9 \pmod{14}$，すなわち $x = 2, 9$．

*3 定理7.6の側注より $x \equiv 2 \pmod{7}$ が $18x \equiv 8 \pmod{14}$ の解の一つとなることに注意．

(b) 連立一次合同方程式

自然数 $n_1, n_2, \cdots, n_k$ がどの二つも互い素であるとする．このとき整数 $a_1, a_2, \cdots, a_k$ に対して，次の連立一次合同方程式を考える．

$$\begin{cases} x \equiv a_1 & \pmod{n_1} \\ x \equiv a_2 & \pmod{n_2} \\ \quad \vdots & \\ x \equiv a_k & \pmod{n_k} \end{cases}$$

この合同方程式には，解 x が $n_1 n_2 \cdots n_k$（$= N$ と置く）を法として一意に存在することが知られている[*4]．ここで，解 x が N を法として一意に存在するとは，x, y が上式を満たす解ならば，$x \equiv y \pmod{N}$ となることをいう．この合同方程式は次の手順で解くことができる．

*4 定理 7.23 の中国剰余定理 (Chinese remainder theorem) 参照．

連立一次合同方程式を解く手順

手順 1：各 i に対して $N_i = N/n_i$ と置く．
手順 2：各 i に対して，一次合同方程式 $N_i u_i \equiv 1 \pmod{n_i}$ を満た

す u_i を一つ求める（u_i の存在に関しては，定理 7.7 参照）.
手順 3：$x \equiv \sum_{1 \leq i \leq k} N_i u_i a_i \pmod{N}$.

例 **連立一次合同方程式**　次の連立一次合同方程式を上記の手順に従って解く.

$$\begin{cases} x \equiv 2 & \pmod{3} \\ x \equiv 3 & \pmod{5} \\ x \equiv 2 & \pmod{7} \end{cases}$$

手順 1：$N = 3 \times 5 \times 7 = 105$, $N_1 = 35$, $N_2 = 21$, $N_3 = 15$.
手順 2：

$$\begin{cases} 35u_1 \equiv 1 & \pmod{3} \\ 21u_2 \equiv 1 & \pmod{5} \\ 15u_3 \equiv 1 & \pmod{7} \end{cases}$$

をそれぞれ解くと，$u_1 = 2$, $u_2 = 1$, $u_3 = 1$.
手順 3：$x \equiv 35 \times 2 \times 2 + 21 \times 1 \times 3 + 15 \times 1 \times 2 = 233 \equiv 23 \pmod{105}$.

以上より解は $x \equiv 23 \pmod{105}$ となる.

(c) 素数を法とする n 次合同方程式の解の個数

n 次方程式の解の個数が高々 n 個以下になることはよく知られている．同様なことが素数を法とする n 次合同方程式で成り立つ.

定理 7.17　$f(x)$ を整数を係数とする n 次の多項式とする．このとき，素数 p に対して，$f(x) \equiv 0 \pmod{p}$ の法 p に関する解の個数は高々 n 個である.
（**証明**）　n に関する帰納法で証明する．$n = 1$ のときは，定理 7.16 からわかる．$n = k - 1$ まで正しいと仮定する．$n = k$ とする．一つの解を a とし，$f(x) = (x-a)g(x)+q$ とする[*1]．ここで，$f(a) = q \equiv 0 \pmod{p}$ となることに注意．a_1 を a とは異なる解（$a_1 \not\equiv a \pmod{p}$）とすると，$f(a_1) = (a_1-a)g(a_1)+q \equiv (a_1-a)g(a_1) \equiv 0 \pmod{p}$．よって定理 7.6 より，$g(a_1) \equiv 0 \pmod{p}$ となる．帰納

*1　整数を係数とする多項式に対しても，定理 7.2 と同様のことが成立することが知られている（定理 7.27）.

法の仮定より，$g(x)$ は高々 $k-1$ 個の解しかもたないので，$n=k$ の場合も正しいことがわかる．□

演習問題

問 1　3 の法 11 と法 113 における逆数をそれぞれ求めよ．

問 2　次の合同方程式を満たす最小の正の整数 x を求めよ．

(1)　$4x+2 \equiv x \pmod{113}$

(2)　$\begin{cases} x \equiv 1 \pmod{3} \\ x \equiv 3 \pmod{7} \\ x \equiv 5 \pmod{11} \end{cases}$

問 3　整数 $n \geq 2$ に対し，$2^n \not\equiv 1 \pmod{n}$ を示せ．

問 4　素数 p に対し，$a^p \equiv b^p \pmod{p}$ ならば $a^p \equiv b^p \pmod{p^2}$ となることを示せ．

問 5　素数 p と $1 \leq x \leq p-1$ に対し，$x^2 \equiv 1 \pmod{p}$ ならば $x=1$ または $x=p-1$ であることを示せ．

問 6　素数 p に対し，$(p-1)! \equiv -1 \pmod{p}$ となることを示せ*1．

*1　ウィルソンの定理という．

問 7　a, b を整数，n を正の整数とし，$(a,n)=1$ とする．このとき，一次合同方程式 $ax \equiv b \pmod{n}$ の解が $x \equiv ba^{\varphi(n)-1} \pmod{n}$ となることを示せ．

問 8　素数 p と $0 \leq x \leq p-1$ に対し，${}_{p-1}\mathrm{C}_x \equiv (-1)^x \pmod{p}$ であることを示せ．

問 9　p をある整数 n に対し，$p=4n+1$ で表される素数とする．このとき，$x^2 \equiv -1 \pmod{p}$ となる x が存在することを示せ．

問 10　p をある整数 n に対し，$p=4n+3$ で表される素数とする．このとき，$x^2 \equiv -1 \pmod{p}$ となる x が存在しないことを示せ．

7.3　剰余演算の暗号への応用

剰余演算はさまざまなところで利用されている．本節では利用例として，基本的な暗号の仕組みを紹介していく．

暗号は，「平文（元の文字）→（暗号化）→ 暗号文 →（復号）→ 平文」のように**暗号化**（encryption）と**復号**（decryption）によって構成される．暗号化と復号ではおのおの**鍵**（key）を用い，それぞれ**暗号鍵**，**復号鍵**という．鍵を用いた暗号は主に，**秘密鍵暗号**（**共通鍵暗号**）（secret key cryptosystem），**公開鍵暗号**（public key cryptosystem）に分類される．

1.　秘密鍵暗号

秘密鍵暗号は暗号鍵と復号鍵が同じ暗号方式で，鍵をもっている人にしか暗号化できなく，暗号通信の前に送信者，受信者が鍵を共有する必要がある．秘密鍵暗号には，古くはシーザー暗号，換字暗号，最近ではDES[*1]，AES[*2] などといった暗号方式がある．

＊1　Data Encryption Standard の略記．アメリカ合衆国の旧暗号規格，もしくはその規格で規格化されている秘密鍵暗号．

＊2　Advanced Encryption Standard の略記．アメリカ合衆国の新暗号規格，もしくはその規格で規格化されている秘密鍵暗号．

シーザー暗号

アルファベットの各文字に0から25が対応している．

$(A=0,\ B=1,\ \cdots,\ Z=25)$

k：鍵に対応する数値

x：変換前の文字に対応する数値　とするとき

$y \equiv x+k \pmod{26}$（ただし $0 \leq y \leq 25$）　によって暗号化する．

例：鍵が $G\ (=6)$ のとき，$L\ (=11)$ は $R\ (11+6=17)$ に暗号化される．

例：L KDYH D SHQ（鍵 $= D\ (=3)$）を復号すると，I HAVE A PEN

2.　公開鍵暗号

公開鍵暗号は暗号鍵と復号鍵が異なる暗号方式で，暗号鍵は公開され，誰でも暗号化でき，事前の鍵共有が必要ない．公開鍵暗号では，素因数分解や離散対数計算の困難さを安全性の根拠とすることが多い．例えば，素因数分解問題はRSA暗号に，離散対数問題はElGamal暗号，楕円曲線暗号に応用されている．

(a)　RSA暗号[*3]

＊3　三人の開発者，Rivest，Shamir，Adlemanの頭文字をとった暗号．

RSA暗号は桁数が大きい数の素因数分解が困難であることを安全性の根拠としている．次のように鍵生成，暗号化，復号を行う．

鍵生成：まずは鍵を作成する．

1. 二つの（大きな）異なる素数 p, q を用意する．$n = pq$ とする．
2. $p-1$ と $q-1$ の公倍数 k を計算する．
3. k と互いに素な整数 d を一つ選ぶ．
4. $ed-1$ が k で割り切れるような整数 e を一つ選ぶ[*1]．
5. **暗号鍵**（**公開鍵**）(encryption key）を (e, n) として公開する．**復号鍵**（**秘密鍵**）(decryption key）を (d, n) として秘密にする．

*1　e の存在は定理 7.4 から保証される．

暗号化，復号：作成した鍵を用いて暗号化，復号を行う．

平文 P ($0 \leq P \leq n-1$ の整数) に対して

1. **暗号化**：$C \equiv P^e \pmod{n}$　(ただし，$0 \leq C \leq n-1$)
2. **復　号**：$P' \equiv C^d \pmod{n}$　(ただし，$0 \leq P' \leq n-1$)

完全性：暗号化された平文が，復号によってもとの平文に戻ることを**完全性**（integrity）という．

完全性をいうには $P' = P$ すなわち $C^d \equiv P \pmod{n}$ となることを証明すればよい．

（証明） 定理 7.9 より，$P^{p-1} \equiv 1 \pmod{p}$，$P^{q-1} \equiv 1 \pmod{q}$[*2]．$k$ は $p-1$ と $q-1$ の公倍数であることから，$P^k \equiv 1 \pmod{p}$，$P^k \equiv 1 \pmod{q}$．よって，$P^k - 1$ は素数 p, q で割り切れるので，$P^k \equiv 1 \pmod{pq\ (=n)}$．一方，$ed = 1 + Mk$ (M は整数) と書けるので[*3]，$C^d \equiv P^{ed} = P^{1+Mk} = P \times (P^k)^M \equiv P \times 1^M = P \pmod{n}$． □

*2　$p \mid P$ または $q \mid P$ のときは別に考えないといけないが省略する．

*3　上記の鍵生成 4. よりわかる．

[例] **RSA 暗号**　公開鍵 (5,26)，秘密鍵 (17,26) のとき，平文 (11,7,13) を暗号化すると，$(11^5, 7^5, 13^5)$ より（mod 26 で計算）(7,11,13)．逆に (7,11,13) を復号すると，$(7^{17}, 11^{17}, 13^{17})$ より (11,7,13)．

(b) ElGamal 暗号

原始根は暗号の作成に利用されている．例えば，**Diffie-Hellman 鍵交換**（Diffie-Hellman key exchange）と呼ばれる鍵交換方式を採用した **ElGamal 暗号**（ElGamal encryption）などにおいて，原始根が利用されている．

ElGamal 暗号は位数が大きな群の離散対数問題が困難であることを安全性の根拠としている．次のように鍵生成，暗号化，復号を行う．

鍵生成：

1. （大きな）素数 p と，法 p に関する原始根 r を選ぶ．
2. $1 \leq x \leq p-1$ を選ぶ．
3. $y \equiv r^x \pmod{p}$（ただし $0 \leq y \leq p-1$）を計算する．
4. 暗号鍵を (p, r, y) として公開する．復号鍵を x として秘密にする．

暗号化，復号： 平文 P（$1 \leq P \leq p-1$ の整数）に対して

1. **暗号化：**
   (a) $1 \leq g \leq p-1$ を選ぶ．
   (b) $c_1 \equiv r^g \pmod{p}$，$c_2 \equiv Py^g \pmod{p}$（ただし，$0 \leq c_1, c_2 \leq p-1$）
   (c) $C = (c_1, c_2)$
2. **復　号：** $P' \equiv c_2 c_1^{p-1-x} \pmod{p}$（ただし，$0 \leq P' \leq p-1$）

完全性： $c_2 c_1^{p-1-x} \equiv P \pmod{p}$ を証明すればよい．

（証明） $c_2 c_1^{p-1-x} \equiv Py^g r^{g(p-1-x)} \equiv Pr^{gx} r^{g(p-1-x)} = Pr^{(p-1)g} \equiv P \pmod{p}$ *1． □

*1　最後の合同式は定理7.9よりわかる．

演習問題

問 1　RSA 暗号の暗号鍵として $(49, 323)$ が公開されている．このと

き，次の問に答えよ（$323 = 17 \times 19$ となることに注意）．

(1) 暗号鍵を用いて $P = 2$ を暗号化せよ．

(2) 復号鍵を作成して $C = 2$ を復号せよ．

問 2 ELGamal 暗号の暗号鍵として $(97, 5, 53)$ が公開されている．$53 \equiv 5^{10} \pmod{97}$ であることから，復号鍵を作成して $C = (2, 3)$ を復号せよ．

7.4 群，環，体

数の一般化として，群，環，体といった代数系の概念がある．例えば，有限体[*1]の理論はデータ通信において誤り訂正符号の構成に利用されている．本節では，群，環，体の基本事項を解説する．

*1 有限個の元からなる体．

1. 演算と代数系

集合 S に対し，$S \times S$ から S への写像を S の **2 項演算**（binary operation）という．集合 S と，その 2 項演算の族 O に対し，(S, O) を**代数系**（algebraic system）という．特に，2 項演算の族の元が一つ（$O = \{*\}$）のとき，$(S, \{*\})$ を $(S, *)$ もしくは単に S と書く．例えば，整数全体と足し算 $(\mathbb{Z}, +)$，自然数全体と足し算，掛け算 $(\mathbb{N}, \{+, *\})$，は代数系である．2 項演算 $*$ による $(a, a) \in S \times S$ の像は，$a * a$ と表記される．代数系は，2 項演算のもつ性質によって**半群**（semigroup），**モノイド**（monoid），**群**（group），**環**（ring），**体**（field）などに分類される．代数系を分類する際に用いるいくつかの性質と用語を紹介する．

結合則：代数系 $(S, *)$ において，任意の $a, b, c \in S$ に対し，$(a*b)*c = a*(b*c)$ となるとき，$*$ について**結合則**（associative law）が成り立つといい，S は $*$ について**結合的**（associative）であるという．

交換則：代数系 $(S, *)$ において，任意の $a, b \in S$ に対し，$b*a = a*b$ となるとき，$*$ について**交換則**（commutative law）が成り立つといい，S は $*$ について**可換**（commutative）であるという．

分配則：代数系 $(S, \{+, *\})$ において，任意の $a, b, c \in S$ に対し，$(a+b)*c = a*c+b*c$ と $c*(a+b) = c*a+c*b$ となるとき，**分配則**（distributive law）が成り立つという．

単位元：任意の $a \in S$ に対し，$e*a = a*e = a$ となる $e \in S$ を，S の $*$ に関する**単位元**（unity）という．単位元は存在すれば一意に決まる[*1]．

*1　$\because$ e, e' を単位元とすると，$e = e*e' = e'$．

逆元：$a \in S$ と S の 2 項演算 $*$ に関する単位元 e に対し，$b*a = a*b = e$ となる $b \in S$ を，a の $*$ に関する**逆元**（inverse）という．逆元は存在すれば一意に決まる[*2]．

*2　$\because$ b, b' を $*$ に関する a の逆元とすると，$b = b*e = b*(a*b') = (b*a)*b' = e*b' = b'$．

2.　群

(a)　群の定義

群の公理

代数系 $(G, *)$ が次の三つの条件を満たすとき，G は 2 項演算 $*$ について**群**をなす，もしくは単に G を群という．

条件 1：結合則が成り立つ．

条件 2：単位元が存在する．

条件 3：任意の元に対して，その逆元が存在する．

代数系 $(G, *)$ が群の公理を満たすとする．$a, b \in G$ に対し，$b*a = a*b$ となるとき，a と b は**可換**であるという．$(G, *)$ が交換則を満たすとき，G を**可換群**（commutative group），もしくは**アーベル群**（Abelian group）という．可換群では 2 項演算を**加法**（addition）といい，$+$ で表すことがある．また，加法記号で表された群を**加法群**（additive group）という．一方，通常の $*$ で表される 2 項演算を**乗法**（multiplication）といい，$a*b$ を ab と略記することが多い．乗法記号で表された群を**乗法群**（multiplicative group）という．加法，乗法に関する単位元はそれぞれ $0, 1$ と表され，区別のため，1 を単位元，0 を**零元**（zero element）という．また，加法，乗法に関する a の逆元はそれぞれ $-a, a^{-1}$ と表される．有限個の元からなる群 G を**有限群**（finite group）という．元の個

数を群の**位数**（order）といい，$|G|$ と表す．代数系 $(G,*)$ が条件 1 のみを満たすとき，G は**半群**であるといい，条件 1 と条件 2 を満たすとき，G は**モノイド**であるという．

(b) 群の例

例 **加法群**　整数全体の集合 $\mathbb{Z}$，有理数全体の集合 $\mathbb{Q}$，実数全体の集合 $\mathbb{R}$，複素数全体の集合 $\mathbb{C}$ は普通の加法について群をなす．

例 **乗法群**　0 を除く有理数全体の集合 $\mathbb{Q}^*$，0 を除く実数全体の集合 $\mathbb{R}^*$，0 を除く複素数全体の集合 $\mathbb{C}^*$ は普通の乗法について群をなす．

例 ***n* 乗根全体の群**　1 の n 乗根全体の集合は普通の乗法について群をなす．

例 **対称群**　空ではない集合 X に対し，X から X への全単射全体は写像の合成について群をなす[*1]．この群を集合 X 上の**対称群**（symmetric group）といい，その元を**置換**（permutation）という．特に，X の位数が n のとき，n 次の対称群という．

＊1　恒等写像が単位元，逆写像が逆元になっていることに注意．

例 **一般線形群**　実数を成分としてもつ n 次正則行列全体の集合 $GL(n,\mathbb{R})$，複素数を成分としてもつ n 次正則行列全体の集合 $GL(n,\mathbb{C})$ は，行列の積について群をなす．これらを**一般線形群**（general linear group）という．

後の説明のため，いくつかの記法を導入する．群 G の空でない部分集合 S, S' に対し，集合 SS' を $SS' = \{xx' : x \in S, x' \in S'\}$ で定義する．S がただ一つの元 x からなるとき xS' と略記する．同様に，S' がただ一つの元 x' からなるとき Sx' と略記する．加法記号の場合は，$a + S = \{a + x : x \in S\}$ とする．集合 S^{-1} を $S^{-1} = \{s^{-1} : s \in S\}$ で定義する．

(c) 部分群（subgroup）

群 G の部分集合 H が G の演算に関して群になっているとき，H を G の**部分群**という．

任意の $a, b \in H$ に対し，$a^{-1}b \in H$ となることが，H が G の部分群であるための必要十分条件であることは簡単にわかる．

群 G とその空でない部分集合 S に対し，$S \cup S^{-1}$ の有限個の元の積で表せる G の元全体からなる集合 H，つまり $H = \{x_1x_2\cdots x_r : r \in N, x_1, x_2, \cdots, x_r \in S \cup S^{-1}\}$ は G の部分群となっている．この部分群 H を S によって**生成** (generate) される G の部分群といい，S を H の**生成元の集合**もしくは**生成系**という．群 G が一つの元 a からなる生成系をもつとき，G を**巡回群** (cyclic group) といい，a を G の**生成元** (generator) という．

例 生成元　整数全体の集合 $\mathbb{Z}$，整数 $m \geq 0$ に対し，$\mathbb{Z}$ の部分集合 $m\mathbb{Z}$ を $m\mathbb{Z} = \{mz : z \in \mathbb{Z}\}$ で定義する．このとき，$m\mathbb{Z}$ は加法群 $\mathbb{Z}$ の部分群となっている．また，m は $m\mathbb{Z}$ の生成元である．逆に，$m\mathbb{Z}$ 以外の $\mathbb{Z}$ の部分群はないことが知られている．

定理 7.18　加法群 $\mathbb{Z}$ の任意の部分群 A に対し，$A = m\mathbb{Z}$ となる整数 $m \geq 0$ が存在する．

(**証明**)　A に属する最小の正の整数を m とする[*1]．定理 7.2 より，$a \in A$ は，$a = qm + r$ $(0 \leq r \leq m-1)$ と書ける．A が部分群であることから，$r = a - qm \in A$ なので，m の最小性から $r = 0$ となる．このことから $A = m\mathbb{Z}$ となることがわかる．□

*1　$A = \{0\}$ の場合は明らか．

(d) 剰余類 (residue class)，**正規部分群** (normal subgroup)

G を群，H をその部分群とする．このとき，$a, b \in G$ に対し，$a^{-1}b \in H$ となるならば[*2]，a と b は H を法として**左合同**であるといい，$a \equiv b \pmod{H}$ と書く．この関係は G における同値関係になっている．この同値関係による G の元 a の同値類について考えていく．$a \equiv b \pmod{H}$ のとき，$a^{-1}b \in H$．よって，$a^{-1}b = h \in H$ と置くと $b = ah$ と書くことができる．逆に $b = ah$ $(h \in H)$ と書けたとき，$a \equiv b \pmod{H}$ であることは簡単にわかる．以上のことから，a の同値類は aH となることがわかる．aH を H を法とする a の**左剰余類** (left coset) という[*3]．同様にして，**右**

*2　ここでは乗法記号を用いて話を進めていく．また加法群では，a と b が H を法として合同になるのは $a - b \in H$ となるときである．

*3　左 (右) 剰余類の定義を，左右を逆にする流儀もある．

合同，**右剰余類**（right coset）を定義することができる[*1]．任意の $a \in G$ に対し，$aH = Ha$ となるとき（このとき H を G の**正規部分群**という）は左右の合同関係は一致する．このときは，左右の区別をなくし単に**合同**，**剰余類**という[*2]．G の部分群 H を法とする異なる左剰余類の個数を，G における H の**指数**（index）といい，$(G : H)$ と表す．任意の $a \in G$ に対し，$|aH| = |H|$ であることから，$|G| = (G : H)|H|$ となることがわかる．このことから，有限群 G の任意の部分群の位数は，G の位数の約数であることがわかる．

*1 $ab^{-1} \in H$ によって右合同を定義．

*2 G が可換群のとき，すべての部分群が正規部分群となっている．

(e) 剰余群（residue class group）

正規部分群を法とする剰余類の全体は群をなしている．

定理 7.19 G を群，N を G の正規部分群とする．このとき，N を法とする剰余類の全体は，積 $(aN)(bN)$ に関して群をなしている．

（**証明**）$(aN)(bN) = aNbN = abNN = abN$ となることから結合則がわかる[*3]．

*3 N が群ならば $NN = N$.

また，同様に $(eN)(aN) = (aN)(eN) = aN$，$(a^{-1}N)(aN) = (aN)(a^{-1}N) = eN$ となることから，単位元 eN の存在と，aN の逆元が $a^{-1}N$ となることがわかる． □

定理 7.19 の群を G の N による**剰余群**といい，G/N と表す．

例 剰余群　整数 $m > 0$ に対し，$m\mathbb{Z}$ が加法群 $\mathbb{Z}$ の正規部分群となることは，$\mathbb{Z}$ が可換群であることからすぐにわかる．剰余群 $\mathbb{Z}/m\mathbb{Z}$ は，$m\mathbb{Z}$ を法とする剰余類 $x + m\mathbb{Z}$，$y + m\mathbb{Z}$ に対し，和が $(x + m\mathbb{Z}) + (y + m\mathbb{Z}) = (x + y) + m\mathbb{Z}$ によって定義された群であり，$1 + m\mathbb{Z}$ を生成元とする位数 m の巡回群である．

(f) 準同型写像（homomorphism）

群 G から群 G' への写像 f が条件「任意の $x, y \in G$ に対し，$f(xy) = f(x)f(y)$」を満たすとき，f を**準同型写像**という．全単射である準同型写像を**同型写像**（isomorphism）という．G から G' への同型写像が存在するとき G と G' は**同型**（isomorphic）であるといい，$G \cong G'$ と表す．

例準同型写像　群 G とその正規部分群 N に対し，$a \in G$ に $aN \in G/N$ を対応させる写像 φ は準同型写像となる．なぜならば，$\varphi(ab) = abN = aNbN = \varphi(a)\varphi(b)$ となるからである．この準同型写像を G から G/N への**自然な準同型写像**（canonical homomorphism）という．

次に準同型写像の性質をいくつか紹介する[*1]．

*1　証明はいずれもやさしい．

f を群 G から群 G' への準同型写像，$e \in G, e' \in G'$ をそれぞれ G, G' の単位元とする．このとき，以下が成り立つ．

- $f(e) = e'$
- 任意の $x \in G$ に対し，$f(x^{-1}) = f(x)^{-1}$
- f が同型写像ならば f^{-1} も同型写像
- $f(G)$ は G' の部分群
- $\{x \in G : f(x) = e'\}$（f の**核**（karnel）という）は G の正規部分群
- f の核を N とすると，$f(a) = f(b) \Leftrightarrow a \equiv b \pmod N$

次の定理は**準同型定理**（homomorphism theorem）と呼ばれ，群の構造を調べる際に役に立つ基本的な定理である．

定理 7.20　f を群 G から群 G' への準同型写像，N を f の核とする．$aN \in G/N$ に $f(a) \in G'$ を対応させる写像 g は G/N から $f(G)$ への同型写像となる[*2]．よって，$G/N \cong f(G)$ となる．

*2　上で紹介した準同型写像の性質 $f(a) = f(b) \Leftrightarrow a \equiv b \pmod N$ より g の定義に矛盾は生じない．

（**証明**）　$g((aN)(bN)) = g(abN) = f(ab) = f(a)f(b) = g(aN)g(bN)$ より g が準同型写像であることがわかる．g が全射であることは明らかなので，同型写像であることを示すには g が単射であることをいえばよい．単射であることを証明するために $g(aN) = g(bN)$ とする．このとき，g の定義より，$f(a) = f(b)$ となり，上で紹介した準同型写像の性質から $a \equiv b \pmod N$，つまり $aN = bN$ となる．よって，g が単射であることがわかる．　□

例準同型定理　G を $a \in G$ を生成元とする巡回群とする．このとき $f(k) = a^k$ で定義される加法群 $\mathbb{Z}$ から G への写像 f は準同型写像となる．g の核を $\mathbb{N}$ とすると $\mathbb{N}$ は $\mathbb{Z}$ の部分群なので，$\mathbb{N} = m\mathbb{Z}$ となるある $m \geq 0$ が存在する．よって準同型定理より，$G \cong \mathbb{Z}/m\mathbb{Z}$ となる．

(g) 群の作用（group action）

G を群とし，X を集合とする．このとき，写像 $\phi : G \times X \to X$ で次の (1) と (2) の性質を共に満たすものを G の X への**左作用**（left group action）という．ここで便宜上 $\phi(a, x)$ を ax と略記することにする．

(1) 任意の $a, b \in G$ と任意の $x \in X$ に対して，$a(bx) = (ab)x$

(2) 単位元 $e \in G$ と任意の $x \in X$ に対して，$ex = x$

また，同様にして**右作用**（right group action）を定めることができる[*1]．以下本書では左作用のみを考える．

*1 右作用を x^a のように書くこともある．

群 G が集合 X に作用しているとする．このとき $x, y \in X$ に対して，$y = gx$ となる $g \in G$ が存在するとき，またそのときに限り $x \sim y$ とすることによって 2 項関係 $x \sim y$ を定めると，この関係が同値関係となっていることが簡単にわかる．$x \in X$ の同値類 $O(x) = \{gx : g \in G\}$ を x の G による**軌道**（orbit）という．また，この関係による商集合を本書では $X \backslash G$ と表す． $g \in G$ に対して $X^g = \{x \in X : gx = x\}$, $x \in X$ に対して $G_x = \{g \in G : gx = x\}$ と定義する[*2]．次に紹介するバーンサイドの補題と呼ばれる定理は，数え上げの問題を解く際に非常に役立つことがある．

*2 G_x は G の部分群であり，x の**安定化群（固定部分群）**（stabilizer subgroup）と呼ばれる．

定理 7.21 [**バーンサイドの補題**]

$$|X \backslash G| = \frac{1}{|G|} \sum_{g \in G} |X^g|$$

（**証明**） 2 重数え上げより，$\sum_{g \in G} |X^g| = |\{(g, x) \in G \times X : gx = x\}| = \sum_{x \in X} |G_x|$ となる．$X \backslash G = \{X_1, X_2, \ldots, X_n\}$ とすると，$\sum_{x \in X} 1/|O(x)| = \sum_{1 \leq i \leq n} (\sum_{x \in X_i} 1/|O(x)|) = \sum_{1 \leq i \leq n} 1 = |X \backslash G|$ となる．ここで $gx \in O(x)$ を $gG_x \in G \backslash G_x$ に対応させることで $O(x)$ から $G \backslash G_x$ への全単射が得られるので $|O(x)| = |G \backslash G_x| = (G : G_x) = |G|/|G_x|$ がわかる．以上より，

$\sum_{g \in G} |X^g| = \sum_{x \in X} |G_x| = \sum_{x \in X} |G|/|O(x)| = |G||X \backslash G|$ が得られる. □

バーンサイドの補題の応用例

合計 6 個の白石と黒石を円形に並べる並べ方を数える（ただし回転により一致するものは同じものとみなす）という問題を考える(図 7.1).

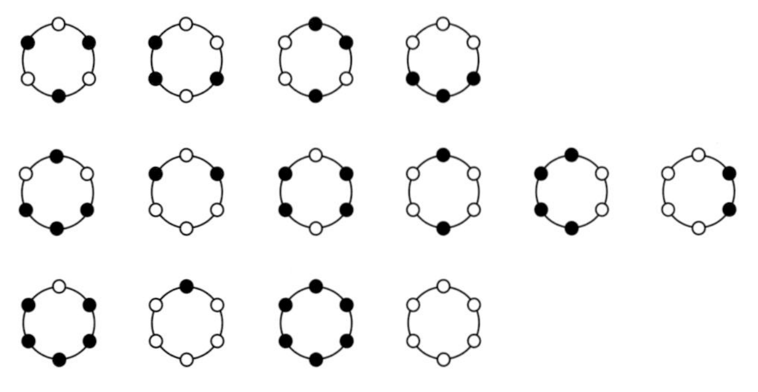

図 7.1 すべての並べ方

この問題は地道に解こうとすると場合分けが多く大変だが，バーンサイドの補題を利用することで比較的簡単に解くことができる．ある対象を回転させる操作の集合

$G = \{0°回転, 60°回転, 120°回転, 180°回転, 240°回転, 300°回転\}$ は続けて回転させるという 2 項演算 $*$ の元で群となっている（例えば，60° 回転 $*$180° 回転 =240° 回転 =120° 回転の逆元となる）．集合 X を合計 6 個の白石と黒石を円形に並べる並べ方（回転による一致を考えないすべての並べ方で 2^6 通りある）からなる集合とし，G の X への作用を通常の回転の意味で定義する（例えば，ある並べ方 $x \in X$ と $g =$ 60° 回転 に対して，gx は x を 60° 回転させた並べ方となる）．このように定義すると求める並べ方の総数は $|X \backslash G|$ と一致する[*1]．次に各 $g \in G$ に対して $|X^g|$ を求める（例えば，$g =$ 60° 回転 とすると，$|X^g|$ は 60° 回転させても変化しない並べ方の総数となる）．0°回転 しても変わらない並べ方は 2^6 通り（すべての並べ方の数），60° もしくは 300° 回転しても変わらない並べ方は 2 通り（すべて黒石かすべて白石の 2 通り），120° もしくは 240° 回転しても変わらない並べ方は 2^2 通り（図 7.2 において，A と C と E，B と D と F の色が一致する並び方の総数），

*1 ある並べ方 $x \in X$ に対して $O(x)$ は x を回転させたすべての並べ方からなる集合となる．

180°回転しても変わらない並べ方は 2^3 通り（図 7.2 において，A と D, B と E, C と F の色が一致する並び方の総数）であることが分かる．よって求める並べ方の総数はバーンサイドの補題より，$(2^6 + 2 \times 2 + 2 \times 2^2 + 2^3)/6 = 14$ 通りであることがわかる．

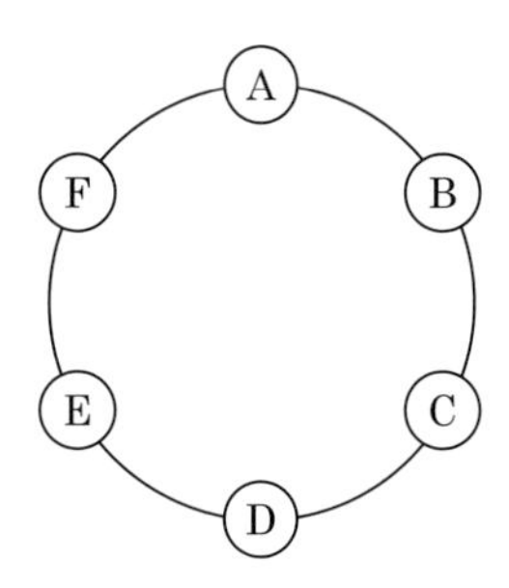

図 7.2 白石と黒石の配置

3. 環と体

(a) 環と体の定義

環の公理

代数系 $(G, \{*, +\})$ が次の四つの条件を満たすとき，G を**環**（ring）という．ここで $+$ を加法，$*$ を乗法と呼ぶ．

条件 1：加法に関し，G は可換群となる．
条件 2：乗法に関し，結合則が成り立つ．
条件 3：分配則が成り立つ．
条件 4：乗法に関する単位元が存在する．

環 R が乗法に関し，交換則を満たすとき，R を**可換環**（commutative ring）という．環 R に対し，$a \neq 0, b \neq 0$ で $ab = 0$ となる $a, b \in R$ を R の**零因子**（zero divisor）という．零因子をもたない可換環を**整域**（integral domain）という．環 R と $a \in R$ に対し，$ab = ba = 1$ となる $b \in R$ が存在するならば，a を R の**可逆元**（invertible element），もしくは**単元**（unit）という．また，このとき，b を a の**逆元**といい，a^{-1} と表す．環 R の単元全体は乗法に関して群をなしていることはすぐにわかる．環 R の 0 以外の元がすべて単元であるとき，R を**斜体**（skew field）という．可換な斜体を**体**（field），もしくは**可換体**といい，可換でない斜体を**非可換体**（noncommutative field）という．

例**体**　$\mathbb{Q}, \mathbb{R}, \mathbb{C}$ はいずれも体で，それぞれ**有理数体**（rational number field），**実数体**（real number field），**複素数体**（complex number field）という．$\mathbb{Z}$ は環ではあるが（**有理整数環**（rational integer ring）という），体ではない．$\mathbb{Z}$ における単元は ± 1 の二つだけである．

例**多項式環**　係数が $\mathbb{Z}$ の多項式全体の集合は普通の多項式の和，積について環をなしている．一般の環 R に対しても同様に係数が R の多項式による環が定義され，R 上の**多項式環**（polynomial ring）といい，$R[x]$ と表される．$R[x]$ における単元は R における単元と一致する．特に，体 K に対し，$K[x]$ の単元は 0 以外の K の元となる．

例**環の直積**　環 $R_1, \cdots, R_n$ の直積 $R_1 \times \cdots \times R_n$ は，加法 $(a_1, \cdots, a_n) + (b_1, \cdots, b_n) = (a_1 + b_1, \cdots, a_n + b_n)$，乗法 $(a_1, \cdots, a_n)(b_1, \cdots, b_n) = (a_1 b_1, \cdots, a_n b_n)$ について環をなしている．

(b)　イデアル（ideal）

R を環とする．R の空でない部分集合 J が次の二つの条件を満たすとき，J を R の**左イデアル**という．

条件 1：任意の $a, b \in J$ に対し，$a + b \in J$ となる．
条件 2：任意の $a \in J$ と任意の $r \in R$ に対し，$ra \in J$ となる．

同様にして，R の**右イデアル**も定義される[*1]．J が左イデアルかつ右イデアルのとき，J を R の**イデアル**という[*2,*3]．

以後，話を簡単にするため，環 R は特に断りがない限り可換環であるものとする．

環 R と $a \in R$ に対し，$\{ra : r \in R\}$ は R のイデアルとなる．こ

*1　条件 2 を $ar \in J$ とする．

*2　R が可換環のとき，右イデアル，左イデアル，イデアルはすべて一致する．

*3　R のイデアルは条件 2 を満たす R の加法部分群とみなすこともできる．

れを a によって生成される**単項イデアル**（principal ideal）といい，(a) と表す．一般に $a_1,\cdots,a_n \in R$ に対し，$\{r_1a_1+\cdots+r_na_n : r_1,\cdots,r_n \in R\}$ は R のイデアルとなり，$a_1,\cdots,a_n$ によって生成されるイデアルといい，$(a_1,\cdots,a_n)$ と表す[*1]．イデアルがすべて単項イデアルとなる整域を**単項イデアル整域**（principal ideal domain）という．

*1 群の生成系との違いに注意．

例 イデアル　整数 $m \geq 0$ に対し，$m\mathbb{Z}$ は有理整数環 $\mathbb{Z}$ のイデアルであり，$m\mathbb{Z}=(m)$ と書くことができる．逆に，有理整数環 $\mathbb{Z}$ のイデアル J は，加法群 $\mathbb{Z}$ の部分群なので，定理 7.18 より，ある $m \geq 0$ を用いて $J=m\mathbb{Z}=(m)$ と書ける．よって，有理整数環 $\mathbb{Z}$ は単項イデアル整域である．

例 単項イデアル整域　体 K 上の多項式環 $K[x]$ は単項イデアル整域であることが知られている．

I を環 R のイデアルとする．このとき，任意の $a,b \in R$ に対し，$ab \in I$ ならば $a \in I$ または $b \in I$ となるならば，I を**素イデアル**（prime ideal）という．また，環 R の任意のイデアル J に対し，$I \subseteq J$ ならば $J=I$ または $J=R$ となるとき，I を**極大イデアル**（maximal ideal）という．

環 R のイデアル I,J に対し，次の演算を定義する．

- 和：$I+J=\{a+b : a \in I, b \in J\}$[*2]
- 積：$IJ = a \in I, b \in J$ の積 ab の有限和の形に書かれるすべての元の集合

*2 イデアルとなることに注意．

$I+J=R$ のとき，I と J は**互いに素**であるという[*3]．

*3 また，このとき $IJ=I\cap J$ となる（本節演習問題 問3）．

(c) 商環（quotient ring）

J を環 R のイデアルとする．J は R の加法部分群なので，定理 7.19 によって剰余群 R/J が定義される．R/J において加法は次のように定義されていた．

$$(a+J)+(b+J)=(a+b)+J$$

ここで，R/J に次のように乗法を定義する．

$$(a+J)(b+J) = ab + J$$

このように乗法を定義しても矛盾は生じない．なぜならば，$a \equiv a' \pmod{J}$, $b \equiv b' \pmod{J}$ とすると，$a-a'$, $b-b' \in J$ であることと J がイデアルであることから，$ab-a'b' = (a-a')b+a'(b-b') \in J$ となるからである．

この加法と乗法について，R/J が環をなしていることは簡単にわかる．この環 R/J を R の J による**剰余環**（residue ring）あるいは**商環**という[*1]．

*1　商環 R/J における単位元は $1+J$ である．

以後便宜上，イデアル J に対し，$a+J$ を $\bar{a}$ と書くことにする．

整数 $m \geq 0$ に対し，商環 $\mathbb{Z}/m\mathbb{Z}$ は $\mathbb{Z}_m$ と書かれることが多い．$a, b \in \mathbb{Z}$ に対し，「$a \equiv b \pmod{m} \Leftrightarrow \bar{a} = \bar{b}$」であることに注意すると，剰余演算の性質が，$\mathbb{Z}_m$ の商環としての性質から導かれることがわかる．例えば，定理 7.8 は，m が素数のとき $m\mathbb{Z}$ が極大イデアルであることと[*2]，次の定理から得ることができる．

*2　本節の演習問題 問4参照．

定理 7.22　可換環 R のイデアル J に対し，次が成り立つ．

(1)　J が素イデアルであることと，R/J が整域であることは同値

(2)　J が極大イデアルであることと，R/J が体であることは同値

(3)　J が極大イデアルならば，J は素イデアル

（**証明**）(1)「$\bar{a}\bar{b} = \bar{0} \Leftrightarrow \overline{ab} = \bar{0} \Leftrightarrow ab \in J$」と「$a \in J$ または $b \in J \Leftrightarrow \bar{a} = \bar{0}$ または $\bar{b} = \bar{0}$」よりわかる．

(2)　$\Rightarrow$ の証：$\bar{0} \neq \bar{a} \in R/J$ とする．このとき $a \notin J$ なので，J が極大イデアルであることから，$(a)+J = R$ となる．よって，ある $r \in R$, $x \in J$ で $1 = ra + x$ と書くことができ，$\bar{r}\bar{a} = \bar{1}$ となる．

$\Leftarrow$ の証：I を $J \subseteq I, I \neq J$ なるイデアルとする．$a \in I \cap J^C$ とする．このとき，$\bar{a} \neq \bar{0}$ となるので，R/J が体であることから，$\bar{r}\bar{a} = \bar{1}$ となる $r \in R$ が存在する．よって，$I \supseteq (a)+J = R$ となるので，$I = R$ となる．

(3)　体が整域であることと，(1)，(2) よりわかる．　□

次の定理は**中国剰余定理**（Chinese remainder theorem）と呼ばれ，前節で紹介したように，連立一次合同式などに応用されている（証明は省略する）．

定理 7.23 [**中国剰余定理**] 可換環 R のイデアル $I_1, \cdots, I_n$ がどの二つも互いに素ならば，任意の $a_1, \cdots, a_n \in R$ に対し，$x \equiv a_i \pmod{I_i}$ $(1 \leq i \leq n)$ となる $x \in R$ が $\bigcap_{1 \leq i \leq n} I_i$ を法として一意に存在する．

(d) 整域における素元分解

ここでは，整域 R がもつ性質を紹介していく．紹介する性質の多くは整数がもつ性質を一般化させたものである[*1]．

*1 ここでの用語の概念は $\mathbb{Z}$ における同じ名称の用語と照らし合わせると考えやすい．

a, b を整域 R の 0 以外の元とする．$a = br$ となる $r \in R$ が存在するとき，a は b で割り切れるといい，$b \mid a$ と表す．また，このとき a を b の**倍元**（multiple），b を a の**約元**（divisor）という．$b \mid a$ かつ $a \mid b$ のとき，a と b は**同伴**（associate）であるといい，$a \sim b$ と表す．この関係は同値関係になっている．

注意 7.1 $a \sim b$ のとき，$a = bu,\ b = av$ と書けるが，このとき $a = bu$ に $b = av$ を代入して，$a(1 - uv) = 0$，つまり $uv = 1$[*2] が得られる．よって，u は単元であることがわかる．また，逆に単元 u に対し $a = bu$ となるならば，$b = au^{-1}$ より，$a \sim b$ となることがわかる．以上のことから，同伴関係とは互いに単元倍されている関係であることがわかる．

*2 R が整域であることに注意．

例 単元 $\mathbb{Z}$ において，単元は ± 1．よって，$a \sim b \Leftrightarrow a = \pm b$.

例 同伴 体 K 上の多項式環 $K[x]$ の単元は 0 以外の K の元．よって，$f(x) \sim g(x) \Leftrightarrow f(x) = cg(x)$ $(c \in K - \{0\})$.

整域 R の 0 と単元以外の元 c に対し，$c = ab$ ならば，a または b が単元となるとき，c を**既約元**（irreducible element）という．また，c が単元と自分と同伴な元以外に約元をもたないとき，c を**素元**（prime element）という*1．一般に，素元は既約元である．また，後で述べる素元分解の一意性が成り立つ整域ならば，素元と既約元は一致することが知られている．

*1　本書の既約元の定義で素元を定義している本もある．

例 **素元**　$\mathbb{Z}$ の素元は素数だけではなく，素数に -1 を掛けたものも素元である．また，$\mathbb{Z}$ においては既約元と素元が一致する．

体 K 上の多項式環 $K[x]$ の素元を**既約多項式**（irreducible polynomial）という．

例 **既約多項式**　$\mathbb{Z}_2[x]$ において例えば，x，$x+1$，x^2+x+1，x^3+x+1，x^3+x^2+1 などが既約多項式となる．また，x^2+1 は既約多項式ではない．なぜならば，$(x+1)(x+1)=x^2+2x+1=x^2+1$ となるからである．

$a_1, \cdots, a_n \in R$ とする．このとき，これらすべてを割り切る元を**公約元**（common divisor）といい，公約元 d で任意の公約元 e に対し，$e \mid d$ となるものを**最大公約元**（greatest common divisor）という．

例 **最大公約元**　$\mathbb{Z}_2[x]$ において $f(x)=x^4+x^3+x^2+1, g(x)=x^3+1$ は，$f(x)=(x+1)(x^3+x+1), g(x)=(x+1)(x^2+x+1)$ と書けるので，最大公約元は $x+1$ である．

次の定理は定理 7.3 の一般化になっている．

定理 7.24　R を単項イデアル整域とする．このとき，$a_1, \cdots, a_n \in R$ とこれらの最大公約元 d に対し，$(a_1, \cdots, a_n)=(d)$ となる．

（証明）　R が単項イデアル整域であることより，$(a_1, \cdots, a_n)=(d)$ となる $d \in R$ が存在する．よって，$a_1=dr_1, \cdots, a_n=dr_n$，$d=a_1q_1+\cdots+a_nq_n$ と書くことができるので，d が $a_1, \cdots, a_n$ の最大公約元となることもわかる．　□

整域 R の 0 と単元以外の元が素元の有限個の積として表され，その表し方が順序と単元倍を除いて一意的であるとき，整域 R において**素元分解の一意性**が成り立つといい，R を**一意分解整域**（unique factorization domain）という．単項イデアル整域では素元分解の一意性が成り立つことが知られている（証明は省略する）．

定理 7.25 単項イデアル整域は一意分解整域．

(e) ユークリッド整域（Euclidean domain）

整域 R の任意の 0 以外の元 a に対し，大きさと呼ばれる整数 $d(a) \geq 0$ が定義されていて，任意の $a, b \in R - \{0\}$ に対し，$a = bq + r$，$r = 0$ または $d(r) < d(b)$ を満たす $q, r \in R$ が存在するとき，R を**ユークリッド整域**という．定理 7.18 の証明をなぞることにより，次の定理がわかる．

定理 7.26 ユークリッド整域は単項イデアル整域．

有理整数環 $\mathbb{Z}$ におけるユークリッドの互除法を 7.1 節にて紹介した．ユークリッド整域においても同様にユークリッドの互除法を行うことができる．なぜならば，ユークリッドの互除法を行う際に必要であった $\mathbb{Z}$ の性質は，$n > m$ が与えられたときに，$n = qm + r$ $(0 \leq r \leq m - 1)$ となる $q, r \in \mathbb{Z}$ が存在することだけであったからである．

K を体とする．このとき，$f(x) = a_m x^m + a_{m-1} x^{m-1} + \cdots + a_0 \in K[x]$ に対し，$f(x)$ の大きさを最大次数 m [*1] によって定義することにより，$K[x]$ はユークリッド整域になることが知られている（証明は省略する）．

*1 deg $f(x)$ と書く．

定理 7.27 K を体，$f(x), g(x) \in K[x]$，$g(x) \notin K$ とする．このとき，$f(x) = g(x)q(x) + r(x)$，$\deg r(x) < \deg g(x)$ を満たす $q(x), r(x) \in K[x]$ が存在する．

例 **最大公約元の求め方**　$\mathbb{Z}_2[x]$ において $f(x) = x^4 + x^3 + x^2 + 1$ と $g(x) = x^3 + 1$ の最大公約元をユークリッドの互除法を用いて求める．

解：$f(x) = (x+1)g(x) + (x^2+x)$, $g(x) = (x+1)(x^2+x) + (x+1)$, $x^2 + x = x(x+1)$ より最大公約元は $x+1$.

演習問題

問 1　一般線形群 $G = GL(n, \mathbb{R})$ の部分集合 $SL(n, \mathbb{R}) = \{X \in GL(n, \mathbb{R}) : |X| = 1\}$[*1] が G の正規部分群であることを示せ．

問 2　$X \in GL(n, \mathbb{R})$ に対し，$f(X) = |X|$ で定まる $GL(n, \mathbb{R})$ から $\mathbb{R}^*$ への写像 f が，全射である準同型写像であることを示せ[*2]．

問 3　環 R のイデアル I と J が互いに素のとき，$IJ = I \cap J$ となることを示せ．

問 4　正の整数 p と有理整数環のイデアル (p) に関して，次の 3 条件が互いに同値であることを示せ．

(1)　(p) は素イデアル

(2)　p は素数

(3)　(p) は極大イデアル

問 5　f を群 G から G' への準同型写像，e, e' をそれぞれ G, G' の単位元とする．このとき，$f(e) = e'$ となることを示せ．

問 6　f を群 G から G' への準同型写像とする．このとき，任意の $x \in G$ に対し，$f(x^{-1}) = f(x)^{-1}$ となることを示せ．

問 7　f を群 G から G' への準同型写像とし，f の核を N とする．このとき，$a, b \in G$ に対して，$f(a) = f(b)$ であることと $a \equiv b \pmod{N}$ であることが同値であることを示せ．

問 8　K を体とする．このとき $K[x]$ において因数定理[*3] が成立することを示せ．

問 9　$\mathbb{Z}_3[x]$ において $x^3 - x + 1$ が既約であることを示せ．

問 10　素数 p に対し，$\mathbb{Z}_p[x]$ において $x^2 + 1$ が既約でないならば，$p = 2$ または $p = 4n + 1$ と書けることを示せ．

問 11　$\mathbb{Z}_2[x]$ において $x^5 + 1$ と $x^3 + 1$ の最大公約元を求めよ．

*1　$SL(n, \mathbb{R})$ を特殊線形群という．

*2　このことから準同型定理より，$GL(n, \mathbb{R})/SL(n, \mathbb{R}) \cong \mathbb{R}^*$ であることがわかる．

*3　$(x-a)|f(x) \Leftrightarrow f(a) = 0$

演習問題略解

第1章

1.1

問 1 $A = \{2, 5, 7, 10\}$，$B = \{2, 3, 4, 6, 8, 10\}$，
$A \cup B = \{2, 3, 4, 5, 6, 7, 8, 10\}$

問 2 $A \cup B = \{2, 3, 4, 6, 8, 10, 12, 15, 20, 24, 30, 40, 60, 120\}$，
$A \cap C = \{10, 20, 30, 40, 60, 120\}$，
$A - B = \{2, 4, 8, 10, 20, 40\}$，
$A^c \cup B^c = \{1, 2, 3, 4, 5, 8, 10, 15, 20, 40\}$，
$A^c \cup (B^c \cap C) = \{1, 3, 5, 10, 15, 20, 40\}$

問 3 (1) 任意に $x \in A \cap (B - C)$ をとると，$x \in A$ かつ $x \in B$ かつ $x \notin C$．言い換えると，$x \in A \cap B$ かつ $x \notin A \cap C$．

ゆえに，$A \cap (B - C) \subset (A \cap B) - (A \cap C)$．任意に $x \in (A \cap B) - (A \cap C)$ をとると，$x \in A$ かつ $x \in B$ かつ $x \notin A \cap C$．言い換えると，$x \in A$ かつ $x \in B$ かつ $x \notin C$．

ゆえに，$(A \cap B) - (A \cap C) \subset A \cap (B - C)$．

以上より，$A \cap (B - C) = (A \cap B) - (A \cap C)$

(2) A

(3) $(x, y) \in A \times (B \cup C) \Leftrightarrow x \in A$ かつ $(y \in B$ または $y \in C) \Leftrightarrow (x \in A$ かつ $y \in B)$ または $(x \in A$ かつ $y \in C) \Leftrightarrow ((x, y) \in A \times B)$ または $((x, y) \in A \times C) \Leftrightarrow (x, y) \in (A \times B) \cup (A \times C)$

問 4 $P(A) = \{\emptyset, \{a\}, \{\{b, c\}\}, \{a, \{b, c\}\}\}$

1.2

問 1 (1) 写像は 8 個．全射は 6 個．単射は 0 個．
(2) 全射は 0 個．単射は 24 個．

問 2 (1) g が全射なので，任意の $z \in Z$ に対して，$g(y) = z$ となる $y \in Y$ が存在する．この y に対して，f が全射なので，$f(x) = y$ となる $x \in X$ が存在する．

よって，$z = g(y) = g(f(x)) = g \circ f(x)$ となる．

このことから，任意の $z \in Z$ に対して，$g \circ f(x) = z$ となる $x \in X$ が存在することになり，$g \circ f$ は全射であることがわかる．

(2) 背理法によって示す．f が単射でないとすると，$x_1 \neq x_2$ かつ $f(x_1) = f(x_2)$ となるような x_1，$x_2 \in X$ が存在する．このとき，$g \circ f(x_1) = g(f(x_1)) = g(f(x_2)) = g \circ f(x_2)$ となる．これは，$g \circ f$ が単射であることに矛盾する．

したがって，f は単射である．

問 3 (1) $X_1 \cap X_2 \subset X_1$，$X_1 \cap X_2 \subset X_2$ である．

定理 1.7(1) より，$f(X_1 \cap X_2) \subset f(X_1)$ であり，$f(X_1 \cap X_2) \subset f(X_2)$ である．

よって，$f(X_1 \cap X_2) \subset f(X_1) \cap f(X_2)$．

(2) 定理 1.7(3) より，1 と同様にして，$f^{-1}(Y_1 \cap Y_2) \subset f^{-1}(Y_1) \cap f^{-1}(Y_2)$ を得ることができる．逆に，任意に $a \in f^{-1}(Y_1) \cap f^{-1}(Y_2)$ をとると，$a \in f^{-1}(Y_1)$ かつ $a \in f^{-1}(Y_2)$．このとき，$f(a) \in Y_1$ かつ $f(a) \in Y_2$ であるから，$f(a) \in Y_1 \cap Y_2$．したがって，$a \in f^{-1}(Y_1 \cap Y_2)$．

ゆえに，$f^{-1}(Y_1) \cap f^{-1}(Y_2) \subset f^{-1}(Y_1 \cap Y_2)$．

以上より，$f^{-1}(Y_1 \cap Y_2) = f^{-1}(Y_1) \cap f^{-1}(Y_2)$．

(3) 任意に $b \in f(f^{-1}(Y_1))$ をとる．このとき，$f(a) = b$ となる $a \in f^{-1}(Y_1)$ が存在する．$a \in f^{-1}(Y_1)$ であるから，$f(a) \in Y_1$，すなわち $b \in Y_1$．

したがって，$f(f^{-1}(Y_1)) \subset Y_1$．

問 4 E を正の奇数全体からなる集合とする．このとき，写像 $f : \mathbb{N} \to E$ を $f(n) = 2n - 1$ とすれば，f は全単射となるので，E が可算集合となる．

● 1.3

問 1 $ab = ba$ より，$(a, b)R(a, b)$．$(a, b)R(c, d)$ ならば，$ad = bc \Leftrightarrow cb = da$ なので，$(c, d)R(a, b)$．$(a, b)R(c, d)$ かつ $(c, d)R(e, f)$ ならば，$ad = bc$ かつ $cf = de \Leftrightarrow a/b = c/d$ かつ $c/d = e/f$ なので，$af = be$ となり，$(a, b)R(e, f)$．

問 2 任意の $2^k, 2^l, 2^m \in A$ に対して，「$2^k \mid 2^k$」，「$2^k \mid 2^l$ かつ $2^l \mid 2^k$ ならば $2^k = 2^l$」，「$2^k \mid 2^l$ かつ $2^l \mid 2^m$ ならば $2^k \mid 2^m$」は明らか．さらに，任意の $2^m, 2^{m'} \in A$ に対して，$2^m \mid 2^{m'}$ もしくは $2^{m'} \mid 2^m$ が成り立つ．よって，全順序集合であることがわかる．

問 3

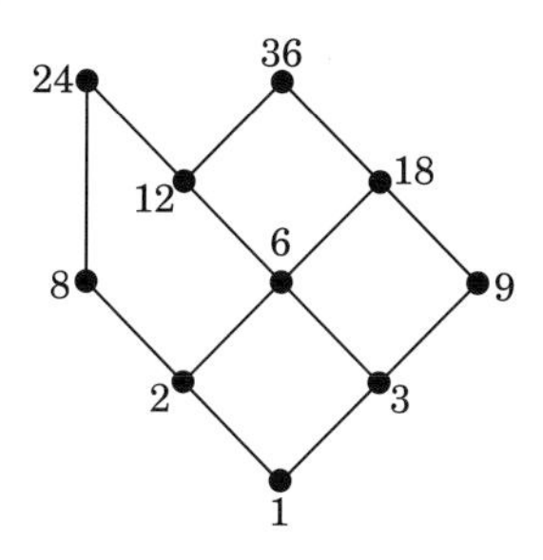

問 4　abb, abc, baa, bba, cab, cba

第 2 章

● 2.1

問 1　(1)

p	q	$p \vee q$	$\neg(p \vee q)$	$\neg p$	$\neg q$	$\neg p \wedge \neg q$
T	T	T	F	F	F	F
T	F	T	F	F	T	F
F	T	T	F	T	F	F
F	F	F	T	T	T	T

(2)

p	q	$p \wedge q$	$\neg(p \wedge q)$	$\neg p$	$\neg q$	$\neg p \vee \neg q$
T	T	T	F	F	F	F
T	F	F	T	F	T	T
F	T	F	T	T	F	T
F	F	F	T	T	T	T

(3)

p	q	$p \Rightarrow q$	$\neg(p \Rightarrow q)$	$\neg q$	$p \wedge \neg q$
T	T	T	F	F	F
T	F	F	T	T	T
F	T	T	F	F	F
F	F	T	F	T	F

(4)

p	q	r	$q \wedge r$	$p \vee (q \wedge r)$	$p \vee q$	$p \vee r$	$(p \vee q) \wedge (p \vee r)$
T	T	T	T	T	T	T	T
T	T	F	F	T	T	T	T
T	F	T	F	T	T	T	T
T	F	F	F	T	T	T	T
F	T	T	T	T	T	T	T
F	T	F	F	F	T	F	F
F	F	T	F	F	F	T	F
F	F	F	F	F	F	F	F

問 2　(1) (a) の対偶をとると，「クラブがあれば，スペードもハートもない」になる．よって，クラブがあれば，ハートはない，は成り立つ．

(2) 再び (a) の対偶より「クラブがあれば，スペードもハートもない」．特に，クラブがあれば，スペードはないので (b) と合わせて考えると，「クラブがあれば，ハートかダイヤがある」．しかし，(1) より，クラブがあればハートはないので，結論として，クラブがあれば，ダイヤもある，は成り立つ．

問 3　(1) $\neg(p \Rightarrow \neg q) = \neg(\neg p \vee \neg q) = \neg\neg p \wedge \neg\neg q = p \wedge q$

(2) $p \wedge \neg(\neg p \wedge q) = p \wedge (\neg\neg p \vee \neg q) = p \wedge (p \vee \neg q) = p$

問 4　(1) $p \Rightarrow q \wedge r = \neg p \vee q \wedge r = (\neg p \vee q) \wedge (\neg p \vee r)$

(2) $\neg(p \wedge (q \vee r)) = \neg p \vee \neg(q \vee r) = \neg p \vee \neg q \wedge \neg r = (\neg p \vee \neg q) \wedge (\neg p \vee \neg r)$

● 2.2

問 1　(1) 真

(2) 真

(3) 真

問 2　(1) $\mathrm{greater}(3, 2)$

(2) $\mathrm{greater}(x, 3) \Rightarrow \mathrm{greater}(x, 2)$

(3) $\mathrm{greater}(x, y) \wedge \mathrm{greater}(y, z) \Rightarrow \mathrm{greater}(x, z)$

(4) $\exists x\, \mathrm{greater}(x, 100)$

(5) $\forall x\, (\mathrm{greater}(x, 100) \vee \neg\mathrm{greater}(x, 101))$

問 3　(1) すべての x について x は偶数であるかまたは奇数である，真

(2) すべての x について x は偶数であるか，または，すべての x について x は奇数である，偽

(3) ある x とある y が存在して，x は偶数であり，かつ，y は奇

数であり，かつ，x は y よりも大きい，真

(4) ある x が存在して，すべての y について x は y よりも大きい，偽

(5) すべての y について，ある x が存在して x は y よりも大きい，真

● 2.3

問 1　まず，二つの有理数の和と差はいずれも有理数であることに注意する．実際，二つの有理数 b/a と d/c, ただし a, b, c, d は整数であり $a, c \neq 0$, に対して

$$\frac{b}{a} \pm \frac{d}{c} = \frac{bc \pm ad}{ac}$$

となり，結果は有理数である．

(1) z が有理数であると仮定して矛盾を導く．このとき，y と z はいずれも有理数なので，$x = z - y$ も有理数となり，矛盾．したがって，z は無理数である．

(2) x と y の両方とも有理数であると仮定して矛盾を導く．このとき，$z = x + y$ も有理数となり，矛盾．したがって，x と y の少なくとも一方は無理数である．

問 2　$\log_{10} 2$ が有理数であると仮定して矛盾を導く．$\log_{10} 2 = n/m$, ただし，n/m は既約分数とする．このとき，$10^{n/m} = 2$. したがって，$10^n = 2^m$ となる．右辺は素因数として 5 を含まないので，左辺も素因数として 5 を含まず，$n = 0$. よって，$m = 0$. これは，n/m が分数であることに矛盾する．したがって，$\log_{10} 2$ は無理数である．

問 3　(1) $i = 1, 2, \cdots, n$ なるすべての i について $x_i < m$ であると仮定して矛盾を導く．このとき，$m = (1/n)(x_1 + x_2 + \cdots + x_n) < (1/n)(m + m + \cdots + m) = m$ となり，矛盾．したがって，$x_i \geq m$, $i = 1, 2, \cdots, n$ を満たす i が少なくとも一つ存在する．

(2) $i = 1, 2, \cdots, n$ を満たすある i について $x_i \neq m$ であると仮定して矛盾を導く．いま，$x_k \neq m$ とする．このとき，$v = (1/n)\{(x_1 - m)^2 + (x_2 - m)^2 + \cdots + (x_n - m)^2\} \geq (1/n)(x_k - m)^2 > 0$ となり，$v = 0$ であることに矛盾．したがって，すべての $i = 1, 2, \cdots, n$ について $x_i = m$ である．

問 4　どの 2 点間の距離も 5 cm より大きくなるように 3 点を配置できたと仮定して矛盾を導く．このとき，向かい合う長辺の中点同士を結ぶ線分を引くと，3 cm × 4 cm の小長方形が 2 個できる．3 点の

うち，ある 2 点は同一の小長方形に含まれている．この 2 点間の距離は小長方形の対角線の長さである 5 cm 以下であり，矛盾である．したがって，どのように 3 点を配置しても，この中のある 2 点間の距離は 5 cm 以下になる．

問 5　帰納法で示す．証明すべき式を $E(n)$ と表すことにする．

(1) $n=1$ のとき, $E(1)$ の左辺 $=2$, 右辺 $=2$ より $E(1)$ は成立する．$k \geq 1$ について $E(k)$ の成立を仮定する．このとき，帰納法の仮定により $E(k+1)$ の左辺 $= 1{\cdot}2+2{\cdot}3+\cdots+k(k+1)+(k+1)(k+2) = (1/3)k(k+1)(k+2)+(k+1)(k+2) = (1/3)(k+1)(k+2)(k+3) = E(k+1)$ の右辺となる．したがって, すべての $n \geq 1$ について $E(n)$ が成り立つ．

(2) $n=1$ のとき, $E(1)$ の左辺 $=6$, 右辺 $=6$ より $E(1)$ は成立する．$k \geq 1$ について $E(k)$ の成立を仮定する．このとき，帰納法の仮定により $E(k+1)$ の左辺 $= 1{\cdot}2{\cdot}3+2{\cdot}3{\cdot}4+\cdots+k(k+1)(k+2)+(k+1)(k+2)(k+3) = (1/4)k(k+1)(k+2)(k+3)+(k+1)(k+2)(k+3) = (1/4)(k+1)(k+2)(k+3)(k+4) = E(k+1)$ の右辺となる．したがって，すべての $n \geq 1$ について $E(n)$ が成り立つ．

問 6　$f(n) = (1/2)n(n+1)+1$ と置く．$a_n = f(n)$ であることを帰納法で示す．$n=1$ のとき, 平面は二つの領域に分割されるので, $a_1 = 2$ である．一方 $f(1) = 2$ であり，主張は成り立つ．$k \geq 1$, $a_k = f(k)$ と仮定する．すでに k 本の直線がある状態から $k+1$ 本目の直線 L を引くことを考える．このとき，L はすでに存在する k 本の直線すべてとそれぞれ異なる点で交差する．したがって，L はすでに存在していた $k+1$ 個の領域を通過することになり, 新たに $k+1$ 個の領域を生み出す．よって，$a_{k+1} = a_k + k + 1$ が成り立つ．帰納法の仮定より，$a_k + k + 1 = f(k) + k + 1 = (1/2)k(k+1)+1+(k+1) = (1/2)(k+1)(k+2)+1 = f(k+1)$ である．よって, $a_{k+1} = f(k+1)$ となり，すべての $n \geq 1$ について $a_n = f(n)$ が成り立つ．

問 7　(1), (2) ともに，$n=1$ のとき，すでに整列しているため交換不要である．つまり 0 回の交換により整列可能であり，主張は成り立つ．$k \geq 1$ について $n=k$ の場合に主張の成立を仮定して，$n=k+1$ の場合に主張の成立を確かめればよい．

(1) まず，もしも番号 $k+1$ のカードが右端にない場合には右端のカードと交換することにより，高々 1 回の交換で番号 $k+1$ のカードを右端に移動できる．次に，残りの k 枚のカードは，帰納法の仮定より高々 $k-1$ 回で整列可能である．よって，$k+1$ 枚のカードを整列させるためには高々 $1+(k-1)=k$ 回の交換しか必要とせず，主張が示された．

(2) まず，番号 $k+1$ のカードを右隣のカードと順に交換していくことにより，高々 k 回の交換で番号 $k+1$ のカードを右端に移動できる．次に，残りの k 枚のカードは，帰納法の仮定より高々 $(1/2)k(k-1)$ 回で整列可能である．よって，$k+1$ 枚のカードを整列させるためには高々 $k+k(k-1)/2=(1/2)(k+1)k$ 回の交換しか必要とせず，主張が示された．

問 8 $f(x)=|x+1|-|x-1|$ と置く．x の値により，場合分けを行う．

場合 1. $x \leq -1$.

このとき，$f(x)=-(x+1)+(x-1)=-2 \leq 2$.

場合 2. $-1 < x \leq 1$.

このとき，$f(x)=(x+1)+(x-1)=2x \leq 2$.

場合 3. $1 < x$.

このとき，$f(x)=(x+1)-(x-1)=2$.

以上より，いずれの場合においても $f(x) \leq 2$ となることが示された．

問 9 n を 3 で割った余りを r と置く．このとき $n=3k+r$, ただし，k は整数，と書ける．r の値により，場合分けを行う．

場合 1. $r=0$.

このとき，$n=3k$. $n^2+1=(3k)^2+1=3\cdot 3k^2+1$.

場合 2. $r=1$.

このとき，$n=3k+1$. $n^2+1=(3k+1)^2+1=3(3k^2+2k)+2$.

場合 3. $r=2$.

このとき，$n=3k+2$. $n^2+1=(3k+2)^2+1=3(3k^2+4k+1)+2$.

以上より，いずれの場合においても n^2+1 が 3 で割り切れないことが示された．

問 10 与えられた自然数を n とする．n を初期値として操作を行うとき，必ず 1 または 11 に到達することを n についての帰納法により示す．まず，$n \leq 10$ に対して主張の成立を確かめる．実際，系列 $6 \to 3 \to 14 \to 7 \to 18 \to 9 \to 20 \to 10 \to 5 \to 16 \to 8 \to 4 \to 2 \to 1$ より，主張は成立している．また，$n=11$ については明らかに成り立っている．次に，$n \geq 12$ とし，$n-1$ 以下で主張の成立を仮定する．n が偶数の場合には，$n \to n/2$ であり，$n/2 \leq n-1$ が成り立つ．また，n が奇数の場合には，$n \to n+11$ となるが，$n+11$ は偶数なので，もう一度操作を行うと $n+11 \to (n+11)/2$

となる．ここで，$n \geq 13$ であることから，$(n+11)/2 \leq n-1$ となる．したがって n の偶奇にかかわらず，1 回か 2 回の操作で $n-1$ 以下の値にたどり着く．よって，帰納法の仮定により操作を続けると 1 または 11 に到達する．

以上により，すべての自然数 n について主張の成立が証明された（より詳しくは，初期値が 11 の倍数であるときに限り 11 に到達する）．

第 3 章

● 3.1

問 1　(1) 60　　(2) 125　　(3) 10　　(4) 35

問 2　n に関する帰納法により証明できる．$n=1$ のときは明らかに成り立つ．$n=k$ のとき等式が成り立つと仮定すると

$$(1+x_1)(1+x_2)\cdots(1+x_k) = \sum_{I \subseteq \{1,2,\cdots,k\}} \left(\prod_{i \in I} x_i\right)$$

となる．ここで両辺に $(1+x_{k+1})$ を掛けると，右辺は

$$\begin{aligned} &\sum_{I \subseteq \{1,2,\cdots,k\}} \left(\prod_{i \in I} x_i\right) + x_{k+1} \cdot \sum_{I \subseteq \{1,2,\cdots,k\}} \left(\prod_{i \in I} x_i\right) \\ &= \sum_{I \subseteq \{1,2,\cdots,k\}} \left(\prod_{i \in I} x_i\right) + \sum_{I \subseteq \{1,2,\cdots,k\}} \left(\prod_{i \in I \cup \{k+1\}} x_i\right) \\ &= \sum_{I \subseteq \{1,2,\cdots,k,k+1\}} \left(\prod_{i \in I} x_i\right) \end{aligned}$$

と変形できて，これは命題が $n=k+1$ のときも成り立つことを意味する．したがって，帰納法により示された．

問 3　0.（2 項定理において $x=-1$ を代入すればよい．）

問 4　m が奇数のとき 0,

m が偶数のとき　$(-1)^{\frac{m}{2}} \binom{u}{m/2}$.

$$(1-x)^u(1+x)^u = (1-x^2)^u$$

における x^m の係数を比較すればよい．

● 3.2

問 1　100 以下の自然数の集合を $A_1 = \{1,2,\cdots,10\}$, $A_2 = \{11,12,\cdots,$

$20\}, \cdots, A_{10} = \{91, 92, \cdots, 100\}$ のように 10 個の互いに素な部分集合に分割し，鳩の巣原理を適用すればよい．

問 2　9.（包除原理を適用すればよい.）

問 3　$k = 1, 2, \cdots, n$ について，自然数の部分集合

$$A_k = \{2^m \cdot (2k-1) \mid m = 0, 1, 2, \cdots\}$$

を定義する．すると，自然数の数列 $1, 2, \cdots, 2n (n > 1)$ のなかから選ばれた $n+1$ 個の数は，それぞれある集合 A_k に属する．$k = 1, 2, \cdots, n$ により定義された n 個の集合 A_k に対して，$n+1$ 個の数を対応させるので，鳩の巣原理より，選んだ $n+1$ 個の数のうち，ある二つの数 i, j $(i < j)$ がともにある集合 A_s $(1 \le s \le n)$ に属することがわかる．このとき A_s の定義より，$j \,/\, i$ は自然数になる．

問 4　略．$k = 0, 1, \cdots, n$ の個々の場合についての各項を注意深く確認すればほとんど明らかである．

問 5　定理 3.11 の結果を利用する．n 人の客を $1, 2, \cdots, n$ と置き，料理に $1, 2, \cdots, n$ とラベルを付けて，客 i が注文した料理を i と仮定すると，各人すべてが自分が注文したものと異なる料理が提供されるパターン数は定理 3.11 における，すべての $i = 1, 2, \cdots, n$ に対して $p_i \neq i$ であるような元 $P \in S_n$ の個数と等しい．ウェイターが n 人の客に n 種類の料理を提供するパターンの総数は明らかに $n!$ なので，求める確率は定理 3.11 の結果の式を $n!$ で割ることにより，$\sum_{k=0}^{n} (-1)^k / k!$ となる．なお，この確率の値は n が大きいとき $1/e$ に近似されることがわかる．このことは客の人数が十分に多いとき，その確率は人数に依存しない一定の確率 $(= 1/e)$ に近づくことを意味している．

● 3.3

問 1　(1) $a(x) = 1 - x + x^2 - x^3 + \cdots$

$$= \frac{1}{1+x}$$

(2) $a(x) = 1 + 2x + 3x^2 + 4x^3 + \cdots = (1 + x + x^2 + \cdots)^2$

$$= \frac{1}{(1-x)^2}$$

問 2　(1) $a(x) = 1 + 2x + 4x^2 + 8x^3 + \cdots$．したがって $a_n = 2^n$.

(2) $a(x) = 1 + x^2 + x^4 + x^6 + \cdots$.

したがって，n が偶数のとき $a_n = 1$, n が奇数のとき $a_n = 0$

まとめると $a_n = (1 + (-1)^n)/2$

問 3 $\displaystyle\binom{r}{k} = (-1)^k \binom{-r+k-1}{-r-1}$ または $\displaystyle(-1)^k \binom{-r+k-1}{k}$.

これは定義式より

$$
\begin{aligned}
\binom{r}{k} &= \frac{r(r-1)(r-2)\cdots(r-k+1)}{k!} \\
&= (-1)^k \frac{(-r)(-r+1)(-r+2)\cdots(-r+k-1)}{k!} \\
&= (-1)^k \binom{-r+k-1}{k}
\end{aligned}
$$

となることから得られる．

問 4 略．$\displaystyle(1+x)^r = \binom{r}{0} + \binom{r}{1}x + \binom{r}{2}x^2 + \cdots$ なので，前問の結果に $r = -n$ を代入すればよい．

問 5 $(1+x+x^2+\cdots)(1+x^2+x^4+\cdots)(1+x^3+x^6+\cdots)\cdots$ が求める母関数に一致する．なぜなら，このとき x^n の係数は，x^n を $x^{a_1}(x^2)^{a_2}\cdots(x^n)^{a_n}$ として表すときの表し方の総数，つまり，n の分割の総数になるからである．したがって

$$
\begin{aligned}
s(x) &= (1+x+x^2+\cdots)(1+x^2+x^4+\cdots) \\
&\quad (1+x^3+x^6+\cdots)\cdots \\
&= \frac{1}{1-x}\cdot\frac{1}{1-x^2}\cdot\frac{1}{1-x^3}\cdots \\
&= \frac{1}{(1-x)(1-x^2)(1-x^3)\cdots}
\end{aligned}
$$

となる．

問 6 求めるパターン総数を A_n と置く．最初の 1 歩を 1 段上がったとき，上がるべき階段は $n-1$ 段残っているので，そこから A_{n-1} 通りの上がるパターンがある．また，最初の 1 歩を 2 段上がったとき，$n-2$ 段残っているので，そこから A_{n-2} 通りのパターンがある．したがって，$A_n = A_{n-1} + A_{n-2}$ が成り立ち，$A_1 = 1, A_2 = 2$ であることから，これは $(1,1,2,3,5,8,\cdots)$ のフィボナッチ数列の一般項を求める問題と等しくなる．したがって，3.3 節のフィボナッチ数列の例 (p.65) の結果より

$$
A_n = \frac{1}{\sqrt{5}}\left[\left(\frac{1+\sqrt{5}}{2}\right)^{n+1} - \left(\frac{1-\sqrt{5}}{2}\right)^{n+1}\right]
$$

となる．

● 3.4

問 1　xy 平面における関数 $y = 1/x$ と直線 $x = 1$，$x = n$，および x 軸で区切られる領域の面積は $\int_1^n (1/x)dx$ と表される．この式の値は，その領域の面積を考えることにより，次式で上界・下界を与えることができる．

$$\sum_{i=1}^{n-1} \frac{1}{i+1} \leq \int_1^n \frac{1}{x}dx \leq \sum_{i=1}^{n-1} \frac{1}{i}$$

したがって

$$f(n) - 1 \leq \log n \leq f(n) - \frac{1}{n}$$

となり，これを整理すると

$$\log n + \frac{1}{n} \leq f(n) \leq \log n + 1$$

となって，n が大きいとき，$f(n)$ は $\log n$ とだいたい同じ振舞いになることが確認できる．

問 2　タイプ 2-(6,3,2) ブロックデザインであることが，ブロックデザインの定義をチェックすることでわかる．

問 3　(i) 存在する．例えば

$$V = \{1, 2, 3, 4\},$$
$$\mathscr{B} = \{\{1, 2, 3\}, \{1, 2, 4\}, \{1, 3, 4\}, \{2, 3, 4\}\}$$

と置けばよい．(ii), (iii) は整数条件は満たすが，フィッシャーの不等式を満たしていないので，いずれも存在しないことがわかる．

問 4　略．定理 3.12 の証明で $p = 1$ の場合を考えればよい．

第 4 章

● 4.1

問 1　図解 4.1 を参照．

問 2　次数が奇数の頂点が奇数個だったとする．このとき全頂点の次数の和を考えると奇数になるが，これは定理 4.1（握手補題）に反する．

問 3　頂点数が二つで辺が 1 本からなるグラフを考える．このグラフは完全グラフ K_2 であり，かつ完全二部グラフ $K_{1,1}$

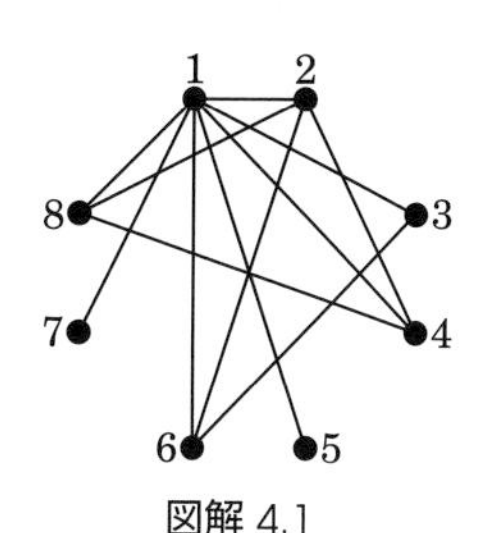

図解 4.1

でもある．同様に頂点数が一つで辺をもたないグラフも完全グラフ K_1 であり，かつ完全二部グラフ $K_{1,0}$ でもある．

この二つのグラフ以外では完全グラフかつ完全二部グラフであるようなグラフは存在しない．

問 4　(1)〜(4) は一例を書いておく．

(1)　一番長い小道：$9 \to 2 \to 3 \to 4 \to 5 \to 6 \to 7 \to 8 \to 1 \to 2 \to 10 \to 4 \to 9 \to 6 \to 10 \to 8 \to 9 \to 10$　(長さ 17)

(2)　一番長い道：$1 \to 2 \to 3 \to 4 \to 5 \to 6 \to 7 \to 8 \to 9 \to 10$　(長さ 9)

(3)　一番長い閉じた小道：$9 \to 2 \to 3 \to 4 \to 5 \to 6 \to 7 \to 8 \to 1 \to 2 \to 10 \to 4 \to 9 \to 6 \to 10 \to 8 \to 9$　(長さ 16)

(4)　一番長い閉路：$2 \to 3 \to 4 \to 5 \to 6 \to 7 \to 8 \to 9 \to 10 \to 2$　(長さ 9)

(5)　歩道は同じ辺を何度も通ってよい．そのため，辺 xy に対して，$x \to y \to x \to y \cdots$ というくらでも長い歩道が見つかるので，“一番” 長い歩道は考えることができない．

問 5　(1) 頂点 v_i の次数を表す．

(2) 同じく頂点 v_i の次数を表す．

(3) 辺 e_j の端点の個数を表す．すなわち，常に 2 となる．

● 4.2

問 1　略．ただし，6 種類ある．

問 2　木の頂点を交互に A と B に分けていけば，その A と B を部集合とする二部グラフとなる[*1]．

*1　帰納法を用いて証明してもよい．

問 3　2 頂点 u と v を結ぶ道が 2 本あったとし，その道を P_1, P_2 とする．まず u から道 P_1 をたどっていき，頂点 x で初めて P_1 と P_2 が分かれるとし，頂点 y で道 P_2 と合流するとする（P_1 と P_2 は異なる道なので，このような頂点たちは存在する）．このとき，道 P_1 を x から y へたどり，y から x までを道 P_2 を使い戻る閉路が見つかるが，これは木が閉路をもたないことに矛盾する（図解 4.2）．

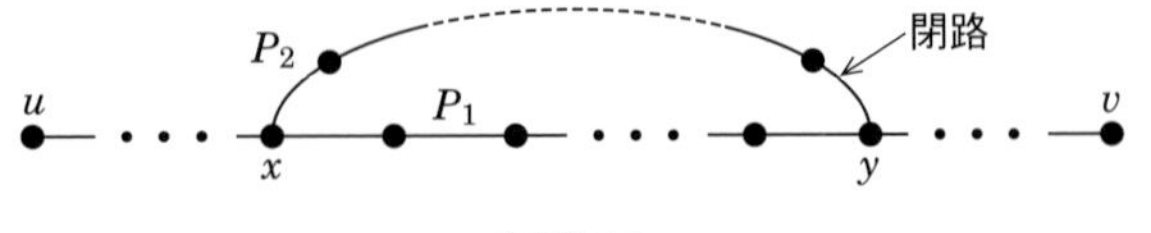

図解 4.2

● 4.3

問 1　完全グラフ K_n のすべての頂点の次数は $n-1$ なので，定理 4.7 より $n-1$ が偶数のとき，すなわち n が奇数のときにオイラー小道をもつ．

問 2　二部グラフの閉路は A の頂点，B の頂点，A の頂点，$\cdots$ と交互に頂点を通ることになる．したがって，閉路が通る A の頂点と B の頂点は同数である，つまり完全二部グラフ $K_{r,s}$ では $r = s$ である必要がある．

また，実際に $r = s \geq 2$ のとき完全二部グラフ $K_{r,s}$ はハミルトン閉路をもつ．

問 3　4×5 のチェス盤の各マス目を頂点とし，ナイトが移動できるマス目どうしを辺で結んだグラフを考える．そのグラフでのハミルトン道がナイトが全部のマス目をちょうど一度ずつ通るルートに対応する（解答は略）．

● 4.4

問 1　部集合が A と B の二部グラフに対して，A の頂点を色 1 で，B の頂点を色 2 でそれぞれ塗る．A 内，B 内には辺がないため，これが 2-彩色となる．

問 2　完全グラフではどの 2 頂点も隣接しているため，頂点彩色するためにはすべての頂点を異なる色で塗る必要がある．したがって，n 頂点の完全グラフ K_n の頂点彩色には n 色必要になる．また，n 色あれば，全頂点を異なる色で塗ることによって頂点彩色可能である．

以上より，n 頂点の完全グラフ K_n の染色数は n である．

問 3　閉路の頂点彩色は，頂点の数が偶数のとき，頂点を交互に色 1，色 2，色 1，$\cdots$ と塗ることができる．一方で頂点の数が奇数のとき，もう 1 色必要になる．したがって，長さが n の閉路の彩色数は，n が偶数のとき 2，奇数のとき 3 である．

同様の理由から，辺染色数も n が偶数のとき 2，奇数のとき 3 となる．

● 4.5

問 1　m を K_5 の辺の数であるとして，K_5 が平面グラフであると仮定すると，定理 4.16 より，$m \leq 3 \times 5 - 6 = 9$ である．一方で，定理 4.2 より，$m = 5 \times 4/2 = 10$ であり，矛盾する．

問 2　完全二部グラフ $K_{2,3}$ は，図解 4.3 のように描くことができる．また，$K_{2,3}$ は 6 本の辺をもっており，5 頂点の極大平面グラフは定理 4.15 より，$3 \times 5 - 6 = 9$ 本の辺をもつ．したがって，あと 3 本の辺を加えればよい．

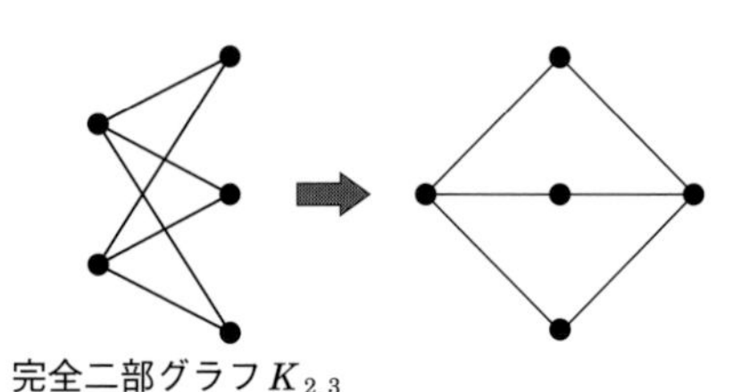

図解 4.3

問 3　例えば，完全グラフ K_4 は 3-彩色できない平面的グラフである．K_4 は図解 4.4 のように平面に描くことができ，また 4 章 4.4 節演習問題 問 2 より，K_4 は 3 色では彩色できない．

図解 4.4

● 4.6

問 1　完全二部グラフ $K_{2,4}$ など．

問 2　（定理 **4.20** の証明）　グラフ G が完全マッチングをもつとする．このとき，すべての頂点が完全マッチングに含まれており，完全マッチングに含まれる頂点はほかの 1 頂点とペアになっている．したがってグラフの頂点数はペアの数（= 完全マッチングの辺の数）のちょうど 2 倍，すなわち偶数である．　□

（定理 **4.21** の証明）　グラフ G の頂点数が偶数でハミルトン閉路をもつとする．このとき，ハミルトン閉路の頂点を順に $v_1, v_2, v_3, \cdots, v_{n-1}, v_n$ とすると，辺 v_1v_2，辺 v_3v_4，$\cdots$，辺 $v_{n-1}v_n$ を取れば完全マッチングとなる（n が偶数であることに注意する）．　□

問 3　7 チーム A ～ G の総当たりにダミーのチーム H を加えることによってスケジューリング問題を考えればよい．このとき，チーム H と対戦するチームが休みとなる．完全グラフ K_8 の完全マッチング分解を図 4.30 と同様に求めれば，以下のような 7 チームの総当たり戦の計画的なスケジュールが組める．これは A ～ H の各チームを図 4.30 の，1 ～ 8 へ対応させたときにできる完全マッチング分解に対応した解である．

初　戦	2戦目	3戦目	4戦目	5戦目	6戦目	7戦目
休み A	休み B	休み C	休み D	休み E	休み F	休み G
B - G	A - C	A - E	A - G	A - B	A - D	A - F
C - F	D - G	B - D	B - F	C - G	B - C	B - E
D - E	E - F	F - G	C - E	D - F	E - G	C - D

● 4.7

問 1　1 つ目：例えば，1 つの頂点のみを共有するような，2 つの完全グラフからなるグラフ G を考えよう（図解 4.4 左）．共有された頂点が切断点となるため，G の連結度は 1 であり，G は 2-連結ではない．一方で，G の辺連結度は，完全グラフの大きさに応じて大きくなるため，一つ目の命題の逆は成り立たない．

2 つ目：2 つの完全グラフを 1 本の辺で結んだグラフを考えればよい（図解 4.4 右）．このグラフが，二つ目の命題の逆の反例となることを確認してほしい．

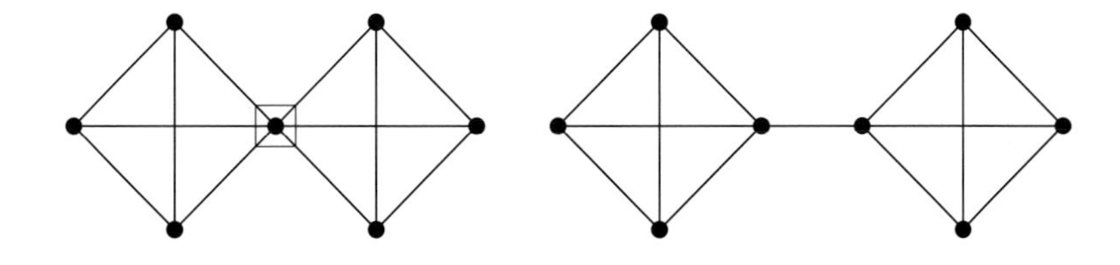

図解 4.4

問 2　4 辺からなる辺切断集合が存在する．また，s と t を結ぶ，互いに辺素な道の最大本数は 4 である．詳細は各自で確認せよ．

問 3　G を平面グラフとする．定理 4.17 より，G には次数が 5 以下の頂点が存在する．$k = 6$ とし，定理 4.25 の 2 つの命題の逆を用いると，G は 6-連結ではないこと，つまり，連結度が 5 以下であることがわかる．

また，第 1 節で述べたように，任意の多面体は平面グラフとして描けることが知られている．正二十面体を平面グラフとして見ると，その連結度が 5 となることが確認できる．

第5章

● 5.1

問1 (1) aa, $aaaa$, $babab$, ε

(2) a が偶数個含まれている列

問2 (1) ab, aab, bab, $abab$, $abbab$ など

(2) ab で終了する列

問3 任意の入力列 w について，M が w を受理することと $\overline{M}$ が w を受理しないことは同値である．よって，Σ^* を全体集合とするとき，$L(\overline{M})$ は $L(M)$ の補集合である．

問4

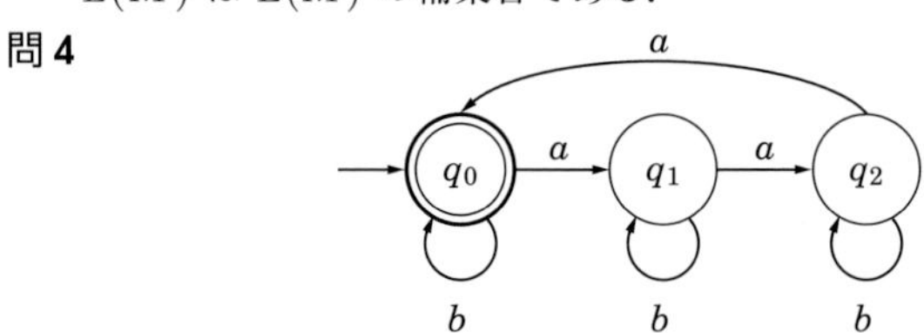

問5 $Q = \{q_0, q_1, q_2\}$, $F = \{q_2\}$ とする．方針として次のように考える．aa を含む列を q_2 に入れる．aa を含まず，かつ，a で終了する列を q_1 に入れる．aa を含まず，かつ，a で終了しない列を q_0 に入れる．

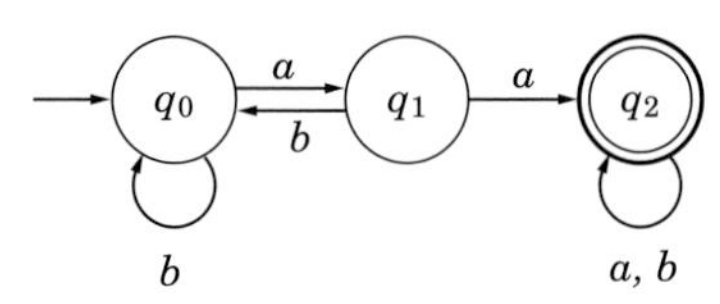

● 5.2

問1 (1) abc, ε, a, b, $aabbbcc$

(2) $\{a^k b^l c^m \mid k, l, m = 0, 1, 2, \cdots\}$．ここで x^n は x が n 個連続している記号列を表す．

問2 (1)

(2)

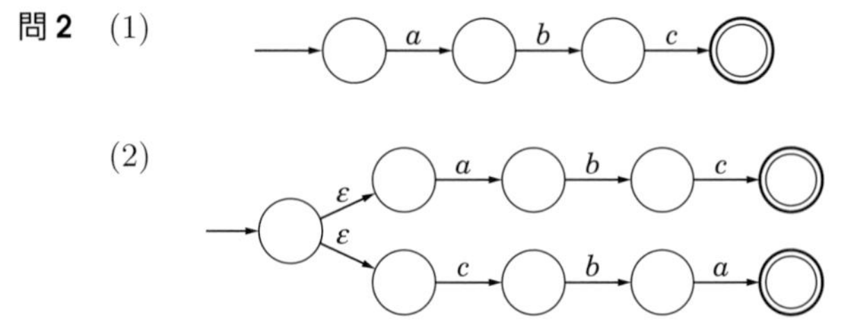

(3)

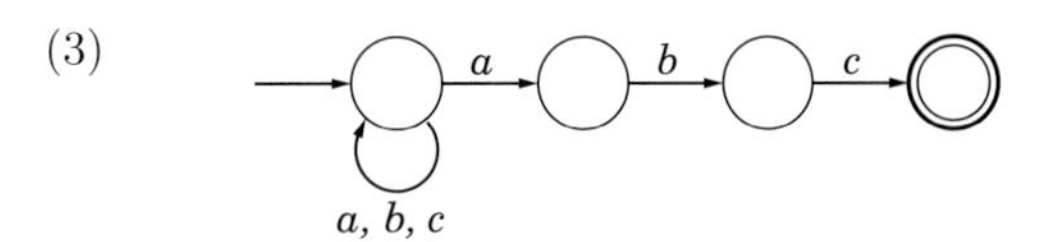

(4)

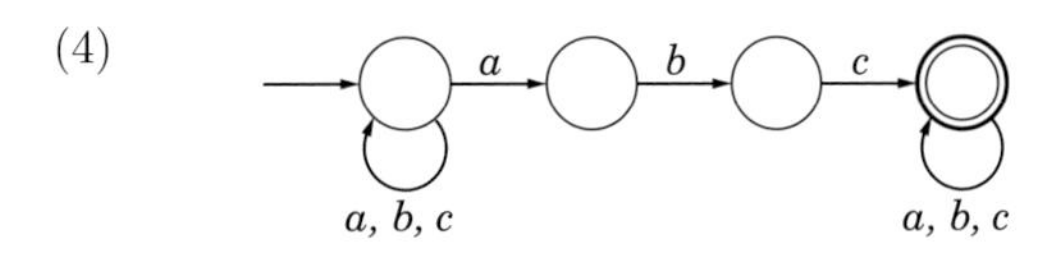

● 5.3

問 1 (1) ab^*

(2) $(abb)^*$

(3) $aa \cup (bb)^*$

(4) ba^*b

(5) $a(a \cup b)^*b$

問 2 (1) $a \cup bb^*c$

(2) $(a \cup bc)b^*$

(3) $(a \cup bc)(ba \cup bbc)^*$

問 3

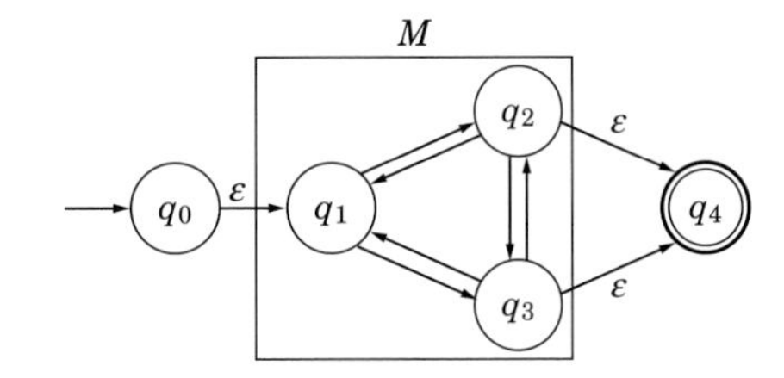

問 4 (1)

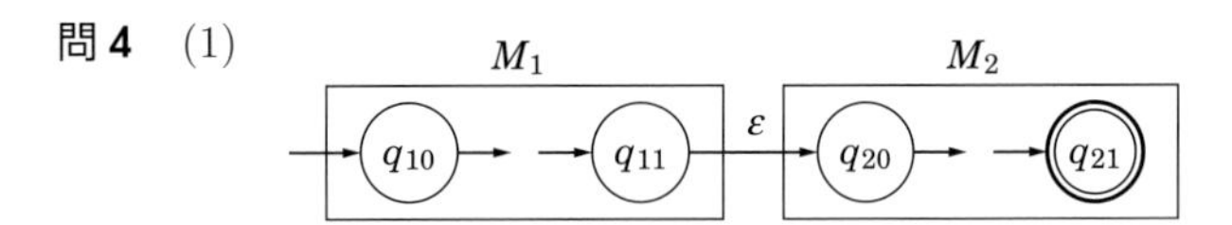

(2)

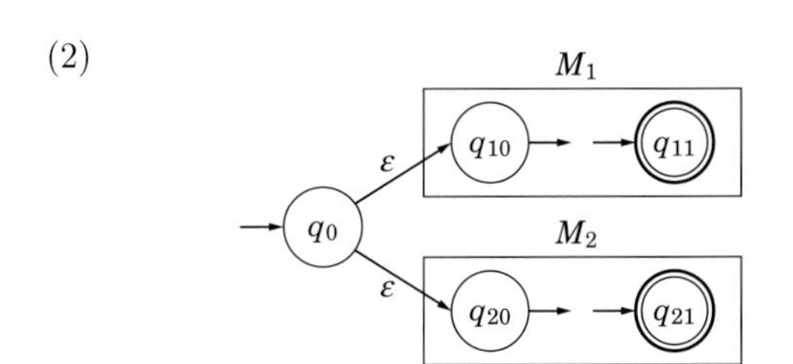

(3)

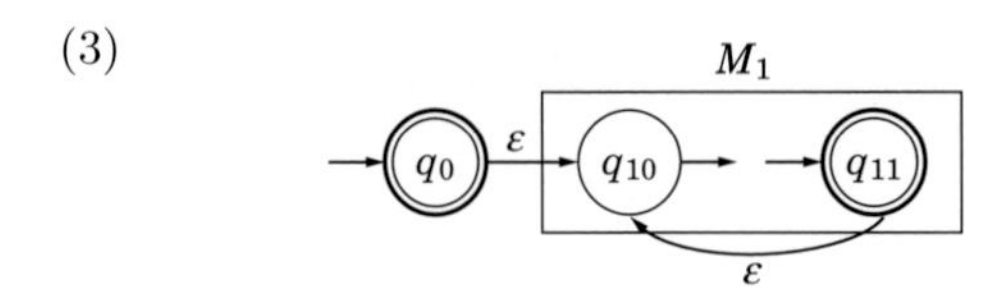

● 5.4

問 1 (1) $\{a^k b^{2k} \mid k = 0, 1, 2, \cdots\}$

(2) $a^* b^*$

(3) $\{a^k b^k a^l b^l \mid k, l = 0, 1, 2, \cdots\}$

(4) $\{w \in (a \cup b)^* \mid$ w は bb を含まない $\}$

問 2 (1)

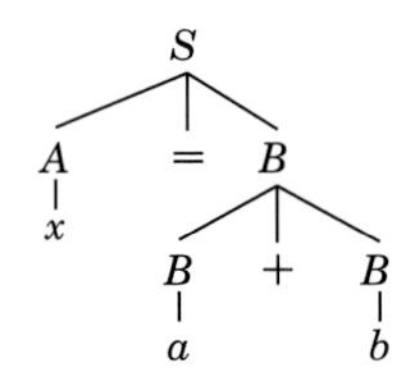

(2)

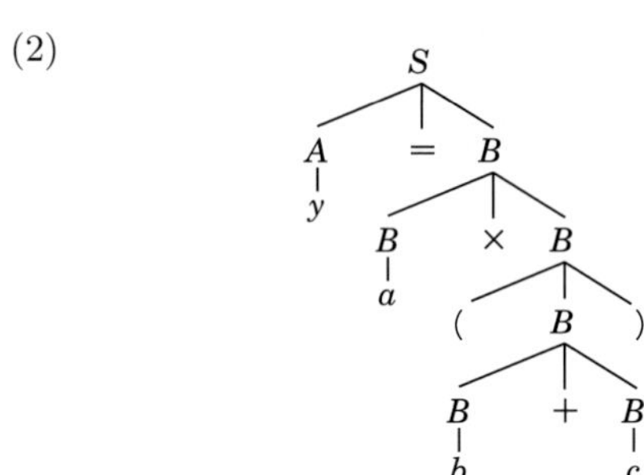

(3)

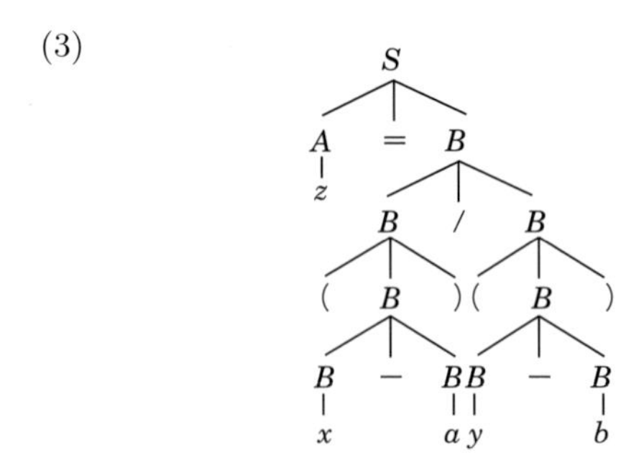

問 3 (1) $abba$, $aabaa$

(2) 状態 q_0 では入力列中の記号 a（または b）が出現順にスタックに 1（または 2）として記録される．状態 q_1 ではスタックから 1

（または 2）を読むと同時に入力列中の記号 a（または b）を処理する．スタックは後入れ先出し方式なので，$L(M)$ は回文（逆順に並べた記号列がもとの記号列と等しい列）の全体となる．

第 6 章

● 6.1

問 1　$\underline{0}_{\underset{p}{\uparrow}}1001 \vdash 0\underline{1}_{\underset{q}{\uparrow}}001 \vdash \underline{0}_{\underset{r}{\uparrow}}0001 \vdash 1\underline{0}_{\underset{p}{\uparrow}}001 \vdash 10\underline{0}_{\underset{q}{\uparrow}}01 \vdash 101\underline{0}_{\underset{p}{\uparrow}}1 \vdash$
$1010\underline{1}_{\underset{q}{\uparrow}} \vdash 101\underline{0}_{\underset{r}{\uparrow}}0 \vdash 1011\underline{0}_{\underset{p}{\uparrow}} \vdash 10110\underline{\sqcup}_{\underset{q}{\uparrow}}$
であり 01001 は受理される．

問 2　M の各テープ記号 $a \in \Gamma$ に対応する新たなテープ記号 $a_{|\leftarrow} \in \Gamma$ をそれぞれ追加する．M の新しい拒否状態 $\boxtimes \in Q \setminus F$ を追加する．M の現在の初期状態 s を（その受理・拒否属性を変えずに）非初期状態 s_{prev} に書き換えて，新たな初期状態 $s_{|\leftarrow} \in Q$ を s_{prev} と同一の受理・拒否属性として追加する．M の既存の遷移関数 $\delta(s_{\text{prev}}, a) = (q, b, \rightarrow)$ に対して，それぞれ新たな遷移関数 $\delta(s_{|\leftarrow}, a) = (q, b_{|\leftarrow}, \rightarrow)$ を追加する．M の既存の遷移関数 $\delta(p, a) = (q, b, \rightarrow)$ に対して，それぞれ新たな遷移関数 $\delta(p, a_{|\leftarrow}) = (q, b_{|\leftarrow}, \rightarrow)$ を追加する．M の既存の遷移関数 $\delta(p, a) = (q, b, \leftarrow)$ に対して，それぞれ新たな遷移関数 $\delta(p, a_{|\leftarrow}) = (\boxtimes, b_{|\leftarrow}, \rightarrow)$ を追加する．

問 3　対角線言語 L_d の補集合 $\overline{L_d} := \{0,1\}^* \setminus L_d$ を受理言語とするチューリング機械 $M_{\overline{L_d}}$ は次のようにして構成できる．

入力文字列 $\omega \in \{0,1\}^*$ に対して，$M_{\overline{L_d}}$ はまず，ω をゲーデル数としてもつチューリング機械の正しい仕様が存在し，かつその入力アルファベットが $\{0,1\}$ となるかどうかについて調べる．そのようなチューリング機械が存在しなければ，$M_{\overline{L_d}}$ は ω を受理する．

一方，ω に対応するチューリング機械 $M(\omega)$ が存在し，その入力アルファベットが $\{0,1\}$ となる場合には，$M(\omega)$ に入力文字列 ω を与えた場合の遷移をシミュレートし，$M(\omega)$ が ω を受理するときに限り，$M_{\overline{L_d}}$ も ω を受理する．このチューリング機械 $M_{\overline{L_d}}$ が L_d の補集合 $\overline{L_d} := \{0,1\}^* \setminus L_d$ を受理言語とするのは明らかである．よって，対角線言語 L_d を NO-set とする問題は，半決定可能である．

次に，対角線言語 L_d を NO-set とする問題を決定するようなチューリング機械 M_X が存在したとして矛盾を導く．M_X は入力文字列 ω' が L_d に属するときに限り，ω' を拒否して停止する．よって M_X を利用すれば，M_X が受理する入力文字列は拒否し，M_X が拒否する入力文字列を受理するような新しいチューリング機械 M_Y をつくることができる．このとき M_Y の YES-set は対角線言語 L_d となるが，これは定理 6.1 に矛盾する．

よって，対角線言語 L_d を NO-set とする問題は，決定可能ではない．

● 6.2

問 1 与えられたグラフ G から，重み関数 c の値が負であるような辺をすべて削除した新しいグラフ H をつくる．この操作に掛かる手間は $O(m)$ である．続いて，H の各連結成分 H_i $(i = 1, \cdots, k)$ に対して，関数 $c' := -c$ を辺に対する新たな重み関数としたときの最小全域木問題をクルスカルのアルゴリズムを用いて解き，それらすべての全域木を合併した森を出力すればよい．そのためには，クルスカルのアルゴリズムにおけるステップ 1 を，辺の重み c の小さい順ではなく，辺の重み c の大きい順（$-c$ の小さい順）にソートするように変更してから，各 H_i $(i = 1, \cdots, k)$ に適用すればよい．各 H_i $(i = 1, \cdots, k)$ の辺集合のサイズを $m_i := |E(H_i)|$ $(i = 1, \cdots, k)$ とすると，この部分は全体として，$O(\sum_{i=1}^{k} m_i \log n) \subseteq O(m \log n)$ の手間で達成できる．

よって，このアルゴリズムの計算量は $O(m + m \log n) = O(m \log n)$ である．

問 2 D_G の任意の 2 点 s, t に対して，最大フロー f を計算する．記載の簡単のため，このフロー f において正の値をもつ有向辺全体からなる集合を f と同一視する．このとき，命題 6.1 から，$g \leq f$ となる循環フロー g を f から取り去っても最大フロー性には影響しないので，一般性を失わず，f に有向サイクルはないものとしてよい．このとき，辺の容量がすべて 1 であることを考えると，最大フローの流量を k とすれば，このフロー f は k 本の辺素な s-t-パスの合併集合となっていることがわかる．なお先述の仮定により f に 2-サイクル $\{uv, vu\}$ はないので，これら D_G 上の k 本の s-t-パスを，それぞれ対応する G 上の s-t-パスに引き戻して考えれば，定理 4.27 の言明は直ちに得られる．

問 3 $D_G{}'$ の最大フロー f' を計算する．この最大フローの流量を k' としよう．前問と同様，この f' は 2-サイクルを含まない辺素な k' 本の s-t-パスの合併集合であるとしてよい．さらに，D_G の各頂点 v に対して，$D_G{}'$ の有向辺 v_-v_+ を通る辺素な s-t-パスは，原理的に高々 1 本しか取ることができない．この事実と問 2 の解答を考え合わせれば，定理 4.26 の言明は導かれる．

問 4　このとき，この反復は $2N$ 回行われるが，インスタンスにおける N の記述には，高々 $O(\log(N))$ のサイズしか要さないため，この回数はインスタンスのサイズの指数関数回の増加操作となる．

問 5　まず，問題文中の恒等式を適用して，論理式を乗法標準形に直す．

$$\begin{aligned}\psi(p,q,r,s,t) &= (\neg(p \wedge q \wedge (\neg r))) \vee (s \wedge t)\\ &= ((\neg p) \vee (\neg q) \vee r) \vee (s \wedge t)\\ &= ((\neg p) \vee (\neg q) \vee r \vee s) \wedge ((\neg p) \vee (\neg q) \vee r \vee t)\end{aligned}$$

次に，定理 6.16 の証明と同じくダミー変数 α, β を導入して

$$\begin{aligned}&((\neg p) \vee (\neg q) \vee r \vee s) \wedge ((\neg p) \vee (\neg q) \vee r \vee t)\\ &\qquad \equiv ((\neg p) \vee (\neg q) \vee \alpha) \wedge ((\neg \alpha) \vee r \vee s)\\ &\qquad\qquad \wedge ((\neg p) \vee (\neg q) \vee \beta) \wedge ((\neg \beta) \vee r \vee t).\end{aligned}$$

問 6　グラフ $G = (V, E)$ の任意の独立集合 I $(\subseteq V)$ に対して，その補集合 $D = V \setminus I$ は G の点被覆である．逆に，G の任意の点被覆 D' $(\subseteq V)$ の補集合 $I' = V \setminus D'$ は G の独立集合である．よって，G のサイズ k の独立集合を見つける問題と G のサイズ $n-k$ の点被覆を見つける問題とは等価な問題である．このことにより，独立集合問題は点被覆問題に多項式時間還元することができる．よって，定理 6.17 により，点被覆問題は $\mathscr{NP}$ 困難である．一方，点被覆問題も，独立集合問題（$\in \mathscr{NP}$）に多項式時間還元することができるので，点被覆問題は $\mathscr{NP}$ 完全である．

第 7 章

● 7.1

問 1　(1) 3

(2) 6

(3) 3

問 2　$11 \times (-3) + 17 \times 2 = 1$

問 3　(1) $1 + \cfrac{1}{3 + \cfrac{1}{1 + \cfrac{1}{65}}}$

(2) $1+\cfrac{2}{2+\cfrac{2}{2+\cfrac{2}{2+\cdots}}}$

または

$$1+\cfrac{1}{1+\cfrac{1}{2+\cfrac{1}{1+\cfrac{1}{2+\cdots}}}}$$

問 4　定理 7.4 より，$ax+ny=1$，すなわち $abx+nby=b$ と書ける．$n|ab$ より，$ab=nz$ と書ける．よって，$n(zx+by)=b$ と書けるので $n|b$ となる．

問 5　$(r!, p)=1$ かつ $p \mid r!{}_p\mathrm{C}_r$ となるので，問 4 より $p \mid {}_p\mathrm{C}_r$ となる．

問 6　拡張ユークリッドの互除法より，$97=9\,409\times 17-9\,991\times 16$，すなわち，$9\,409(x-17)+9\,991(y+16)=0$．両辺を 97 で割り，$97(x-17)+103(y+16)=0$．$(97,103)=1$ なので問 4 より，$103 \mid (x-17)$，すなわち，$x=103n+17, y=-97n-16$ と書ける．

● 7.2

問 1　拡張ユークリッドの互除法より，$1=3\times 4-11$，$1=3\times 38-113$．よって，$3\times 4\equiv 1 \pmod{11}$，$3\times 38\equiv 1 \pmod{113}$．

問 2　(1) 37

(2) 115

問 3　ある整数 $n\geq 2$ に対し，$2^n\equiv 1 \pmod{n}$ と仮定する．このとき n が奇数となるので，$p|n$ となる素数 p に対し*1，定理 7.9 より，$2^{p-1}\equiv 1 \pmod{p}$．また，$2^n\equiv 1 \pmod{p}$ であることは明らか．よって，法 p に関する 2 の指数を m とすると，定理 7.11 より，$m|(p-1)$，かつ $m \mid n$ となるので，p として最小なものをとると矛盾する．

*1　n が奇数なので $p\neq 2$ となることに注意．

問 4　$(p,a)=1$ かつ $(p,b)=1$ としてよい．定理 7.10 より $a\equiv b \pmod{p}$．よって，$\sum_{1\leq i\leq p} a^{p-i}b^{i-1}\equiv\sum_{1\leq i\leq p} a^{p-1}\equiv\sum_{1\leq i\leq p} 1\equiv 0 \pmod{p}$．よって，$a^p-b^p=(a-b)\sum_{1\leq i\leq p} a^{p-i}b^{i-1}$ よりわかる．

問 5　$x^2\equiv 1 \pmod{p}$ より，$(x-1)(x+1)\equiv 0 \pmod{p}$，すなわち，$x-1\equiv 0 \pmod{p}$ または $x+1\equiv 0 \pmod{p}$．$1\leq x\leq p-1$ なので，$x-1\equiv 0 \pmod{p}$ のとき $x=1$，$x+1\equiv 0 \pmod{p}$ のとき $x=p-1$．

問 6　定理 7.8 と問 5 より，$(p-1)!\equiv p-1\equiv -1 \pmod{p}$．

問 7　定理 7.9 と定理 7.16 よりわかる．

問 8　$x \neq 0$ としてよい．$1 \leq i \leq x$ に対し，$p-i \equiv -i \pmod p$．よって ${}_{p-1}\mathrm{C}_x x! \equiv (-1)^x x! \pmod p$．よって定理 7.6 より，${}_{p-1}\mathrm{C}_x \equiv (-1)^x \pmod p$ となる．

問 9　$x=(p-1)/2=2n$ と置く．問 8 より，${}_{p-1}\mathrm{C}_x \equiv (-1)^x = 1 \pmod p$．${}_{p-1}\mathrm{C}_x = (p-1)!/(x!)^2$ なので，問 6 より，$(x!)^2 \equiv (p-1)! \equiv -1$ となる．

問 10　$x^2 \equiv -1 \pmod p$ と仮定する．このとき，$x^4 \equiv 1 \pmod p$ となるので x の指数は 1 か 2 か 4 のいずれかとなる．x の指数が 1 または 2 のときは $1 \equiv -1 \pmod p$，すなわち，$p = 2$ となる．x の指数が 4 のときは定理 7.9 と定理 7.11 より，$4|\varphi(p)$，すなわち，$p = 4k+1$ と書ける．

● 7.3

問 1　(1)　$2^{49} \equiv 155 (\mathrm{mod}\ 323)$

(2)　16 と 18 の最小公倍数は 144．$49d \equiv 1 \pmod{144}$ を解くと $d = 97$．よって，復号鍵は $(97, 323)$ となる．

$2^{98} \equiv (2^{49})^2 \equiv 155^2 \equiv 123 \pmod{323}$．ここで，$2x \equiv 1 \pmod{323}$ を解くと $x = 162$ となるので，$2^{97} \equiv 162 \times 123 \equiv 223 \pmod{323}$．

問 2　$3 \times 2^{97-1-10} \equiv 27 \pmod{97}$．

● 7.4

問 1　$X_1, X_2 \in SL(n, \mathbb{R})$，$P \in GL(n, \mathbb{R})$ に対し

$|X_1^{-1} X_2| = |X_1|^{-1}|X_2| = 1$ と $|P^{-1} X_1 P| = |P|^{-1}|X_1||P| = 1$ が成り立つことを用いる．

問 2　$X_1, X_2 \in GL(n, \mathbb{R})$ に対し，$|X_1 X_2| = |X_1||X_2|$ が成り立つことから，f が準同型写像であることがわかる．

$a \in \mathbb{R}^*$ に対し，$(1,1)$ 成分が a でその他の成分が 1 の上三角行列を X とする．

このとき，$X \in GL(n, \mathbb{R})$，$f(X) = a$ となるので f は全射である．

問 3　$IJ \subseteq I \cap J$ は明らかなので $I \cap J \subseteq IJ$ を示せばよい．

$I + J = R$ より，$1 = a + b$ $(a \in I, b \in J)$ と書ける．

よって，$x \in I \cap J$ に対し，$x = xa + xb \in IJ$ となる．

問 4　(1) $\Rightarrow$ (2) の証明：$p = ab$ $(a, b > 0)$ とすると $a \in (p)$ または

$b \in (p)$ となる．$a \in (p)$ としてよい．

このとき $a = rp$ と書け，$a = rp = rab$，すなわち，$b = 1, a = p$ となる．

(2) $\Rightarrow$ (3) の証明：あるイデアル J に対し，$(p) \subseteq J$ かつ $(p) \neq J$ と仮定する．このとき $q \in J \cap (p)^c$ に対し，$(p, q) = 1$．

よって，定理 7.3 (定理 7.23) より，$R = (p, q) \subseteq J$，すなわち，$J = R$ となる*1．

*1 最大公約数とイデアルで同じ記号 (p, q) を用いた．意味の違いに注意．

(3) $\Rightarrow$ (1) の証明：定理 7.22 (3) よりわかる．

問 5 $ae = a$ より，$f(a)f(e) = f(ae) = f(a)$，すなわち，$f(e) = e'$．

問 6 e, e' をそれぞれ G, G' の単位元とすると，問 5 より，$f(x)f(x^{-1}) = f(xx^{-1}) = f(e) = e'$．

問 7 e' を G' の単位元とする．

問 6 より，$f(a) = f(b) \Leftrightarrow f(b)^{-1}f(a) = e' \Leftrightarrow f(b^{-1})f(a) = e' \Leftrightarrow f(b^{-1}a) = e' \Leftrightarrow b^{-1}a \in N \Leftrightarrow a \equiv b \pmod{N}$

問 8 定理 7.27 を用いる．

問 9 $f(x) = x^3 - x + 1$ と置く．$f(x)$ の次数が 3 なので，$f(x)$ は既約でないとすると，次数が 1 の約元をもつ．よって問 8 より，$f(0)$，$f(1)$，$f(2)$ がいずれも 0 ではないことをいえばよい．

問 10 7.2 節演習問題 問 10 の解答よりわかる．

問 11 $x + 1$

参考文献

本書を執筆する上で参考にさせていただいた文献や，本書では扱うことのできなかった発展的な内容が書かれている文献を紹介する．

第1章

[1] 松坂和夫：集合・位相入門，岩波書店 (2018)
[2] 内田伏一：数学シリーズ　集合と位相（増補新装版），裳華房 (2020)

第2章

[3] 小倉久和，高濱徹行：情報の論理数学入門—ブール代数から述語論理まで—，近代科学社 (1991)
[4] 鈴山 徹：ソフトウェアのための基礎数学，工学図書 (2002)

第3章

[5] J. マトウシェク，J. ネシェトリル 著，根上生也，中本敦浩 訳：離散数学への招待 上・下，丸善出版 (2012)
[6] L. ロバース著，成嶋 弘，土屋守正 訳：数え上げの手法　組合せ論演習 1，東海大学出版会 (1988)
[7] M. アイグナー，G.M. ツィーグラー 著，蟹江幸博 訳：天書の証明（原書 6 版），丸善出版 (2022)

第4章

[8] 加納幹雄：情報科学のためのグラフ理論，朝倉書店 (2001)
[9] R. J. ウィルソン 著，西関隆夫，西関裕子 訳：グラフ理論入門（原書第 4 版），近代科学社 (2001)
[10] R. J. ウィルソン 著，茂木健一郎 訳：四色問題，新潮社 (2013)

第5, 6章

[11] J. ホップクロフト，J. ウルマン，R. モトワニ 著，野崎昭弘，町田元，高橋正子，山崎秀記 訳：オートマトン 言語理論 計算論 1,2, サイエンス社 (2003)

[12] M. シプサ 著，阿部正幸，植田広樹，太田和夫，田中圭介，藤岡 淳，渡辺 治 訳：計算理論の基礎（原著第 3 版），1. オートマトンと言語，2. 計算可能性の理論，3. 複雑さの理論，共立出版 (2023)

[13] E. キンバー，C. スミス 著，杉原崇憲，筧 捷彦 訳：計算論への入門—オートマトン・言語理論・チューリング機械，ピアソンエデュケーション (2002)

[14] 横森 貴：アルゴリズム データ構造 計算論，サイエンス社 (2005)

[15] 丸岡 章：計算理論とオートマトン言語理論（第 2 版）—コンピュータの原理を明かす—，サイエンス社 (2021)

[16] 萩原光徳：複雑さの階層，共立出版 (2006)

[17] 岩田茂樹：NP 完全問題入門，共立出版 (1995)

[18] 有川節夫，宮野 悟：オートマトンと計算可能性，培風館 (1986)

[19] B. コルテ，J. フィーゲン 著，浅野孝夫，浅野泰仁，平田富夫 訳：組合せ最適化（原書 6 版），理論とアルゴリズム，丸善出版 (2022)

[20] B. Jack Copeland：The Church-Turing Thesis, Stanford Encyclopedia of Philosophy (2002)
(http://plato.stanford.edu/entries/church-turing/)

[21] L.R. Ford and D.R. Fulkerson: A simple algorithm for finding maximal network flows and an application to the Hitchcock problem. Canadian Journal of Mathematics 9 (1957), 210–218

[22] L.R. Ford and D.R. Fulkerson: Flows in Networks. Princeton University Press, Princeton (1962)

[23] J. Edmonds and R.M. Karp: Theoretical improvements in algorithmic efficiency for network flow problems. Journal of the ACM 19 (1972), 248–264

[24] Ravindra K. Ahuja, Thomas L. Magnanti and James B. Orlin: Network Flows –Theory, Algorithms, and Applications–, Prentice Hall, Upper Saddle River, New Jersey 07458 (1993)

[25] S.A. Cook: The complexity of theorem-proving procedures, Proceedings of the Third Annual ACM Symposium on Theory of Computing (1971), 151–158.

第7章

[26] 松坂和夫：代数系入門，岩波書店 (2018)

[27] 横井英夫，硲野敏博：代数演習 [新訂版]，サイエンス社 (2003)

[28] 新妻 弘，木村哲三：群・環・体入門，共立出版 (1999)

[29] 新妻 弘：演習　群・環・体入門，共立出版 (2000)

索　　引

サ　行

タ　行

マ 行

ヤ　行

ラ　行

ワ　行

英数字

〈著者略歴〉

松 原 良 太（まつばら　りょうた）［第 1 章］
2006 年　東京理科大学大学院理学研究科数学専攻博士後期課程修了，博士（理学）
現　在　芝浦工業大学工学部情報工学科教授

大 嶌 彰 昇（おおしま　あきと）［第 2 章］
2008 年　東京理科大学大学院理学研究科数学専攻博士後期課程修了，博士（理学）
現　在　大東文化大学経済学部現代経済学科非常勤講師等

藤 田 慎 也（ふじた　しんや）［第 3 章］
2004 年　東京理科大学大学院理学研究科数学専攻博士後期課程修了，博士（理学）
現　在　横浜市立大学データサイエンス学部准教授

小 関 健 太（おぜき　けんた）［第 4 章］
2009 年　慶應義塾大学大学院理工学研究科基礎理工学専攻後期博士課程修了，博士（理学）
現　在　横浜国立大学大学院環境情報研究院社会環境と情報部門准教授

中上川友樹（なかみがわ　ともき）［第 5 章］
1999 年　慶應義塾大学大学院理工学研究科基礎理工学専攻数理科学専修後期博士課程修了，博士（理学）
現　在　湘南工科大学情報学部情報学科教授

佐久間　雅（さくま　ただし）［第 6 章］
1997 年　東京大学大学院総合文化研究科広域システム科学専攻博士課程修了，博士（学術）
現　在　山形大学理学部教授

津 垣 正 男（つがき　まさお）［第 7 章］
2004 年　東京理科大学大学院理学研究科数学専攻博士後期課程修了，博士（理学）
現　在　東京理科大学理学部第一部応用化学科非常勤講師

IT Text
離散数学（改訂 2 版）

2010 年 10 月 15 日　第 1 版第 1 刷発行
2024 年 2 月 20 日　改訂 2 版第 1 刷発行

著　者　松原良太・大嶌彰昇・藤田慎也・小関健太
　　　　中上川友樹・佐久間　雅・津垣正男
発行者　村上和夫
発行所　株式会社 オーム社
　　　　郵便番号 101-8460
　　　　東京都千代田区神田錦町 3-1
　　　　電話 03(3233)0641(代表)
　　　　URL https://www.ohmsha.co.jp/

印刷・製本　三美印刷
ISBN978-4-274-23162-9　Printed in Japan